カ エ ル 大 全
FROGS OF THE WORLD

カエル大全

FROGS
OF THE WORLD

マーク・オシー／サイモン・マドック　著
富田 京一／冨水 明　日本語版監修
倉橋 俊介　翻訳

Published in 2024 by Princeton University Press
41 William Street, Princeton, New Jersey 08540
99 Banbury Road, Oxford OX2 6JX
press.princeton.edu

Copyright © 2024 Quarto Publishing Plc

All rights reserved. No part of this publication may be reproduced or transmitted in any form, or by any means, electronic or mechanical, including photocopying, recording or by any information storage-and-retrieval system, without written permission from the copyright holder.

Publisher James Evans
Editorial Director Anna Southgate
Managing Editor Jacqui Sayers
Art Director and Cover Design James Lawrence
Senior Editors Joanna Bentley and Dee Costello
Project Manager Sara Harper
Design Wayne Blades
Picture Research Susannah Jayes
Illustrations John Woodcock

Cover and prelim photos: Front cover (clockwise from top left): Shutterstock / Petlin Dmitry; Shutterstock / J. D. Carballo; Shutterstock / Eric Isselee; Shutterstock / Krisda Ponchaipulltawee; Shutterstock / Rosa Jay; Shutterstock / Dirk Ercken; Shutterstock / Rosa Jay; Shutterstock / Luis Louro; Dreamstime / Farinoza; Shutterstock / Rosa Jay; Shutterstock / Natthawut Ngoensanthia; Wikimedia Commons / Stephen Zozaya; Shutterstock / Pumidol. **Spine**: iStock / Reptiles4All. **Back cover**: Shutterstock / Aastels. **Page 2**: Shutterstock / John Copland. **Page 5**: Shutterstock / Chase D'animulls.

Japanese translation rights arranged with
Quarto Publishing Plc
through Japan UNI Agency, Inc., Tokyo

CONTENTS

- 6 まえがき
- 58 ムカシガエル亜目
- 68 ピパ亜目
- 86 カエル亜目

- 234 用語集
- 236 参考文献と資料
- 237 索引
- 240 写真クレジットと謝辞

はじめに

上）中央アメリカに生息する樹上生のアカメアマガエル（*Agalychnis callidryas*）

　カエルは南極大陸を除くすべての大陸に生息する両生類だ。その特徴としては、外温性（慣習的に"冷血動物""変温動物"とも呼ばれる）であること、そして四肢をもつが尾がないことが挙げられる。多くの温暖な地域では、カエルは水路のどこにでもいる生物と考えられており、繁殖期には騒々しい大合唱が聞こえてくる。しかしカエルの種の多く、とくに熱帯地域にすむものは、水がなくても繁殖でき、大集団をつくることもない。カエルは水中、地上、樹上、地中にも見られ、さまざまなニッチ（訳注：生物の種や個体群が環境のなかで占める、場所や食性などの生態的地位）を占めている。

　カエルのなかには、輝くような赤から鮮やかな緑までと派手な色をしたものがおり、多彩な体色をもつものさえいる。そして多くの種では、その色を変化させることができるのだ。皮膚の色以

上に魅力的なのがカエルの眼で、さまざまな形の瞳孔と、鮮やかな模様の入った虹彩をもっている。カエルの生活環（ライフサイクル）はあらゆる脊椎動物のなかでもとくにドラマチックで、オタマジャクシから成体のカエルになるまでのあいだに、体の構造も生理機能も完全に変化させてしまう。カエルは世界最小の脊椎動物の1つともいわれており、その体長はわずか8mm。いっぽうで最大のものとなると体長32cm、体重3.3kgにも成長することがある。

　カエルはその生息する環境において、生態系が正しく機能するために欠かせない存在である。ところが困ったことに、カエルは現在、最も絶滅のおそれがある陸上脊椎動物のグループでもあるのだ。カエルは生態系にとってだけではなく、人間中心の視点から見ても重要な生物である。その主なエサとなるのは、多くの人が害虫と見なしているであろう無脊椎動物だ。そしてカエルの個体数が減少した地域ではマラリア（訳注：ハマダラカというカによって媒介される感染症）の感染率が増加し、医療と財政の両面に大きな負担をもたらすということも起きている。また、一部の国ではカエルを食用とし、現地の人々の主要な食料源になっている。さらに歴史上、カエルは他にもいろいろな用途に使われてきた。たとえば南アメリカの先住民は、狩猟に使う吹き矢にカエルの毒を塗り、獲物をたちどころに動けなくした。

　カエルは人類の黎明期からヒトと本質的に関わり合っており、カエルが生息する大陸であれば世界中のどこでも物語や文書のなかに登場してきた。カエルにまつわる伝説や迷信にはよいものもあれば、悪いものもある。たとえばカエルを殺すと洪水（ニュージーランドのマオリ族）や干ばつ（南アフリカの部族）が起こるといわれている。メキシコに築かれた初期のアステカ文明、古代エジプト、中世ヨーロッパではさまざまな姿で描かれたカエルの女神を崇拝していた。イギリスには、干したカエルを首に提げておくとてんかんの発作を抑えてくれるという言い伝えがあった。

下）カエルの女神ヘケトに供物を捧げるファラオ、セティ1世の浅浮き彫り。エジプト・アビドスの大神殿にて

進化と分類

カエルの現生（絶滅せずに現在も生存している）種の数はすべての両生類の現生種の90%近くを占める7600種以上にものぼり、さらに毎年、科学者たちにより新種が記載（訳注：分類学の分野で生物の特徴を論文の形で記述し発表すること。転じて新種として認められることを指す）されている。

両生類とは両生綱に属する生物の総称で、カエルはそのなかでも無尾目に属している。分類学の観点からいえば、正当な分類群とは共通祖先から進化したすべての種を含むグループを指し、これを単系統群と呼んでいる。カエルの英名にはfrog（主に水生で滑らかな皮膚をもつカエル）やtoad（主に陸生でイボのある皮膚をもつカエル、ヒキガエル）とつくものが多いが、"toad"と呼ばれるカエルは無尾目の系統樹のあちこちに、繰り返し登場する（すなわち単系統群を成さない）。とくにヒキガエル科（Bufonidae）に属する"真の"ヒキガエルを指す場合でない限り、toadは自然分類群にはならないため、本書では無尾目のすべての種をfrogとして扱う。語尾に"-idae"とつく分類群は、その階級が科であることを示している。それよりも小さな分類群を亜科と呼び、語尾に"-inae"をつけて表す。

本書の執筆時点では、カエルは56の科に分かれている。しかし分類学は変動の大きい分野であり、科学者たちは新しい研究に基づいて頻繁に分類に変更を加えている。そのため、新しい科や属、種はたえず記載されているし、複数の種が1つにまとめられる（"シノニム化"という）こともありうる。本書の分類法は、アメリカ自然史博物館が運営する両生類に関するデータベース、Amphibian Species of the World (https://amphibiansoftheworld. amnh.org/)のものに従っている。

本書では一般名（英名）があるカエルについてはそれを採用し、なければ適切な名称を考案したが、明瞭化のため一貫して学名も併記している。

初期のカエル

現生の両生類は平滑両生類（Lissamphibia）と呼ばれる単系統群を構成し、カエル（無尾目）の他にサンショウウオとイモリを含む有尾目（Caudata）と、アシナシイモリを含む無足目（Gymnophiona）が属している。両生類の進化の歴史は長いが、完全に理解されてきたわけではなく、いくつかの絶滅群は石炭紀の地球を支配したとされる分椎目に属していた。化石証拠から考えると、無尾目と有尾目を含むBatrachiaと呼ばれる分類群は、2億9000万年前に出現したゲロバトラクス（*Gerobatrachus hottoni*）という絶滅種を祖先として分岐したともいわれる。

広義のカエルはおよそ2億5000万年前から現れ始めた。すべての現生カエルの祖先に近いとされているのがトリアドバトラクス（*Triadobatrachus massinoti*）で、その体はかなりカエルらしいつくりをしている。2億年前にはカエルの体形はほとんど現生のものと変わらなくなっていた。小型のカエル、ヴィエラエラ（*Vieraella herbsti*）の化石は体長わずか3cmだが、跳躍に適した長くたくましい後肢といった、現在のカエルに見られるものとほぼ一致する特徴をそなえていた（ムカシガエル亜目Archaeobatrachiaの章で詳しく取り上げている）。

プレートテクトニクス

カエルの仲間が初めて化石記録に現れた約2億5000万年前、地球は現在とはかなり違う様子だったことだろう。世界にはたった1つの超大陸、パンゲアが存在していた。そのため、陸上のどの場所に移動するのも比較的容易だったはずだ。およそ2億年前、パンゲアが分裂してできた2つの超大陸がさらに分かれ始める。一方のゴンドワナ大陸は、現在の南アメリカ、アフリカ、インド、マダガスカル島、

上）スペイン・テルエルで発掘された *Rana pueyoi* というカエル（絶滅種）の化石。この標本は600万～800万年前のものと見られている

セーシェル諸島、南極、オーストラリア、ニュージーランドに分かれた。もう一方のローラシア大陸は、現在のユーラシア大陸と北アメリカになった。

　進化関係を調べてみると、お互いに最も近縁な科（とくにカエルの進化史の初期に分岐したもの）が世界中に分散しているということがよくわかる。つまりこれらのカエルやその祖先は、分裂を始める以前のゴンドワナ大陸とローラシア大陸に広く分布していたと見ていいだろう。超大陸の分裂は降って湧いたような困難であると同時に、新たな好機でもあったに違いない。適応すべき新しい気候、種の孤立につながる山脈の形成や生態系の一新、そのいずれもがカエルを分化させ、今日のわれわれが目にするあの素晴らしい姿をつくり出したのだ。

　カエルは他の生物に比べて、海という障壁を越えて分散する

上）現在のマダガスカルで発見された三畳紀前期の化石に基づく、トリアドバトラクス（*Triadobatrachus massinoti*）の復元図

下）現在のアメリカ・テキサス州で発見されたペルム紀前期の化石に基づく、ゲロバトラクス（*Gerobatrachus hottoni*）の復元図

力に乏しい。浸透性の皮膚を通して呼吸するカエルにとって、塩水は深刻な障害を引き起こしかねず、死に至ることさえあるからだ。火山活動でできた島にカエルがほとんど生息していないのもこれが原因で、海を越えた分布も報告されてはいるが、ごくわずかな例に過ぎない。

進化関係

　生物間の進化関係を理解するためには系統樹が使われる。従来、系統樹は形態学的な特徴に基づいてつくられてきたが、分子技術が登場してからはそのデータが用いられることがはるかに多くなっている。

　系統樹は分類群どうしがどのような関係にあるかを示すもので、大きく（生物全体を表す系統樹）も小さく（単一種内での地理的変異を表す系統樹）も任意に描くことができる。系統樹に分岐点がある（言いかえれば、1本の枝から2本以上に枝分かれしている）場合、この分岐点はノードと呼ばれ、それ以降に進化したすべての種の共通祖先を表している。単系統群については先に述べたが、系統樹上の分岐点（ノード）は単系統関係を示しており、分岐点よりも先の種はすべて単系統となる。系統樹を任意の規模で描くことができるなら、単系統群についても同じだ。単系統群はクレードと呼ばれることもある。

　系統樹は複数の姉妹関係に分けられる。ここでいう姉妹とは、"姉妹群"といったように系統樹上に見られる分類群間の関係を表す語だ。たとえば次ページの系統樹を参照すると、オガエル科（Ascaphidae）とムカシガエル科（Leiopelmatidae）は姉妹科であるといえる。同様に、オガエル科とムカシガエル科を含む分類群は、他のすべての現生カエルの科と姉妹群であるといえるのだ。

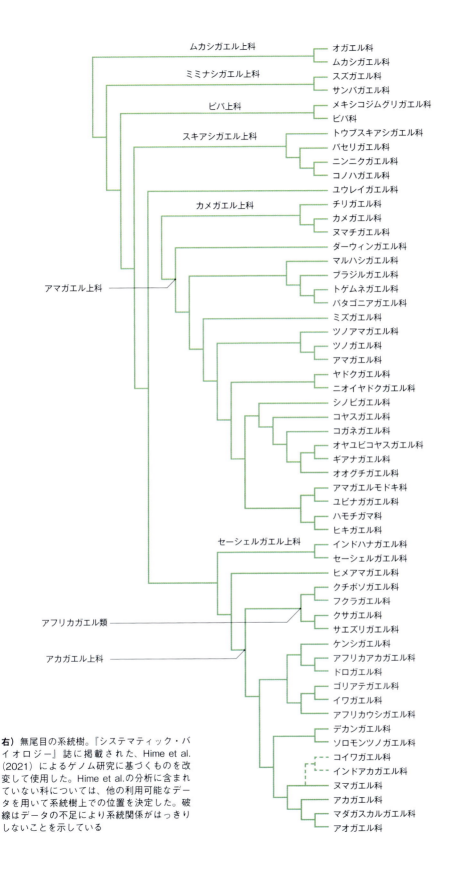

右）無尾目の系統樹。『システマティック・バイオロジー』誌に掲載された、Hime et al.（2021）によるゲノム研究に基づくものを改変して使用した。Hime et al.の分析に含まれていない科については、他の利用可能なデータを用いて系統樹上での位置を決定した。破線はデータの不足により系統関係がはっきりしないことを示している

解剖学と生理学

　両生類（英：amphibian）という名称は大まかにいうと2つの（ギリシャ語でamphi）生活（bios）をする生物という意味で、多くの種が（1）幼生期と（2）成体期を経験することからつけられた。カエルの幼生期はオタマジャクシとして知られており、現生両生類の残る2目（有尾目と無足目）にも幼生期はあるものの、無尾目のカエルほどにめざましい個体発生的変化（幼生から成体になるまでの体つきの変化）を遂げることはない。それどころか、陸生脊椎動物全体を見ても、幼生と成体のあいだでカエルに匹敵するような劇的な形態の変化が起こる生物は存在しないのだ。両生類の名がその生活史の2つの時期に由来していることは先に述べたとおりだが、実際には多くの種（とくに熱帯地域にすむもの）が直接発生、つまりオタマジャクシの段階を経ずに成体と同じ姿の小型版として孵化するという生態をもっており、この点ではヒトとよく似ている。

卵

　カエルの卵には殻がなく、鳥類や爬虫類、単孔類の卵とは違ってゼラチン状だ。すべてのカエルが水中に卵を産むわけではないが、もし卵に殻があればふつう産卵場所となる水中では生きていけないだろう。殻のない卵はそのための適応だ。胚を包むゼリー状の物質には、胚を保護し、発生に必要な栄養を供給する役割がある。

オタマジャクシ

　オタマジャクシは成体のカエルとはまったく違った体の構造をしている。成長の初期段階のオタマジャクシには四肢がないが、尾をもっている。骨格は硬骨ではなく軟骨で、顎にはケラチン質の鞘（さや）と、歯の代わりとなる歯状突起がある。ほとんどの種は内鰓（ないさい）と、それを支える鰓籠（さいろう）をもっている。オタマジャクシの鰓（えら）は外からは見えないが、その代わりに頭部のすぐ後ろにある小さな開口部（噴水孔）が確認できる。口から入った水は鰓を通過し、この噴水孔から出ていく。

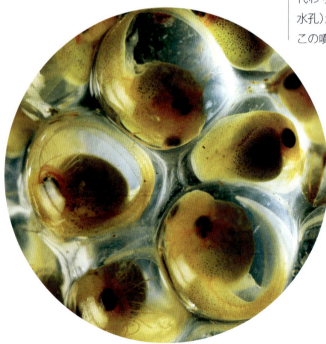

左）発生中のアカメアマガエル（*Agalychnis callidryas*）の卵

顎のケラチン質の構造は非常に変異に富み、摂餌への適応を反映している。ほとんどのオタマジャクシは植物やデトリタス（有機堆積物）をエサとするが、一部の種は肉食性だ。たとえば、メキシコスキアシガエル（*Spea multiplicata*）はオタマジャクシに2つの生態型があるという、驚くべき適応力をもったカエルだ。同じ卵塊から孵化した個体でも、雑食型と肉食型の両方が見られることもある。

オタマジャクシが成体のカエルになる過程は変態として知られており、生理機能と形態に著しい変化が起こる。非ホルモン性の主な変化としては、消化管の短縮、酸性の胃の発達、顎と舌に加えて一部の種では歯の出現、肺の発達、開閉できるまぶたの形成、四肢の発生、軟骨の骨化、皮膚腺と複合上皮の形成、尾の吸収などが挙げられる。変態が始まるまでに大きく成長するオタマジャクシもおり、そのサイズは成体を超えることも多い。アベコベガエル（*Pseudis paradoxa*）のオタマジャクシは成体の3〜4倍の大きさになることもある。

一部のカエルでは幼生期がわずか8日ときわめて短い一方、長い幼生期を過ごす種もいる。オガエル（*Ascaphus truei*）のオタマジャクシは変態に最大で4年間を要するが、これは低温により生理学的過程が阻害される、冷たく流れの速い小川に生息しているためだ。

上）変態と呼ばれる過程のなかで後肢が成長し始めたウシガエル（*Aquarana catesbeiana*）のオタマジャクシ。後肢はつねに前肢よりも先に形成される

下）横から見た典型的なオタマジャクシの体の構造

オタマジャクシ

胴部　　　　尾部

外鼻孔／眼／口器／噴水孔／総排出孔／背ビレ／腹ビレ

成体

骨格

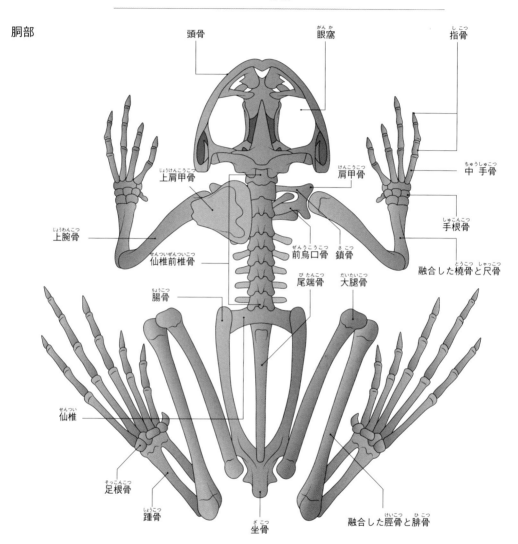

 カエルの成体の骨格には、下顎骨をもつ頭骨、脊柱、前肢と関節でつながった肩帯、後肢とつながった腰帯といった、他の四肢脊椎動物の基本的な形態と共通する点が多い。しかし、ほとんどの現生カエルは肋骨と解剖学的な尾をもたない。

骨格

 カエルの頭骨はきわめてコンパクトなつくりで、他の両生類を含む脊椎動物に見られる骨の多くを欠いている。このような骨をなくす進化により頭が軽くなったことで、カエルは生息環

上）上から見た典型的なカエルの骨格。脊椎動物の前肢と後肢の基部をなす部位をそれぞれ肩帯・腰帯という。両生類の場合、肩帯は上肩甲骨・肩甲骨・前烏口骨・鎖骨などから、腰帯は腸骨・恥骨・坐骨・仙椎から形成されている

右）マルメタピオカガエル（*Lepidobatrachus laevis*）はひときわ大きな口と頭をもっている。本種は軟泥や水のなかから眼と鼻孔だけを出したまま、獲物が何も気づかずに近くに来るのをじっと待つ

境のなかをより効率的に移動できるようになった。頭骨の頂点に大きな開口部があるのも、カエルの比較的大きな眼を収納するためだ。ところが一部の種では、より丈夫な頭骨をもつように適応している。過骨化と呼ばれるこの現象は、生活史の違いに起因するものだ。たとえば、南アメリカに生息するツノアマガエル属（*Hemiphractus*）は脊椎動物の獲物を捕らえて噛み砕けるほど強力な頭骨をもっている。また中央アメリカのヘラクチガエル属（*Triprion*）は頭部に硬い骨質の突起があり、捕食者から身を守るのに役立てている。

ほとんどのカエルは上顎に小さな歯が生えているが、例外としてヒキガエル科（Bufonidae）の仲間はまったく歯をもたない。また、一部の種では下顎にまるで歯のような突起をもつよう進化している。たとえば南アメリカに分布するマルメタピオカガエル（*Lepidobatrachus laevis*）は下顎に2本の牙状の構造があり、これを使って滑りやすい水中の獲物をくわえる。エクアドルからコロンビアにかけてのアンデス山脈に生息するギュンターフクロアマガエル（*Gastrotheca guentheri*）は、上顎だけでなく下顎にも本当の歯をもつ唯一のカエルとして知られている。

現生カエルの脊柱は仙椎前椎骨が5〜8個（オガエル属 *Ascaphus* とムカシガエル属 *Leiopelma* では9個）と、ヒトの24個に比べて短くなっている。脊柱が短縮され固くなったことで背中が強化され、より移動に力を注げるようになったのだ。カエルには尾がないが、融合して棒状の構造になった尾椎（他の脊椎動物ではふつう尾を構成する椎骨）をもっており、これは尾端骨と呼ばれている。尾端骨は緩衝器のような働きをし、骨盤の長くなった腸骨翼のあいだに収まっている。

脊柱の短縮と強化の他にも、カエルの主な移動方法であるジャンプを助けるためにいくつかの重要な適応進化が行なわれてきた。まず四肢の骨が強化されたことで、ジャンプと着地の両方の衝撃に耐えられるようになった。前肢の橈骨と尺骨、後肢の脛骨と腓骨はそれぞれ融合し、かかとの骨（距骨と踵骨）は一部が融合して蝶番のような働きをする。また後肢や後足、かかとのいくつかの骨が長くなったことで強力な筋肉がつき、より長距離のジャンプが可能になった。

循環器系

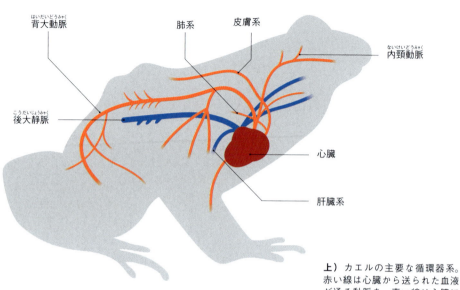

上）カエルの主要な循環器系。赤い線は心臓から送られた血液が通る動脈を、青い線は心臓に戻る血液が通る静脈を示している

下）カエルの心臓の断面図。酸素に富む血液（赤）と酸素に乏しい血液（青）の経路を示す

循環器系

　カエルの各器官は他の四肢脊椎動物のものとおおむね同じだが、外温性の生態に沿った適応をしている。カエルは哺乳類と違って、2心房1心室の3つの部屋からなる心臓をもつ。

　カエルには哺乳類、鳥類、ワニに見られるような酸素に富む血液と酸素に乏しい血液を分ける心室中隔がないが、心臓内でそれぞれ異なる圧力を維持することで2つの血液を分離している。血液はこの圧力により各動脈へと送られる。酸素に乏しい血液は肺皮膚動脈に、酸素に富む血液は頸動脈や全身動脈に送られ、体じゅうを巡って主要な器官に酸素を供給するのだ。

ガス交換

　ほとんどの四肢脊椎動物と同じく、カエルも血液中のガス交換に欠かせない左右対称の1対の肺をもつ。両生類は外部の媒体（空気や水）とのガス交換を可能にする特殊な皮膚をもっており、酸素に乏しい血液を（ふつうガス交換に使われる）肺だけでなく、皮膚にも送るという、脊椎動物としては珍しい特徴をそなえている。両生類の皮膚

循環器系

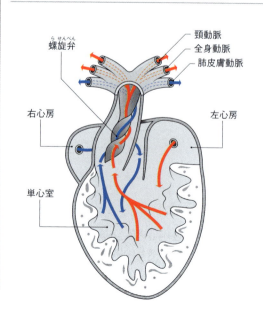

呼吸器系

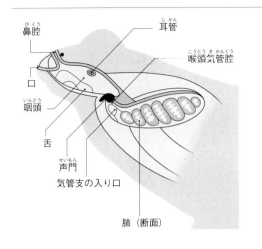

肺

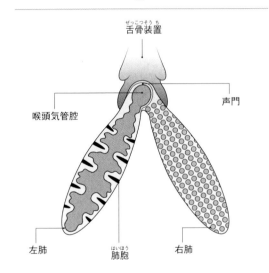

はガス交換にはきわめて重要で、取り込む酸素の総量の20〜90％、排出する二酸化炭素の総量の30〜90％が皮膚を通じて出入りしている。水中にすむカエルは、肺をガス交換のためよりももっぱら浮き袋として使っているようだ。

　水生のカエルの一部は、ちょうど魚の鰓のように体内外の酸素と二酸化炭素の交換を行なう特殊な方法を発達させている。ペルーとボリビアに生息するチチカカミズガエル（*Telmatobius culeus*）の皮膚はしわだらけで、ガス交換ができる表面積が多くなっている。ケガエル（*Astylosternus robustus*）のオスは、繁殖期になると鰓のような働きをする糸状の皮膚組織を発達させる。この組織には血管が多く通っており、表面積を増やすことでより効率的にガス交換が行なえるようになっている。

上） カエルの主要な呼吸器系

左） カエルの1対の肺。左肺の内部構造は簡略化してある

下） カエルの皮膚の断面図。皮膚の最も外側にある、外界と触れる層は表皮と呼ばれる。真皮では皮膚の表面近くに毛細血管が密集している

皮膚

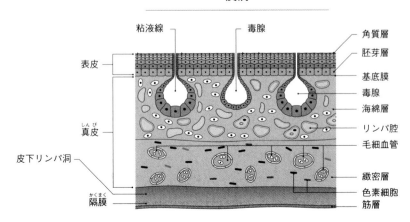

皮膚

　カエルの皮膚は驚くべき構造をしており、その用途には繁殖、求愛、保護、防御などがあるが、最も重要なものとして呼吸が挙げられる。カエルの皮膚には浸透性があり腺が多く、表皮という外層とその下の真皮という層で構成されている。

　粘液腺からはムコタンパク質が分泌され、皮膚を覆って保湿している。このムコタンパク質は皮膚を通したガス交換には欠かせないものだ。乾燥した環境では、いくつかの種のカエルが余剰な細胞の層で繭をつくって夏眠（暑い、または乾燥した時期に行なう休眠）をすることがわかっている。例を挙げると、オーストラリアに生息するキタアナホリガエル（*Neobatrachus aquilonius*）や南アメリカに生息するネコメタピオカガエル（*Lepidobatrachus llanensis*）、中央アメリカとアリゾナ州南部に生息するテイチアナホリアマガエル（*Smilisca fodiens*）は、いずれも繭を形成する能力を進化させている。

　カエルには輝くような鮮やかな色をしたものや複雑な模様をもったものがおり、1日を通して（たとえば明暗の光周期にあわせて）、あるいは外界の状況に応じて（ストレス反応など）色を変えられるものさえいる。色素胞は黒色素胞、虹色素胞、黄色素胞の3つ。異なる色素胞が相互に作用することで多様な色彩が生まれ、体色を変化させることができるのだ。

　カエルにとって最大の懸念は、皮膚の浸透性が原因となって水分を失うことだ。水分のバランスは行動的・生理学的適応によって保たれている。行動的適応としては、水中に潜ったり、倒木の下

などの涼しく湿った場所に隠れたりすることが挙げられる。多くの種は湿度が低くなると体をしっかり丸めてボール状になり、表面積を少なくすることで蒸発により水分が失われるのを抑える。気温は高いがいつでも水分が得られるような環境では、水分を蒸発させて体温を調整する種もいる。西オーストラリア州のキンバリー地域とノーザンテリトリー準州に生息する昼行性のロックホールフロッグ（*Litoria meiriana*）などがそうで、捕食者が暑さを避けようとする真っ昼間に活動する。

　アマガエルモドキ科（Centrolenidae）のカエルの一部は腹部の皮膚が半透明であることから、英名で"グラスフロッグ（ガラスのカエル、日本ではグミガエルとも呼ばれる）"と呼ばれている。このカエルを下面から覗くと内臓がはっきりと観察でき、心臓が鼓動する様子さえ見ることができる。この半透明の腹部は、輪郭拡散と呼ばれる現象を利用したカムフラージュの助けになっている。葉とカエルの体のあいだに色のグラデーションをつくることで、捕食者に見つかりにくくしているのだ。

左ページ）腹部の皮膚を通してはっきりと透けて見えるラパルマアマガエルモドキ（*Hyalinobatrachium valerioi*）の内臓。生体であれば心臓が脈打つのさえ見ることができる

下）テイチアナホリアマガエル（*Smilisca fodiens*）は繭をつくるときに四肢を体にぴったりと寄せて表面積を減らし、蒸発による水分の喪失を抑えている

感覚

視覚と眼

　カエルの眼は脊椎動物の世界で最も見応えのあるものの1つで、波や斑点、星、線といった模様に加えて途方もない色彩のバリエーションをもつ。また、カエルの瞳孔（眼の中心にある暗色の開口部）もきわめて変化に富み、種によって円形、縦長、横長、ひし形、星形とさまざまだ。瞳孔は眼に入る光の量を調整する働きをし、通常は種ごとの生態と結びついている。たとえば、中央アメリカとコロンビアに生息するアカメアマガエル（*Agalychnis callidryas*）の瞳孔は、日中は縦長（これにより過剰な紫外線から眼を守っている）だが、暗い夜には拡大してほぼ真円になり、できる限り多くの光が眼に入るようにしている。

　ほとんどのカエルは頭の上に突き出した大きな眼をもち、きわめて広い視野を確保している。眼のサイズといくつかの重要な適応からわかるのは、カエルはすぐれた視力と正確な奥行き知覚をそなえているということだ。ところが、すべてのカエルが大きな眼をもっているというわけでもなく、ヒメアマガエル科（Microhylidae）、カメガエル科（Myobatrachidae）、メキシコジムグリガエル科（Rhinophrynidae）、ピパ科（Pipidae）といった、ほとんどの種が穴を掘り、落ち葉や濁った水中に隠れて生活する仲間では、眼は小さくなっている。こうした環境で大きな眼をもっていても、役に立つどころかデメリットにすらなりかねないからだ。

カエルはヒトと違って、はっきりと異なる3種類のまぶたをもつ。通常の上まぶたと下まぶたに加えた第3のまぶたが、瞬膜と呼ばれるものだ。瞬膜（鳥類やワニにも見られる）は半透明で、眼が傷ついたり乾いたりするのを防ぐ役割がある。水中ではゴーグルのような働きをし、このおかげでカエルは眼球に直接水が触れることなく視界を確保できる。

脊椎動物の網膜には2種類の視細胞、すなわち桿体細胞と錐体細胞が含まれており、ここから送られた信号により脳で像がつくられる。桿体細胞はふつう光量が小さい状況（暗所視）で使われ、錐体細胞は光量が大きい状況（明所視）で使われる。脊椎動物では錐体細胞は色覚と関係しており、異なる種類の錐体細胞がそれぞれ特定の波長の光と対応している。夜行性の種では桿体細胞が、昼行性の種では錐体細胞が多くなる傾向がある。紫外線が網膜にダメージを及ぼすおそれがあるため、昼行性のカエルは水晶体に紫外線を遮断する色素をもつものが多い。ブラジルに分布する昼行性のボラセイアガエル（*Hylodes phyllodes*）は、流れの速い小川の近くに生息しているため、すぐれた視覚が不可欠で、同種間のコミュニケーションも視覚刺激に依存している。紫外線を遮断する水晶体をもっていれば、時とともに紫外線によって視力が低下することはない。

カエルの眼はきわめて敏感で、多くの種が極端に光量の少ない環境でも難なく移動できる。これは夜行性の多くの種、それも森林や落ち葉のなかなどのいっそう暗くなる環境にすむものにとってはとくに重要な適応だ。カエルは他の脊椎動物とは異なり、2種類の桿体細胞（赤桿体細胞と緑桿体細胞）をもっていて、非常に暗いなかでも色を識別することができる。カエル（と有尾目の一部）の"緑桿体細胞"は他の脊椎動物で一般的な"赤桿体細胞"よりも波長の長い光を吸収するため、夜でも色つきでものを見ることができるのだ（訳注：一部の両生類以外の脊椎動物の桿体細胞は赤桿体細胞の1種類のみとされている）。

上）驚くほど多様なカエルの眼の例

左ページ）コロンビア南西部とエクアドル北西部に生息するインバブラアマガエル（*Boana picturata*）はきわめて大きな眼をしている

発声

　オスのカエルはすぐれた歌い手であり、鳴き声を使ってメスを引きつけたり、自分の優位性を主張したり、縄張りを確保したりする。オスとメスのどちらも、捕食者に対して近づかないよう警告する音を出すことができ、血気盛んなオスが他のオスやすでに交配中のメスに抱きついてきたときには離れるように促す解除音を発する。カエルの出す音には単純なピッという音もあれば、周波数、速度、タイミングの異なる複数の音で構成された複雑な鳴き声もある。ふだん、われわれが聞くカエルの鳴き声の大半は、オスがメスを引きつけるためのラブソングだ。

　カエルのオスのほとんどは、単一または1対の鳴嚢をもっており、これでときに驚くようなレベルにまで鳴き声を増幅させる。ごく小型のコキーコヤスガエル（*Eleutherodactylus coqui*）は、バイクのエンジン音にも匹敵する95dBの大音量で鳴くことが報告されている。体長わずか34mmの小さなカエルとは思えないほどの騒々しさだ。いっぽうで、ピパ科のカエルは鳴嚢も声帯ももたないが、喉頭を両側から引っ張ることで喉頭筋が収縮し、カチカチという音を出す。

　オスのカエルはふつう、体外にある鳴嚢を膨らませて鳴き声の音量を増幅させる。ほとんどの種では口腔とつながった単一の鳴嚢をもっており、顎の下に視認できる。しかし、一部のカエルは2つの鳴嚢をもち、その種類も2つに分けられる。喉に1対の鳴嚢があるタイプでは、場所は喉に1

左ページ）コガタトノサマガエル（*Pelophylax lessonae*）のオスは口の両側に1対の鳴嚢をもつ

丸囲み）フウハヤセガエル（*Huia cavitympanum*））は超音波のみでコミュニケーションをとる唯一のカエル（脊椎動物としても珍しい）として知られている

上）コキーコヤスガエル（*Eleutherodactylus coqui*）はオスもメスも鳴くが、メスの鳴き声はオスに比べて静かで単純なものだ

つだけあるタイプと同じだが、膨らませると頭部の幅よりわずかにはみ出す。口の両側にあるタイプでは顎の後方に位置しており、膨らませると頭部からほぼ垂直に張り出す。どのタイプの鳴嚢でも、口腔内に1対のスリット状の開口部がある。

フランス領ギアナに分布するギアナフキヤガマ（*Atelopus franciscus*）は、急流の岸という非常に騒々しい環境にすんでいる。この種には鼓膜がなく、体外に鳴嚢ももたない。それにもかかわらずオスは鳴くことができるが、その声は8m足らずしか届かず、縄張りを確保するためだけに使われているようだ。ボルネオ島のフウハヤセガエル（*Huia cavitympanum*）と中国のホラミミニオイガエル（*Odorrana tormota*）は、周波数が高くヒトには知覚できない超音波で鳴き声を発し、急流の近くにすむことによって起こる問題を回避している。

聴覚

　カエルは非常にすぐれた聴覚をもっているが、そのように進化してきた最大の理由は、音が主なコミュニケーションの手段であるということ。カエルの鼓膜は頭の両側、眼のすぐ後ろにあり、周囲の皮膚とわずかに色の違う楕円形の円盤になっている。鼓膜はピンと張っており、軟骨の環で周囲の皮膚とつながっていて、太鼓の皮のような働きをする。鼓膜が音を空気の振動の形で受け取ると、それを内耳に伝える。すると"有毛細胞"と呼ばれる毛状の組織が動き出し、神経線維が脳に電気信号を送るよう促す。信号は最終的に脳で音として認識されるのだ。

　カエルの適応の1つに驚くべきものがある。そ

上）北アメリカに生息するブロンズガエル（*Aquarana clamitans*）は非常に大型の鼓膜をもっている。眼の直後に位置する大きな円盤が鼓膜だ

右ページ）"耳なし"のチョウセンスズガエル（*Bombina orientalis*）には鼓膜がなく、肺を使って主に低周波の音を聞きとる

れは肺の助けを借りて音を処理することだ。カエルの肺は、耳管を介して内耳と直接つながっている。おそらく、大きな鳴き声で自身の鼓膜を損傷しないためにこうした適応に至ったらしく、鼓膜の内外にかかる圧力を均一化することでそれを実現している。

　一部の種は体表に鼓膜をもたないため、"耳なしガエル"として知られており、中央・南アメリカに分布するフキヤヒキガエル属（*Atelopus*）や、アジア北部に分布するチョウセンスズガエル（*Bombina orientalis*）がこれに該当する。フキヤヒキガエル属の内耳の構造は他のカエルと変わらないが、驚いたことに鼓膜のあるカエルと遜色ないレベルで音を拾うことができる。

下）カエルにとって最も重要な感覚は聴覚だ。多くの種は体表にきわめて大型の鼓膜をもっており、眼より大きい場合もある。いっぽうで体表に鼓膜がない種、あるいはヒトと同じように耳道を介して外界とつながった鼓膜を体内にもつ種もいる

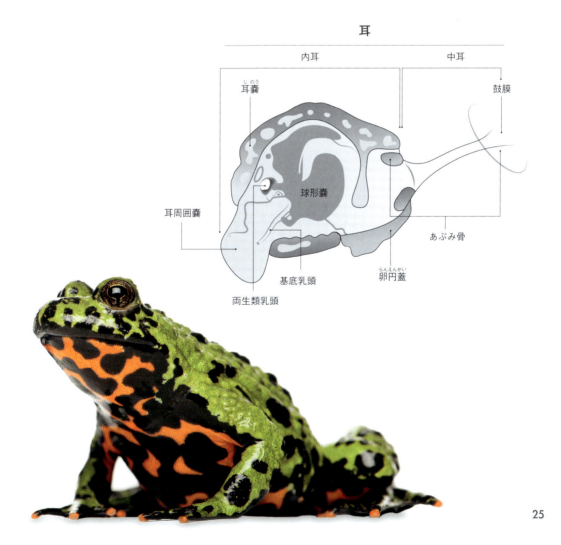

繁殖

こと繁殖戦略に関しては、カエルは桁外れの多様性を示し、60以上ものさまざまな方法が報告されている。交配相手の選択はふつうメス側が行ない、繁殖地や鳴き声、体の特徴など種によって異なる基準でオスを選ぶ。ほぼすべてのカエルが体外受精をし、メスが総排出孔から放出した未受精卵にオスが精子をかけて受精させる。

下) カエルのメス（左）とオス（右）の生殖器系の概略図

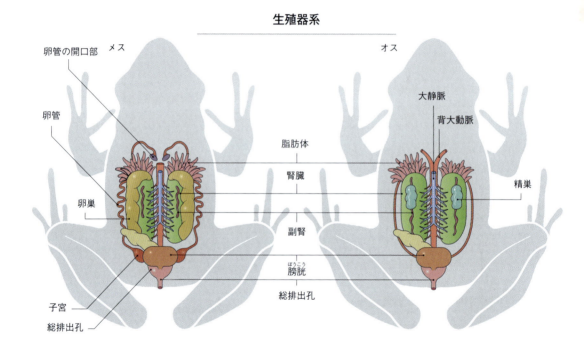

性的二形と性的二色性

カエルのオスとメスはどうやって見分ければよいのだろうか？　この質問に答えるのは簡単なことではない。7600種以上が存在するカエルのなかには、法則に当てはまらない例外も多いからだ。一般的にメスはオスよりも大きい（おそらく成長とともに卵を体内に収めておく必要が生じるからだろう）。対してオスは、前足に婚姻瘤（繁殖ホルモンに誘発されて肥大する特殊な皮膚腺）が発達し、前腕がメスより太くなる場合もある。また、交配相手を引きつけるために鳴くのもたいていはオスだけだ。オスは鳴嚢を使って鳴くが、鳴嚢は膨らませていないときでも皮膚のしわやたるみの形でふつうは顎の下に視認できることが多い。

多くのカエルは性別によって体色が大きく異なっ

上）モドリフクラガエル（*Breviceps carruthersi*）のオスはメスよりも際立って小さい。この体格差のため、本種は皮膚から出る粘着性の分泌物を使ってお互いを"糊づけ"する

丸囲み）ウィルコックアメガエル（*Ranoidea wilcoxii*）のオスはメスよりはるかに小さく、繁殖期のオスは抱接中に鮮やかな黄色にすばやく変わることができる

ており、性的二色性と呼ばれている。一部の種は繁殖期の短い期間だけこの性質を見せる。キイロヒキガエル（*Incilius luetkenii*）のオスは繁殖直前から数時間のみ色が変わるが、この習性は動的二色性として知られている。また他の種では成長の途中で二色性を示し、変態後に生じたオスとメスの色の違いはずっとそのままだ。たとえばアルゴスクサガエル（*Hyperolius argus*）のオスとメスは、体色だけでなく模様も異なる。

抱接の体位

股つかみ / 脇つかみ / 背中またぎ / 尻あわせ / 頭つかみ / 頭またぎ / 貼りつき

体外受精

ほとんどのカエルは交配相手に対して抱接と呼ばれる行動をとる。これは一般的に、オスがメスに抱きついて相手の総排出孔の上に自分の総排出孔を重ね、メスの産卵と同時にオスが精子を放出できるようにする行為だ。繁殖期のオスは第1指（親指）の付け根に婚姻瘤が発達することが多く、これを利用して抱接中にメスをしっかりとつかむ。

カエルの交配時の体位には多くのバリエーションがあり、脇つかみ、股つかみ、頭つかみ、頭またぎ、貼りつき、背中またぎ、尻あわせと呼ばれる、少なくとも7つの異なる抱接体位が存在する。抱接はきわめて短い（わずか数秒間）ものから最長で数カ月にも及ぶものもあり、種によって異なる。

脇つかみと股つかみは抱接の体位として最もよく見られるものだ。脇つかみではオスはメスの脇の下をつかみ、股つかみでは腰をつかむ。頭つかみは脇つかみと股つかみに似ているが、オスはメスの頭をつかむ。

他にもオスがメスの体をつかまない体位がある。頭またぎではオスがメスの頭に背後からまたがり、メスの産卵とともにオスが放出した精子はメスの背中をつたって未受精卵の上に落ちる。背中またぎではオスがメスを足場に押しつけるが、体を直接つかむことはない。

フクラガエル属（*Breviceps*）など一部の種には目を疑うような性的サイズ二形を示すものがおり、そのせいで不可能とも思える難題に適応しなければならなかった。オスはメスと比べて小さく

前肢も短いため、ふつうの抱接の体位をとることができない。そこでこのカエルたちが交配のために進化させた興味深いしくみが、貼りつきと呼ばれる抱接体位だ。オスは腹部の表面から"糊"を、メスも背中から"接着剤"を分泌する。オスはメスの背中によじ登り、この糊を使って文字通り"くっつく"のだ。

体内受精

北アメリカに生息するオガエル属（Ascaphus）の2種だけが、体内受精のための特殊な器官をもつカエルとして知られている。オスには総排出孔が変化した交尾器と呼ばれる器官があり、交配時にこれをメスの総排出孔に挿入して体内受精を行なう。メスは産卵に適した環境が整うまで、最長で9カ月のあいだ精子を体内に貯蔵しておくことができる。

他にもごく少数のカエルが体内受精をするが、オガエルのような交尾器を使って行なうものはいない。その代わりにオスとメスはそれぞれ逆方向を向いて（尻あわせ）、ふつうはお互いの総排出孔を押しつけ合う（総排出孔並列）。その後オスが精子を放出し、受精が行なわれる。

体内受精を行なうほとんどの種は胎生で、卵を産むことはない。セレベスコモチガエル（Limnonectes larvaepartus）もその1つだが、子をオタマジャクシの状態で産むことが知られているのはこのカエルだけだ。アフリカのコモチヒキガエル属（Nectophrynoides）とニンバコモチヒキガエル属（Nimbaphrynoides）（ともに胎生として知られている）の数種、そしてプエルトリコに生息するジャスパーコヤスガエル（Eleutherodactylus jasperi）は、卵を体内に保持したあと、成体とまったく変わらない姿の小さな子ガエルを産む。こうしたカエルたちは、卵管内の上皮（体内外の表層をつくる細胞）分泌物を介して発生中の幼体に栄養を与えている。

左ページ） カエルが交配時にとる7種類の主な体位を示した図

右） オガエル（Ascaphus truei）の交尾器が後肢のあいだにはっきりと確認できる

競争

　交配相手を確保しようとして熾烈な競争が起こることはよくあり、たいていはオスどうしががメスに気に入られようとあの手この手で競うはめになる。とくに止水や流れの緩い水中で繁殖する種では大規模な繁殖争いになることも珍しくなく、オスどうしの競争が激しくなる。一部の種は繁殖場所を守るため、ライバルに猛然と立ち向かう。世界最大のカエルであるゴリアテガエル（Conraua goliath）の闘いはあまりにもすさまじく、メスとの交配を狙う他のオスを殺してしまうこともある。

　ほとんどの種はそこまで乱暴ではなく、メスの気を引くためにやや受け身の方法をとる。最もわかりやすいのが鳴くことだ。また、ヤドクガエル科（Dendrobatidae）の鮮やかな体色は敵に対してその毒性を警告するだけでなく、交配相手として選ばれるためにも一役買っているらしい。一部のカエルは、自分の優位性や縄張りを主張するとともにメスを引きつけるための変わった視覚サインを獲得している。こうしたカエルのほとんどは流れの速い小川や川、滝の近くにすんでおり、たとえ発声しても流れる水の音にかき消されてしまう。一例を挙げると、エクアドルとコロンビアに生息するオレフェラアマガエルモドキ（Sachatamia orejuela）のオスは後足をばたつかせ、前足を振り、頭を上下させてメスの気を引く。こうした習性はインドのコイワガエル属（Micrixalus）にも見られる。

　メスを引き寄せるのに成功したオスは、多くは長時間の抱接という形でメスのそばに留まり、ライバルのオスたちから守る。コロンビアに生息するコロンビアフキヤガマ（Atelopus laetissimus）のオスは1カ月かそれ以上のあいだメスと抱接を続けるが、競争が激しくなり、ライバルのオスが抱接中のオスに取って代わろうとすることがある。抱接中のオスを蹴落とすのは一部の種では非常によくある行為だ。たとえばヨーロッパヒキガエル（Bufo bufo）の場合、蹴落とし行為のおよそ1/3が成功

左） アイゾメヤドクガエル（Dendrobates tinctorius）の求愛はおよそ7時間続くこともあり、メスのほうが積極的な行動をとる

右ページ） ヨーロッパヒキガエル（Bufo bufo）はその爆発的繁殖期に大きな繁殖球を形成する

Introduction

している。

　こうした熾烈な争いのなかで、多数のオスが他のオスを蹴落とそうとして繁殖球と呼ばれるものが形成されることがよくある。ときに1匹のメスに対して数十匹のオスが群がる繁殖球も見られる。不運にも、その過程でオスもメスもともに溺れて死んでしまうという結末を迎える場合も珍しくない（日本でも蛙合戦として知られる）。

　オスがずる賢い戦略をとる種もいる。たとえばヨーロッパアカガエル（*Rana temporaria*）は交配し損ねたオスが卵塊に潜り込み、精子をかけることがある。1匹のメスが産む卵の量が多いため、抱接したオスは卵全体（とくに卵塊の中心部にあるもの）を受精させることはできない。こうしてオスがひそかに卵を受精させることで、メスにとっても抱接できなかったオスにとっても利益となるのだ。

産卵

　カエルはさまざまな方法で産卵する。一部の種は実に驚くような数の卵を産み、たとえばオオヒキガエル（*Rhinella marina*）では1匹のメスの産卵数が3万5000個以上になることもある。水中に産卵するカエルは一般に、大きな塊かひも状（主にヒキガエル）の2種類の形で卵を産む。

　また一部の種、とくに熱帯に生息するものは水中には産卵しない。樹上生カエルのオタマジャクシは孵化後も水中環境を必要とするため、卵は水のすぐ上の葉や岩に産み付けられる。なかでもセーシェルクサガエル（*Tachycnemis seychellensis*）は高度な適応をしており、水上に張り出した葉や岩にも、完全な水中にも卵を産む。

　大きな水域がない熱帯雨林などの地域では、カエルはその環境に適応しなければならない。一見、水源が存在しないように思えても、代わりにその需要を満たす植物が存在しているのだ。たとえば、アナナス（パイナップル科の植物の総称）の副花冠（中心部）にはつねに水がたまっており、これはファイトテルマータ（ギリシャ語で"植物体上で保持され

る小さな水たまり")やタンクと呼ばれている。さまざまな生物がファイトテルマータを利用しており、カエルもその1つだ。ブラジルの大西洋岸森林(ブラジルの大西洋岸の北部から南部にかけて分布する森林の総称)に生息するバイーアヒロクチイシアタマガエル(*Nyctimantis arapapa*)のオスはアナナスのファイトテルマータのなかから鳴いてメスの気を引き、そこで産卵が行なわれる。卵が受精すると、オスは著しく骨化した自らの頭部でファイトテルマータを塞ぎ、卵(と孵化したオタマジャクシ)を守る。この習性はフラグモーシスと呼ばれている。

よい親

　産卵が終わると子孫の運命を天に任せて去っていくカエルがいる一方で、素晴らしい両親となるカエルもいる。多くの種が卵を背中に乗せて運び、傷つきやすい卵を保護することが知られている。ヨーロッパとアフリカ北西部に分布するサンバガエル属(*Alytes*)のオスは、受精後の卵を腰にくっつけてオタマジャクシが孵化するまで運ぶ。

　ツノアマガエル科(Hemiphractidae)のメスも卵(とオタマジャクシや子ガエル)を背中に乗せて世話をする。フクロアマガエル属(*Gastrotheca*)とコモリアマガエル属(*Flectonotus*)、ノリヅケアマガエル属(*Fritziana*)、ツノアマガエル属(*Hemiphractus*)の多くは子育ての手段を最も進化させてきたといってもよく、子どもを入れる保育嚢と呼ばれる袋を背中にもっている。卵黄栄養型のほとんどのカエルとは違って、保育嚢で発生中の胚は袋の内側に張り巡らされた血管を通じて栄養を受け取る。オーストラリアに生息するフクロガエル(*Assa darlingtoni*)のオスは体の両側にある"ポケット"にオタマジャクシを入れ、子ガエルとなって出てくるまで面倒を見る。

　ヒラタピパ(*Pipa pipa*)はメスが一度に1個ず

左ページ）ヨーロッパアカガエル（*Rana temporaria*）は一度の繁殖期に4000個以上からなる卵塊を産むことがある

上）コモリアマガエル（*Flectonotus pygmaeus*）の発生は速く、卵と胚が保育嚢に入れて運ばれるのはわずか20〜25日ほどだ

右上）コガタアマガエルモドキ（*Centrolene peristicta*）のオスは、オタマジャクシが這い出して真下の水に落ちるまで卵を捕食者から守るよい親だ

つ卵を産み、オスがそれを受精させてメスの背中にくっつけるという驚くべき適応を見せる。メスの背中はだんだんと肥厚し始め、ついには100個以上もの卵を包み込んでしまう。子の発生段階はすべて皮膚のなかで完了し、やがて子ガエルとなってメスの背中から飛び出すのだ。子が残らず出ていくと、メスの肥厚した皮膚の層は剥がれ落ちる。

　現在では絶滅したオーストラリアのイハラミガエル（*Rheobatrachus silus*）は、卵を守るために別の変わった方法をとっていた。メスが受精卵を飲み込み、胃のなかで発生が終わると子ガエルを吐き出していたのだ。メスはこのために消化器系の活動を停止させていた。胃があまりに膨れて肺が機能しなくなるため、ガス交換はすべて皮膚を通して直接行なう必要があった。

解剖学と生理学

右ページ）舌を使ってスズメガを捕らえるアメリカアマガエル（*Dryophytes cinereus*）

摂餌と食性

ほとんどのカエルの成体は肉食性で小型の無脊椎動物を食べる傾向にあるが、オタマジャクシは主に植物食性か、まったくエサを食べない。カエルの生態全般についてもいえることだが、例外はつきもので、種によっては比較的大型の脊椎動物をエサにするものもいる。

水中での摂餌

ほとんどのオタマジャクシは濾過摂食者だ。口から水を吸い込み、微粒子を粘液やフィルターで捕らえて食べる。この微粒子は植物性で、オタマジャクシがそのケラチン化した口器で削りとったものや、植物プランクトンのように水中に浮遊しているものなどが含まれる。オタマジャクシは角舌軟骨を持ち上げることで眼窩舌骨筋の筋肉が落ち、口腔の体積が大幅に増加して外から水を取り込む。水は鰓を通過して噴水孔から出ていくため、この行動は採餌とガス交換の両方を補助している。

オタマジャクシの口器はその食性を反映している。広食性のオタマジャクシはエサを削りとって食べるため、タンパク質の一種であるケラチンの硬いくちばしをもっている。ヤマコノハガエル（*Megophrys montana*）のような表層摂食者では口が上向きについており、水面に浮いたエサを食べることができる。アフリカツメガエル（*Xenopus laevis*）のような懸濁物（水中に浮遊する物質）摂食者は端位（前を向いた）の口をもち、水の中層に留まって摂餌する。一部の種では急流に流されないよう水底に吸いついてエサをとるための口器をもったものや、スマトラ島のヤマコタキガエル（*Sumaterana montana*）のように腹部に特殊な吸盤をもつものもいる。肉食性のオタマジャクシには大型の歯状突起をもつものが多く、これを使って他のオタマジャクシや体の柔らかい獲物の肉を引きちぎる。

水中生のカエルの成体はオタマジャクシのような吸引摂食をすることがよくあるが、それは水中の微粒子ではなく獲物を捕らえるためだ。このときの吸引方法は他の水生脊椎動物と同じく、慣性を利用して獲物を口に入れるというものだ。この習性はアフ

リカと南アメリカに分布するピパ科（Pipidae）のカエルでよく見られる。そのうちの数種は、前腕も使って大型の獲物を口に押し込むことがある。

地上での摂餌

　成体のカエルのほとんどは舌を射出して獲物を捕らえる。そのしくみは種によってさまざまだ。カエルの進化史の初期に分岐したいくつかの種は、舌の射出速度が遅く、顔の少し先までしか届かない。ヨーロッパと北アフリカのサンバガエル科（Alytidae）、北アメリカのオガエル科（Ascaphidae）がこれにあたる。これらのカエルはピパ科のように前腕も使って獲物を口に押し込むことが多い。

　他のカエルでは口内に投石機のような構造があり、慣性伸長と呼ばれる現象によって口から舌が飛び出す。舌は弾性のあるひものような働きをし、射出前に張力がかけられる。この射出はすばやいものの、多くの場合で伸長の度合いが大きい（最大でカエルの頭部の長さの2倍近く）ことからやや精度に欠ける。これは小型の無脊椎動物を捕らえるために使われる方法だ。

　アリやシロアリを専門に食べるカエルが使うの

が、静水圧による速度の遅い舌の伸長だ。速度はゆっくりだが、驚くべき精度を誇っている。さらには、食欲旺盛で他の脊椎動物（自分と同じくらいの大きさのこともある）を食べる種もおり、たとえば南アメリカに分布するツノガエル属（*Ceratophrys*）は最大で自身の体重の6.5倍もの力で獲物を捕らえることができる。

　捕らえた獲物がおとなしくなると、カエルは変わった方法でそれを飲み込む。カエルが眼を閉じたとき、突き出していた眼が頭部に沈むことに気づいた経験はないだろうか。ここでカエルの頭骨の構造をもう一度見てもらうと、眼窩が大きく、その下には骨がないことがわかるだろう。カエルはこの解剖学的特徴を利用し、眼球を口の内側に引き入れてエサを食道に押し込んでいるのだ。

上）アマゾンツノガエル（*Ceratophrys cornuta*）は貪欲な捕食者で、他のカエルでさえエサにする

解剖学と生理学

右）体を膨らませて大きく見せる
防御姿勢をとるアメフクラガエル
(*Briceps adspersus*)

防御

　カエルは一見すると、哺乳類
や鳥類、爬虫類、魚類、無脊椎動
物、それに他の両生類も含めた捕
食者や、害をなす微生物から身を守る
ための適応をほとんどしていない、無防
備な生物に思えるかもしれない。ところが、カ
エルは単に跳んで逃げたり、膨らんで体を大きく
見せたりするだけでなく、見事な生理学的・行動
的適応を進化させて、数億年ものあいだ捕食者た
ちから生き延びてきたのだ。

　いくつかのカエルは襲われると、一般的な脊椎
動物として想定されるとおりの反応を見せる。つ
まり、噛みつきだ。多くの種では歯が小さく顎も
弱いため、噛みついてもさほど効果はないが、な
かには強力な顎をもち、それを容赦なく利用する
ものもいる。たとえばツノガエル属
(*Ceratophrys*)（"パックマンフロッグ"とも呼
ばれる）は、自分と同サイズの獲物を押さえて動
けなくしてしまうほど噛む力が強い。

　本章で先に述べたとおり、カエルは素晴らしい
歌い手だ。その鳴き声は交配相手へのサインや同
種のカエルに縄張りを知らせる警告としてだけで
なく、捕食者をひるませるためにも使われる。カ
エルを捕まえたら騒々しく鳴かれたという経験が
ある人もいるだろう。それは手を離せという警告
なのだ。フクラガエル属（*Briceps*）はこれを
さらに発展させ、襲われると信じられないほど大

きくて奇妙な金切り声を上げるとともに、体を膨
らませて大きく見せる。

有毒ガエル

　ほぼすべての両生類は何らかの形で毒をもって
いるが、それらはエサから取り込んだものもあれ
ば、皮膚腺（もしくは特化した腺）から直接分泌
するもの、共生する微生物から得たものもある。
こうした毒性の化合物はきわめて多様で、カエル
では900種類以上の異なるアルカロイドが確認さ
れている。ほとんどのカエルは、有害な微生物群
から身を守るために抗菌ペプチドを分泌する。あ
る種のカエルがもつ毒は並外れて強く、人間を何
十人も死に至らしめる。最も毒性の強いカエルは、
コロンビアに生息するモウドクフキヤガエル
(*Phyllobates terribilis*)だ。この種はステロイ
ドアルカロイドのバトラコトキシン、バトラコト
キシンA、ホモバトラコトキシンを分泌する。ほ
とんどの生物毒は口や血液内に入らない限り人体

にまったく影響がないが、モウドクフキヤガエルの毒はあまりに強力なため、皮膚に付着すれば数時間、焼けるような激しい痛みを引き起こすことがある。

　ヒキガエル科（Bufonidae）、ニンニクガエル科（Pelobatidae）、ハモチガマ科（Odontophrynidae）、アマガエル科（Hylidae）では、首の両側に耳腺と呼ばれる特殊な腺が発達している。ちょっかいを出されると、ヒキガエルの仲間はここから濃い粘性のある白い毒を分泌するが、これが捕食者の口に入ればいやな味がするだけでなく死の危険もある。最も侵略的な両生類の1つ、オオヒキガエル（*Rhinella marina*）は、移入された多くの地域で壊滅的な影響を及ぼした。とくに顕著だったのがオーストラリアで、在来の両生類をエサにしていた多くの爬虫類が大幅に減少している。オーストラリアにはもともと強毒のカエルがおらず、在来の爬虫類の多くがオオヒキガエルの毒に対応できるよう進化していなかったからだ。他に、インドの西ガーツ山脈に生息するアカガエル科のフタイロアカガエル（*Clinotarsus curtipes*）のように、オタマジャクシに耳腺がある種もいる。

　ヤドクガエル科（Dendrobatidae）、マダガスカルガエル科（Mantellidae）、カメガエル科（Myobatrachidae）、クロヒキガエル属（*Melanophryniscus*）の仲間とコヤスガエル属

左ページ）モウドクフキヤガエル（*Phyllobates terribilis*）の皮膚分泌物はきわめて毒性が強いため、コロンビアの先住民は狩りの効率を上げるために吹き矢に塗っていた

右）オオヒキガエル（*Rhinella marina*）の耳腺から分泌される毒

（*Eleutherodactylus*）の数種は、ある種の毒性の強いアルカロイドを自ら生成せず、エサとなる節足動物（無脊椎動物）から獲得する。毒のほとんどを特定の種類の獲物から得ているため、飼育下で養殖のコオロギやハエを食べるようになると急速に毒性を失っていく。

毒を注入するカエル

ブルーノイシアタマガエル（*Nyctimantis brunoi*）とドクイシアタマガエル（*Corythomantis greeningi*）は、毒性の皮膚分泌物を注入するための驚くべき適応を獲得している。両者とも敵に襲われると相手に頭突きをするが、その際に頭骨の突起が皮膚を貫通する。皮膚分泌物で覆われたこの突起を相手に突き刺すことで、傷口から毒を注入するのだ。

カムフラージュと隠蔽(いんぺい)

　カエルのカムフラージュ能力には実に目を見張るものがあり、なかには完全に背景に溶け込むことができるものもいる。その最たる例がおそらくコケガエル (*Theloderma corticale*) で、コケとそっくりな見た目をしている。暗色から淡色の緑と茶色のまだらの体をしているだけでなく、イボだらけの皮膚をもち、眼の色彩と模様まで皮膚と同じなのだ。他にも、思いもよらないものに擬態するよう進化してきた種もいる。南アメリカに生息するアマガエル科のダイリセキガエル (*Dendropsophus marmoratus*) は、なんと鳥の糞に似ているのだ。

　水中生のカエルも同様に、周囲の環境に溶け込む適応をする必要があった。ヒラタピパ (*Pipa pipa*) は流れの緩い川底に落ちた枯れ葉と非常によく似ている。ヒラタピパは三角形の頭に茶色かオリーブ色の扁平な体、皮膚にはイボをもつカエルだ。前肢を体の側面につけて、長時間動かずに過ごす。

　体の配色を利用して捕食者を混乱させるカエルもいる。この効果を生み出すのは、体の輪郭をぼかすような色彩と模様だ。斑点と背中に沿った縞模様の組み合わせが最もよく見られる。

左上）ヒラタピパ (*Pipa pipa*) は流れの緩い水中で、獲物が十分に近づいてくるまでじっと待つ。体形のおかげで捕食者から見つかりにくくなっている

右上）コケガエル (*Theloderma corticale*) は苔むした場所で休むとき、驚異的なカムフラージュ能力を見せる

警告色

カエルの種の多くは鮮やかな体色をしている。視認性が高まるため、捕食のリスクを考えると理にかなっていないようにも思えるかもしれない。しかし、こうした鮮やかな色は、襲いかかろうとする者に対して毒性を警告するサインとして機能しているのだ。このように毒性を知らせる色彩は警告色（アポセマティズム）と呼ばれている。警告色のこのうえない例となるのが、中央・南アメリカに生息するヤドクガエル科（Dendrobatidae）、ニオイヤドクガエル科（Aromobatidae）、フキヤガマ属（*Atelopus*）、南アメリカの大西洋岸森林に生息するコガネガエル属（*Brachycephalus*）、マダガスカル島に生息するトマトガエル属（*Dyscophus*）とマダガスカルガエル科（Mantellidae）の仲間だろう。

警告色を継続的には見せず、休息中には隠している種もいる。スズガエル属（*Bombina*）の警告色は腹側だけにあり、襲われると体を持ち上げて鮮やかな赤色の下面を見せる。これは、スズガエル反射と呼ばれている。

ブラジルに生息するユビナガガエル科のジャボティカトゥバスコガタガエル（*Physalaemus deimaticus*）のように眼状紋（目玉模様）をもった種もおり、襲われると尻を持ち上げて体を膨らませ、ヘビの眼を模したと思われる目立つ黒い斑点を見せつける。この行動は威嚇ディスプレイと呼ばれている。

上） キオビヤドクガエル（*Dendrobates leucomelas*）は捕食者に毒性を警告する鮮やかな体色をしている

中） トマトガエル（*Dyscophus antongilii*）の赤い体色は、ちょっかいを出されると皮膚から毒性のある粘液を分泌することを警告するものだ

下） ひときわ鮮やかなベニモンフキヤガマ（*Atelopus barbotini*）は、毒性を知らせるサインとしてその体色を利用している

その他の適応

　カエルが捕食を免れる方法は他にも数多くある。中央アフリカに生息するアフリカモリガエル属（*Astylosternus*）の仲間は攻撃されると自ら後肢の骨を折り、皮膚を破って突き出させる。この露出した骨を使って襲いかかってくる動物を突き刺すのだ。この適応がマーベル・コミックのスーパーヒーロー、ウルヴァリンの手の甲から飛び出す爪を連想させることから、ケガエル（*Astylosternus robustus*）にはウルヴァリン・フロッグという別名もつけられている。

　ちょっかいを出されると排尿するカエルも多い。この尿はいやなにおいや味がすることもあるため、捕食者はカエルをくわえてもすぐに放したくなるだろう。別の種では、泥のなかに身を埋めたり、動かずに死んだふりをしたりして、そもそも捕食者と相対せずにすむようにしてやり過ごす。南アメリカ北部に生息するクロコロコロヒキガエル（*Oreophrynella nigra*）は、体をボールのように丸めて転がり、危険から逃げる。

他の生物を利用した防御

　一部のカエルは他の生物を利用して身を守る。たとえば、南アメリカとアジアに分布する種数の多いヒメアマガエル科（Microhylidae）の仲間の一部は、クモとともに生活している。体の小さいこのカエルたちは、多くは大型であるクモに守ってもらい、その見返りとしてクモにとっては脅威となりかねない小型の節足動物を捕食するのだ。この関係はカエル

上）大型のタランチュラの一種（*Pamphobeteus* sp.）と相利共生の関係を結ぶテンセンハチガエル（*Chiasmocleis ventrimaculata*）

左）防御機構として皮膚を押し破って出てきた"ウルヴァリン・フロッグ"ことケガエル（*Astylosternus robustus*）の後肢の骨

とクモの双方にメリットがあるため、一種の相利共生といえるだろう。こうしたクモとカエルの関係は、特定の種に限って結ばれている可能性がある。南アメリカのアマゾン西部に生息するテンセンハチガエル（Chiasmocleis ventrimaculata）は、タランチュラをはじめ数種のクモと共生することが知られている。クモは化学的信号でこのカエルを識別しており、他の種のカエルなら食べてしまうことが記録されている。

移動

　カエルはさまざまな方法で移動するが、最もよく知られているのが跳躍だ。カエルが生息する地域なら、少なくとも1種は跳躍するものがいるだろう。カエルは長い後肢と強力な大腿筋のおかげで、とりわけ跳躍には長けている。大きな後肢が生み出す推進力で、体のサイズからは考えられないような長距離を跳ぶものも多い。ウシガエル（*Aquarana catesbeiana*）は体長180mmほどの大型のカエルだが、その巨体にもかかわらず、最長で2.2m、体長の12倍という実に驚異的なジャンプ力が記録されている。それでも体の大きさを考慮すれば、ウシガエルのジャンプもアフリカ南部にすむテングアフリカアカガエル（*Ptychadena oxyrhynchus*）に比べたら大したことのないものに思えるだろう。ある個体が5.35m、体長の90倍にも及ぶジャンプを達成しているのだ。とはいえ、どの種にもこれほどの大ジャンプができるというわけではなく、代わりに非凡なすばやさを手に入れたものもいる。エクアドルウシガエル（*Leptodactylus peritoaktites*）はちょっかいを出されると、信じられないような速さで力強いジャンプを繰り返す。その速度は、たとえ平地であっても立った状態から走り出したヒトが追いつくのは難しいほどだ。

歩行と走行

　すべてのカエルが環境のなかを移動するときにジャンプするわけではなく、歩いたり走ったりすることを選ぶ種もいる。どのカエルも歩くことはできるが、多くの種ではその大きな後肢が枷となって歩きにくいことがよくある。ところが、一部の種では他よりも歩いたり走ったりするのに適しており、こうした種では後肢が短く、前肢と同程度の長さになっていることが多い。ほとんど歩行

や走行だけで移動するカエルの例がヨーロッパに分布するナタージャックヒキガエル（*Epidalea calamita*）で、かなりの高速で走ることができる。この特徴とレーシングカーのストライプを思わせる背中線（はいちゅうせん）から、本種は"ランニング・トード（走るヒキガエル）"の異名をもっている。

水泳

　オタマジャクシが水中生活によく適応しているのは先に述べたとおりだが、成体のカエルの多くもまた水中環境での暮らしに向いている。流水にすむ種では、効率的に泳ぐために足には水かきがあるのがふつうだ。一般的に水かきの大きさは、その種がどの程度水に関わっているかによって決まる。完全水生の種は水かきが非常に発達した足をもっている。アフリカツメガエル（*Xenopus laevis*）は後足に大きな水かきがあり、これを広げて船のオールのように大きく水をかいて泳ぐ。おそらく最も変わった水中生活への適応をしているのが、西アフリカに生息するケガエル（*Astylosternus robustus*）だろう。本種は極端な性的二形を示し、オスは生涯のほとんどを水中で過ごす。オスの体の両側と大腿部に皮膚突起があり、体表面積を増やすことで水中でのガス交換をきわめて効率的に行なうことができるのだ。

上）一般的なカエルのジャンプ動作を見せるヨーロッパアマガエル（*Hyla arborea*）

上）他の樹上生カエルと同じく、サンチネコメガエル（*Phyllomedusa bahiana*）は吸着力のある指先と指関節部の隆起を使って登った木の表面に貼りつく

木登り

　カエルは水中や地上だけでなく、樹上での生活にもよく適応している。樹上に適応する進化は幾度となく発生しており、今や樹上の環境がもたらす無数のニッチを占めるまでになっている。熱帯地方では、樹上生のカエルが地上生のカエルに負けず劣らず多く生息している。樹上生活のためには、木の上で自身の体重を確実に支えられるよう適応する必要があった。一般的にこれを実現させているのは、吸着力があり、多くは地上生のカエルのものより幅が広い指先、長い四肢、そして可動性の高い足首の関節だ。

滑空

　カエルのなかには、捕食者から逃れるためやエネルギー効率よく環境のなかを移動するために、降下や滑空といった方法で空中を進む種もいる。こうした習性は、アオガエル属（*Rhacophorus*）のうちトビガエルと呼ばれる仲間で顕著に見られる。これらのカエルは指のあいだに大

上）指のあいだにある皮膜を広げ、高い樹上から速度を落として降下するウォレストビガエル（*Rhacophorus nigropalmatus*）

きな水かきをもっており、高所から飛び降りたときにそれがパラシュートの役割を果たす。降下中に飛膜と呼ばれる皮膚のひだが広がって表面積を増やし、降下速度を緩めることで滑空できる。

穴掘り

　穴を掘るのはカエルとしては一般的な習性で、複数の科にわたって散見される。穴掘りをするほぼすべての種が、後肢の中足骨にある隆起をシャベルのように使って後ろ向きに土を掘る。前に向かって穴を掘る種もおり、たとえばアフリカのクチボソガエル属（*Hemisus*）はシャベル状の鼻先を地面に押しつけて掘り進む。

　種が違えば、穴掘りの目的もまた違ってくる。あるものは捕食者から逃げたり隠れたりするために、あるものは穴に潜って水分を保つために、あるものは繁殖や子育てをする巣穴をつくるために、あるものは地中生の無脊椎動物を探して食べるために、こうした習性を利用しているのだ。

極限環境下での生活

カエルは世界中に分布しており、南極大陸を除く全大陸に生息している。地球上のほぼすべての陸上環境で見られ、温暖な地域の多くでは湿地の至るところに生息していると考えられている。しかし、その体のつくりと生理機能からして水とは切り離せず、なおかつ外温性であることを考慮すると、カエルは驚くべき適応力をもった生物だといえる。たとえば18ページで述べたように、過酷な環境下にあるいくつかの種のカエルは、繭を形成し、夏眠することができる。

カエルは皮膚を使ってガス交換をする必要があり、塩分がそれを阻害することから、塩水にはうまく対処できない。地質学的に形成されてからあまり経っていない島に両生類がほとんど見られないのはそのためでもある。いくつかの科は海を越えて分布しており、たとえばアフリカのクサガエル科（Hyperoliidae）は大陸の東西に散らばる島々に、遠くはセーシェル諸島にまで進出している。オオヒキガエル（*Rhinella marina*）は塩水環境にも耐性があり、ときおり海中を泳いでいる姿が目撃されることさえある。東南アジアに分布するカニクイガエル（*Fejervarya cancrivora*）は汽水環境（淡水と海水が混在した状態）で暮らしており、そこに生息するさまざまな甲殻類（カニなど）や昆虫をエサにしている。

多くのカエルは冬眠をして冬の寒さをやり過ご

48　Introduction

上）カニクイガエル（Fejervarya cancrivora）は塩水環境下で生存し狩りをすることができる、数えるほどしかいない珍しい種の1つだ

左ページ）アメリカアカガエル（Boreorana sylvatica）は極寒の環境下で健康を損なわずに凍り付くことができる、驚異的な能力をもったカエルだ

す。極寒の環境に対して最も驚くべき適応をしたカエルは、おそらく北アメリカのアメリカアカガエル（Boreorana sylvatica）だろう。その分布域は、北ははるかアラスカ州北部にまで及ぶ。本種は1年のうち最長で8カ月間、体の最大60％がカチカチに凍ったまま過ごす。このとき筋肉と皮膚のあいだに氷の結晶が形成され、細胞内に大量のグルコースが入り込む。細胞の外側は凍ってしまうが、グルコースが細胞内の各部の凍結を阻止する。この期間には代謝が実質上停止し、心臓は完全に動かなくなる。そして、気温が上がると凍った体が溶け、繁殖に向けて動き始めるのだ。このような芸当ができる四肢動物は他に知られていない。

　これとは対照的に、極暑の環境に耐えられるカエルもいる。台湾島と八重山諸島に生息するヤエヤマカジカガエル（Buergeria choui）は、台湾では温泉で見られることもある。ヒトの入る風呂の水温が平均で35〜40℃のところ、そのオタマジャクシは46.1℃の水中にもすむという報告がある。

保全

　カエルは水中と陸上のどちらの環境においても、生態的均衡を適切に保つためには欠かせない生物だ。オタマジャクシは藻類を食べることで、有害な藻類ブルーム（異常発生）が水中環境に氾濫するのを防いでいる。成体のカエルが食べる無脊椎動物は、放っておくと自然環境を荒廃させ、農業に多大な経済的打撃を与える害虫となるおそれがある。カエルはまた、陸生哺乳類やコウモリ、鳥類、爬虫類、無脊椎動物など数え切れないほどの生物のエサにもなっている。さらに指標生物の役割を果たしたり、カが媒介する病気を食い止めたり（一部のオタマジャクシはカの幼虫を食べ、成体のカエルはカを食べる）といった生態的に重要な役割を果たすことで、何にも増してヒトの役に立っているのだ。

保全状況

　両生類は地球上で最も絶滅の危機に瀕している陸生脊椎動物のグループで、1年間で数十の種が絶滅しつつある。国際自然保護連合（IUCN）は動物、植物、菌類の保全を目的とした代表的な国際機関だ。IUCNでは絶滅のおそれのある種のレッドリストを管理しており、これが生物の保全状況を分類する際の主要な資料になっている。現在までに、既知の7600を超えるカエルの種のうち6580種が保全状況を評価されており、差し迫った絶滅の危機にないと考えられているものはそのうちわずか46％だけとされている。近年、少なくとも33種のカエルが完全に絶滅し、2種が「野生絶滅（EW）」したことがわかっている。さらに、ここ数十年、目撃されていない種も多いことから、この数字はさらに増える可能性もある。200以上の種が近年絶滅したとする推定もあるほどだ。ただちに絶滅するおそれのある種は1500を超え、「危機（EN）」と「深刻な危機（CR）」のいずれかに分類されている。「データ不足（DD）」や「未評価（NE）」に分類されているおよそ2000種のほとんどは、ほぼ間違いなく絶滅の危機に瀕しているだろう。

右ページ） キハンシコモチヒキガエル（*Nectophrynoides asperginis*）は、飼育下繁殖計画が成功したため、野生への再導入が始まっている

左） オーストラリアのイハラミガエル（*Rheobatrachus silus*）はおそらくツボカビが原因で、現在では絶滅している

評価されていない理由が、めったに見つからないために十分に観察できないことからきていると考えられるからだ。

両生類の個体群にとって脅威となるものは、生息地の消失、病気、気候変動、農業活動、汚染、外来種など多岐にわたる。残念ながら、個体群を苦境に陥れているのはこうした要因の組み合わせであることが珍しくない。

生息地の消失

生息地の消失や農地への転用が、両生類の個体数減少の最大の原因となっている。ブラジルやマダガスカル島のようなとくに多様性が高い地域は、生息地の破壊の影響を最も強く受けている。

生息地の破壊にはさまざまな形態があるが、両生類の個体数減少の原因として顕著なものには、生息地の完全消失や分断、水中の繁殖環境の除去などがある。生息地の分断は、最初は目立った個体数減少を引き起こすとは限らないが、遺伝的多様性の喪失を招き、その動物が環境になじめなくなったり、変化する状況に適応できなくなったりするおそれがある。

タンザニアのウズングワ山脈に生息するキハンシコモチヒキガエル（Nectophrynoides asperginis）は現在、IUCNレッドリストの「野生絶滅（EW）」に分類されている。本種はキハンシ滝の飛沫帯（用語集参照）にのみ生息していることが知られていた。この滝が流れるキハンシ川のはるか上流にダムが建設されたことで滝の水量が90％減少し、このカエルの唯一の生息地は消滅してしまった。これはカエルの個体群に壊滅的な打撃をもたらした数百、あるいは数千という生息地消失のごく一例に過ぎない。

病気

　病気もカエルの個体数減少の大きな原因となっている。とくにカエルの個体群に甚大な被害をもたらしているのがカエルツボカビ（*Batrachochytrium dendrobatidis*）で、この真菌に感染したカエルの多くは死に至る。しかし、カエルの種によっては他よりも耐性をもったものもいるらしく、ツボカビがごくわずかな影響しか及ぼさないこともある。ツボカビはカエルの皮膚層で増殖し、浸透性の皮膚から水分と酸素がうまく取り込めなくなることで、やがて心不全を引き起こす。

　ツボカビはすでに推定90種以上のカエルを絶滅に追いやっており、さらに数百種の個体数を大幅に減少させている。この真菌はセーシェル諸島を除く、両生類が生息する世界中のあらゆる地域で確認されている。最も被害が大きいのが中央・南アメリカとオーストラリアだ。

　カエルツボカビ症の個体群間での感染を防ぐためにわれわれができるのは、適切なバイオセキュリティ措置をとること、そして新たな場所に移動する際には以前訪れた場所の土のついていないきれいな靴で行くことだ。

気候変動

　カエルは外部からの浸透に敏感な生理機能をもった外温性動物であるため、その生態と分布が気候の変動と本質的に結びついているとしても何ら驚くべきことではない。気候変動が急激であれば、ほとんどのカエルの種は適応が間に合わないだろうというのが一般的な見解だ。われわれはすでに、世界中で気候変動がカエルに及ぼす影響を目の当たりにしている。北アメリカに生息するソノラヒョウガエル（*Lithobates yavapaiensis*）は深刻な干ばつが原因でその生息域の多くの場所で大幅に減少しており、オーストラリアのキタコロボリーヒキガエルモドキ（*Pseudophryne pengilleyi*）は、同じく干ばつにより数を減らしているだけでなく、繁殖地の少なくとも42％を

上）キタコロボリーヒキガエルモドキ（*Pseudophryne pengilleyi*）は干ばつとツボカビの影響により、オーストラリア南東部のわずか3カ所の小個体群に分断されてしまった

左）致死性のカエルツボカビ（*Batrachochytrium dendrobatidis*）によって命を落としたペルーのクスコアンデスコケガエル（*Bryophryne cophites*）

左）カエルツボカビ（*Batrachochytrium dendrobatidis*）の有無を調べるために綿棒で検体をとられるマヨルカサンバガエル（*Alytes mueltensis*）

失っている。

化学物質汚染

　両生類の生存は、その生息する環境と密接に結びついている。カエルの皮膚はきわめて敏感で、酸素と水分を体内に取り入れるためには不可欠なものである。その卵は浸透性をもち、幼生には鰓がある。工業地帯や農地がもたらす環境汚染物質は両生類に多大な影響を与え、死亡や健康被害、生殖不能につながるおそれがある。抗菌剤やマイクロプラスチック（自然分解されない微小なプラスチック粒子）、農薬全般、重金属などの化学物質は、多くの場合は生息地の消失といった他の要因を伴って、個体群にさらなる負担をかけている。

保全活動

　とはいえ、まったく望みがないわけではなく、カエルの保全に成功した喜ばしい例もいくつか報告されている。保全活動は世界中の学術機関や保全組織、行政機関、そして個人により熱心に行なわれている。こうした人々が率先して、直接的か間接的かにかかわらず、ときには種の目撃情報を記録するといった単純にも思える方法で、絶滅の縁に立たされていた種を蘇らせてきた。両生類の保全に尽力する主な組織には以下の3つがあり、お互いに密接に協力し合って活動しているが、いずれの組織も独自の方針をもっている。

1. アンフィビアン・サバイバル・アライアンス（Amphibian Survival Alliance）は地域社会への働きかけやパートナーシップの確立などを通じて、両生類の保全活動を促進・統制している。

2. 国際自然保護連合（IUCN）の種の保存委員会（SSC）に所属する両生類専門家グループ（ASG）は、両生類の効率的な保全活動を周知するための科学的な根拠を提供している。

3. アンフィビアン・アーク（Amphibian Ark）プロジェクトは両生類の生息域での保全活動を先導しており、国内に専門知識を提供するとともに、保全必要度評価（個々の種に早急な保全が必要かどうかを判断するための枠組み）を作成している。

成功例

　まえがきの締めくくりとして、驚くべき種の回復を見せた例をいくつか紹介しよう。ニワトリユビナガガエル（*Leptodactylus fallax*）はカリブ海東部最大の両生類で、小さな島であるドミニカ島とモントセラト島に生息している。本種は島に暮らす人々の主な食料となる、経済的に重要なカエルだった。2002年（ドミニカ島）と2009年（モントセラト島）にツボカビによって個体群は壊滅的な被害を受け、脊椎動物の種としては過去最悪といってもよいほど急激な減少を記録している。現在のモントセラト島にはもはや野生個体は生存していないと考えられている。しかし両生類保全団体の迅速な対応により、捕獲した個体のヨーロッパでの繁殖プログラムが成功したのだ。のちにドミニカには、繁殖施設と定期的にツボカビの検査を行なう遺伝子診断研究所が設立されている。さらに最近では、半野生下の管理地域内で再導入の可能性を調査する試みが功を奏し、結果を見る限りではニワトリユビナガガエルの将来は安泰といってよさそうだ。

　コガタトノサマガエル（*Pelophylax lessonae*）はヨーロッパ各地でよく見られる種だが、イギリスでは生息地の消失により1995年に在来個体群が絶滅した。そこで、再導入を目指してイングランド東部のノーフォークにある2カ所が選ばれ、スウェーデンの個体（イギリスの在来の個体群と同じクレードに属する）が移送された。この再導入プログラムはこれまでのところ成功しており、毎年、過去数年間を超える数が繁殖するという、イギリスにおける本種にとっては非常によい兆しを見せている。

右ページ上）無尾目の世界的な分布を示す地図。色はおおよその種の多様性を表しており、赤が多様性の最も高い地域、青が低い地域となっている

右ページ下）コガタトノサマガエル（*Pelophylax lessonae*）の再導入プログラムが成功し、今後数年間でさらに広くイギリス中に分布することが期待されている

左）ニワトリユビナガガエル（*Leptodactylus fallax*）の保全を促進するため、長期的な回復戦略が実行されている

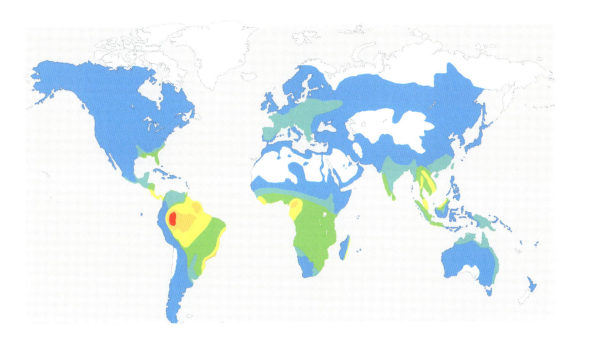

カエルの亜目と上科

　無尾目にはムカシガエル亜目（Aechaeobatrachia）、ピパ亜目（Mesobatrachia）、カエル亜目（Neobatrachia）の3亜目が含まれるが、先の2つの亜目を構成する科については専門家のあいだで意見が分かれている。

　ムカシガエル亜目（archaeo-＝古代の、batrachia＝カエル）に含まれるのは現生で最古となるカエルの科で、2つの上科に分けられる。1つは北アメリカ北西部に分布するオガエル科（Ascaphidae）とニュージーランドに分布するムカシガエル科（Leiopelmatidae）からなるムカシガエル上科（Leiopelmatoidea）で、もう1つはヨーロッパに分布するサンバガエル科（Alytidae）とスズガエル科（Bombinatridae）からなるミミナシガエル上科（Discoglossoidea）だ。これらのカエルは、はるか昔に絶滅したカエルと共通する原始的な構造をした体の特徴を数多くもっている（59ページ参照）。

　ピパ亜目（meso-＝中間の、batrachia＝カエル）にはムカシガエル亜目よりも新しいカエルが含まれるが、それでも原始的な体のつくりが見られる（69ページ参照）。この亜目には、アフリカ大陸とアメリカ大陸に分布する2科を含むピパ上科（Pipoidea）と、ユーラシア大陸とアメリカ大陸に分布する4科を含むスキアシガエル上科（Pelobatoidea）の2つの上科が属している。

　その他の現生のカエルはすべて、枝分かれの複雑なカエル亜目（neo-＝新しい、batrachia＝カエル）に含まれる。基部系統となるのは南アフリカに生息するユウレイガエル科（Heleophrynidae）で、他の科はそれぞれセーシェルガエル上科（Sooglossoidea）（2科、セーシェル島とインドに分布）、カメガエル上科（Myobatrachoidea）（3科、オーストラレーシア（オーストラリア、ニュージーランドと近くの南太平洋の島々）とチリに分布）、アマガエル上科（Hyloidea）（21科）、アカガエル上科（Ranoidea）（19科）に属している。

下）イチゴヤドクガエル（*Oophaga pumilio*）の体色には鮮やかな赤、赤色の地に青い四肢（ブルージーンと呼ばれることがある）、緑色の地に黒い斑点など30もの色彩型が存在する

The Frog Suborders and Superfamilies

ムカシガエル亜目

ムカシガエル上科
オガエル科
ムカシガエル科

ミミナシガエル上科
サンバガエル科
スズガエル科

ピパ亜目

ピパ上科
ピパ科
メキシコジムグリガエル科

スキアシガエル上科
ニンニクガエル科
パセリガエル科
トウブスキアシガエル科
コノハガエル科

カエル亜目

ユウレイガエル科

セーシェルガエル上科
インドハナガエル科
セーシェルガエル科

カメガエル上科
ヌマチガエル科
カメガエル科
チリガエル科

アマガエル上科
ギアナガエル科
アマガエルモドキ科
ユビナガガエル科
ブラジルガエル科
ニオイヤドクガエル科
ヤドクガエル科
トゲムネガエル科
マルハシガエル科
ハモチガマ科
ダーウィンガエル科
ヒキガエル科
アマガエル科
ツノガエル科
パタゴニアガエル科
ミズガエル科
ツノアマガエル科
コガネガエル科
シノビガエル科
オヤユビコヤスガエル科
オオグチガエル科
コヤスガエル科

アカガエル上科
マダガスカルガエル科
アオガエル科
アフリカウシガエル科
ゴリアテガエル科
イワガエル科
ドロガエル科
アフリカアカガエル科
アカガエル科
ソロモンツノガエル科
コイワガエル科
インドアカガエル科
デカンガエル科
ヌマガエル科
ケンシガエル科
クチボソガエル科
フクラガエル科
クサガエル科
サエズリガエル科
ヒメアマガエル科

左ページ）キバラスズガエル
（*Bombina variegata*）はヨー
ロッパに広く分布する種だ

ムカシガエル亜目
ARCHAEOBATRACHIA

　ムカシガエル亜目（Archaeobatrachia）は、恐竜時代から生き続ける4科7属27種の原始的な無尾目で構成されている。北アメリカ北西部に分布するオガエル科（Ascaphidae）とニュージーランドに分布するムカシガエル科（Leiopelmatidae）の登場は、約1億6150万〜1億4500万年前のジュラ紀後期に遡る。ユーラシア大陸に生息するサンバガエル科（Alytidae）とスズガエル科（Bombinatoridae）は約1億8000万年前のジュラ紀前期末に現れ始め、最初期の化石がイギリスでいくつか発見されている。

　この仲間は、より新しいカエルには見られない原始的な特徴群をそなえている。新しいカエルの仙椎前椎骨が5〜8個なのに対して、オガエル科とムカシガエル科は9個、ジュラ紀のプロサリルス（*Prosalirus bitis*）やヴィエラエラ（*Vieraella herbstii*）は10個もっていた。これらの絶滅したジュラ紀のカエルには肋骨もあり、オガエル科とムカシガエル科では第2〜4椎骨に肋骨が残っている。サンバガエル科とスズガエル科の仙椎前椎骨は8個で、肋骨も同じく第2〜4椎骨に残っているが、新しいカエルには肋骨がまったくない。

　オガエル科とムカシガエル科の仲間の椎骨は両凹型（用語集参照）で、サンバガエル科とスズガエル科では後凹型、新しいカエルではいずれも前凹型となっている。オガエル科とムカシガエル科は恥骨の前方に軟骨をもつが、この特徴は他にはピパ科のカエルにしか見られないものだ。

オガエル科 Ascaphidae
オガエル

オガエルは実際に尾をもっているわけではなく、オスの総排出孔の延長である、血管の密集した交尾器が尾のように見えるのだ。ノーベル桿（用語集参照）と呼ばれる軟骨の帯に支えられた交尾器は硬く、抱接の際には前方に折れ曲がってメスの総排出孔に挿入される。体内受精をするカエルはオガエルの仲間だけだ。

オガエル科は古い科で、ジュラ紀後期（約1億6150万〜1億4500万年前）に登場した。現在では1属2種が含まれており、オガエル（Ascaphus truei）とロッキーオガエル（A. montanus）がカナダのブリティッシュコロンビア州南部とアメリカ合衆国の5つの州（カリフォルニア州、ワシントン州、オレゴン州、モンタナ州、アイダホ州）の一部に分布している。生息地は標高0m付近の海岸からロッキー山脈の標高2557m地点まで。背側が茶色または灰色、腹側は半透明のピンク色をした華奢なカエルだ。

オガエル属（Ascaphus）が古い属であるという事実は、仙椎前椎骨が両凹型で9個あること、3

左）オガエル属（Ascaphus）の仲間は体外の鼓膜をもたない

右ページ）右側にいるオガエル（Ascaphus truei）のオスの"尾"がはっきりと視認できる

分布
アメリカ合衆国の大西洋岸北西部とカナダ南西部

属
オガエル属（Ascaphus）

生息環境
標高2557mまでの湿潤な森林の、冷たく岩の多い急流

大きさ
オガエル（A. truei）およびロッキーオガエル（A. montanus）のオス30mmからメス50mmまで

活動
夜行性で水生傾向が強く、ときおり陸上で活動する

繁殖
抱接は股つかみの体位で、オスの尾状の交尾器を使い体内受精を行なう。卵は数珠状に連なっており、石の下にくっつけられる

食性
地上生や水生の昆虫

ICUN保全状況
未指定

60　TAILED FROGS

　対の肋骨があること、そして恥骨前軟骨をもつことが物語っている。またほとんどのカエルに見られるような体外の鼓膜もなく、おそらく水音で鳴き声がかき消されてしまうために、オスがメスを引きつけようとして鳴くことはない。

　オガエル属は水生傾向が強く、後足には大きな水かきが張っているが、雨の降る夜間には水を離れて森林に進出することもある。繁殖の際にはオスが股つかみの体位でメスに抱接する。繁殖は水中で行なわれ、メスは28〜96個のひも状に連なった卵を産み、川床の石の下に付着させる。オタマジャクシは流れの速い水中にすみ、小さな尾びれと、体を固定して藻類を削りとって食べるための大型の吸盤を口にもっている。また、この吸盤を使って飛沫帯にある岩をよじ登る姿も観察されている。オタマジャクシが完全に成長するまでには最大で5年かかることもある。

　国際自然保護連合（IUCN）は2種とも絶滅危惧種には指定していないが、オガエル（*A. truei*）はカリフォルニア州とオレゴン州で保護の対象となっている。

ムカシガエル科 Leiopelmatidae
ムカシガエル

右ページ）アーチェイムカシガエル（*Leiopelma archeyi*）はムカシガエル属の最小種で、ニュージーランド北島にのみ生息している

下）ホッホシュテッタームカシガエル（*Leiopelma hochstetteri*）はムカシガエル属で最も広く分布している種だ

　ムカシガエル科はニュージーランドに固有の1属4種で構成されている。現生のカエルのなかで最も原始的な科で、その起源はジュラ紀後期（約1億6150万～1億4500万年前）に遡る。両凹型の9個の仙椎前椎骨、3対の肋骨、恥骨前軟骨をもつのが特徴だ。

　最小種はアーチェイムカシガエル（*Leiopelma archeyi*）。この種はニュージーランド北島のコロマンデル半島とファレオリノ山の森林に生息している。最大種はクック海峡に浮かぶスティーブンズ島にのみ生息するハミルトンムカシガエル（*L. hamiltoni*）だ。ホッホシュテッタームカシガエル（*L. hochstetteri*）は最も広く分布する種で、北島の北部の大半とグレート・バリア島に生息している。最も分布域の狭い種が直近に記載されたモードムカシガエル（*L. pakeka*）で、マールボロ海峡の1つの島にしか生息していない。

　ムカシガエル属は背側に茶色、灰色、緑色の隠蔽模様（カムフラージュのための模様）をもち、腹側はより暗色になっている。ハミルトンムカシガエルとホッホシュテッタームカシガエルは背中に高い隆起線の列をもつが、アーチェイムカシガエルは滑らかな皮膚をしているか、低い隆起しかもたない。

分布
ニュージーランド

属
ムカシガエル属（*Leiopelma*）

生息環境
低地から高地までの岩や倒木、落ち葉の下

大きさ
アーチェイムカシガエル（*L. archeyi*）のオス31mmからハミルトンムカシガエル（*L. hamiltoni*）のメス52mmまで

活動
夜行性で地上生または半水生、ときに登攀性

繁殖
股つかみで抱接し、小さな水たまりに最大22個の卵を産み（ホッホシュテッタームカシガエル（*L. hochstetteri*）、幼生は四肢が半ば生えた状態で孵化する。あるいは最大19個の卵を湿った地面に産み（アーチェイムカシガエルとハミルトンムカシガエル）、幼生の段階を経ずに子ガエルの状態で孵化する

食性
昆虫、クモ類、ダニ類

ICUN保全状況
CR（深刻な危機）＝1、VU（危急）＝2；危機に瀕している種の割合＝75％

　流水の近くにある自然林にすむアーチェイムカシガエル、ハミルトンムカシガエル、モードムカシガエルが地上生活に適応している一方、ホッホシュテッタームカシガエルは半水生で後肢には大きな水かきがある。アーチェイムカシガエルは丈の低い植物によじ登ることもある。いずれの種もエサは昆虫や小型のクモ形類（クモ・サソリ・ダニなどを含む節足動物のグループ）だが、舌を伸ばすことができないため、獲物を捕らえるには口を開けたまま突進しなければならない。

　オスは鳴くことはない。ホッホシュテッタームカシガエルは湿った小さな窪みに最大で22個の卵を産み、オタマジャクシは途中まで発達した四肢と尾をもった状態で孵化する。地上生の種のメスは最大で19個の卵を落ち葉のなかに産み、オスがそれを保護する。孵化した小さな子ガエルには短い尾が残っており、成長が完了するまでオスの背中に乗って過ごす。

　アーチェイムカシガエルは「深刻な危機（CR）」に、ハミルトンムカシガエルとモードムカシガエルは「危急（VU）」に指定されている。ムカシガエル属は「進化的に独特かつ世界的に絶滅のおそれのある種」（EDGE）として、生存プログラムの対象となる100の両生類のリストに名を連ねているが、アーチェイムカシガエルはそのなかでもトップに挙げられている。

サンバガエル科 Alytidae
サンバガエル、ミミナシガエル、イロワケガエル

サンバガエル科（Alytidae、かつてはミミナシガエル科 Discoglossidaeとされていた）はジュラ紀前期末（約1億8000万年前）に出現した科で、地中海周辺に分布する3属で構成されている。この仲間は新しいカエルと同じ8個の仙椎前椎骨をもつが、その形状が後凹型であること、3対の肋骨をもつことはいずれも原始的な特徴だ。

サンバガエル属（*Alytes*、6種）はヨーロッパ南西部、アフリカ北西部、バレアレス諸島に生息している。小型のずんぐりしたカエルで、眼は大きく、背中に緑色、灰色、茶色の模様をもつ。最も広く分布している種はサンバガエル（*A. obstetricans*）だ。名前にある産婆（さんば）はこのカエルの変わった繁殖戦略に由来しており、メスがひも状に連なった卵を産んだあと、オスはそれを後肢に巻きつけて運ぶ。複数のメスから卵を預かることも多く、6週間後に水中に放すのだ。サンバガエル属は水辺の近くにあり、表層土が緩く穴掘りに適した、岩や木の多い乾いた斜面を好む。

左上）サンバガエル（*A. obstetricans*）のオスは6週のあいだ、複数のメスが産んだひも状の卵を運ぶことがある

左）ハラグロイロワケガエル（*Latonia nigriventer*）はイスラエルに生息する"ラザロ種"だ

右ページ）イベリアミミナシガエル（*Discoglossus galganoi*）はジブラルタルからポルトガル、ピレネー山脈まで広く分布している

分布
ヨーロッパ南部、アフリカ北部、イスラエル

属
サンバガエル属（*Alytes*）、ミミナシガエル属（*Discoglossus*）、イロワケガエル属（*Latonia*）

生息環境
人工のもの（農業用水など）も含む水辺近くのほとんどの場所

大きさ
モロッコサンバガエル（*A. maurus*）の47mmからミミナシガエル（*D. pictus*）、モロッコイロワケガエル（*D. scovazzi*）、イベリアミミナシガエル（*D. galganoi*）の80mmまで

活動
夜行性で登攀性（サンバガエル属）、または昼・夜行性で地上生もしくは水生（ミミナシガエル属とイロワケガエル属）

繁殖
脇つかみで抱接し、最大100個の卵を緩い塊の形で水中に産む（ミミナシガエル属）か、20〜100個の卵を産み、孵化が近づくまでオスが運ぶ（サンバガエル属）

　ミミナシガエル属（*Discoglossus*、5種）はスペイン、ポルトガル、フランス南部、モロッコ、シチリア島、サルデーニャ島、コルシカ島の標高1900mまでに生息している。かつて本属に含まれていたハラグロイロワケガエル（*Latonia nigriventer*）はイスラエルに生息する種だ。フラ湿原（イスラエル北部のフラ湖周辺の湿地帯）が干拓されたのち、1950年代を最後に目撃が途絶え、1996年には絶滅が宣言されていたが、2011年に再発見されたことで"ラザロ種"（訳注：新約聖書に登場する、死後4日目にイエスの手によって蘇った人物の名にちなみ、絶滅したと思われたあとに再発見された種を指す）となった。ミミナシガエル属は淡褐色でイボの多い背中に、対照的な色の縞や大きな斑点をもつのが際立った特徴だ。サンバガエル属と比べてがっしりとした体つきで、眼も小さい。

　最も広く分布しているのはイベリアミミナシガエル（*D. galganoi*）とモロッコイロワケガエル（*D. scovazzi*）だが、アフリカ北部原産のミミナシガエル（*D. pictus*）はヨーロッパまで勢力を広げつつある。天然の水中環境か人工の水中環境かにかかわらず、汽水や淀みに生息する。メスは最大で5000個の卵を産み、複数のオスが受精させる。

　ハラグロイロワケガエルは「深刻な危機（CR）」、マヨルカサンバガエル（*A. muletensis*）とモロッコサンバガエル（*A. maurus*）は「危機（EN）」、スペインサンバガエル（*A. dickhilleni*）は「危急（VU）」、そしてコルシカミミナシガエル（*D. montalentii*）は「準絶滅危惧（NT）」に指定されている。

食性
昆虫などの無脊椎動物

ICUN保全状況
CR（深刻な危機）＝1、EN（危機）＝2、VU（危急）＝1、NT（準絶滅危惧）＝1；危機に瀕している種の割合＝42％

スズガエル科 Bombinatoridae
スズガエル、バーバーガエル

スズガエル科はジュラ紀前期末（約1億8000万年前）に登場した古いカエルの科で、8個の仙椎前椎骨と3対の肋骨をもっている。

スズガエル属（*Bombina*、7種）でヨーロッパに生息するものには、ヨーロッパ東部に分布するヨーロッパスズガエル（*B. bombina*）とヨーロッパ中部・南部に分布するキバラスズガエル（*B. variegata*）の2種がある。チョウセンスズガエル（*B. orientalis*）は中国東部、ロシア、朝鮮半島に生息する。分布域が最も広いのはオオスズガエル（*B. maxima*）だ。

スズガエルは短い四肢をもったずんぐりとしたカエルで、くすんだ茶色または緑色の体に大きなイボ状の腺をもつが、腹側は鮮やかな色をしており、脅威を感じたときには四肢を頭より上に反り返らせて腹部の警告色を見せる"スズガエル反射"と呼ばれ

左）ヨーロッパスズガエル（*Bombina bombina*）は腹部に鮮やかな赤色の模様があり、"スズガエル反射"と呼ばれる防御姿勢をとってこの模様を見せつける

右ページ左）チョウセンスズガエル（*Bombina orientalis*）はロシア、中国、朝鮮半島に生息している

右ページ右）パラワン島とブスアンガ島にのみ見られるフィリピンバーバーガエル（*Barbourula busuangensis*）は「危機（EN）」に指定されている

分布
ヨーロッパ、トルコ、ロシア、中国、朝鮮半島、ベトナム、フィリピン、ボルネオ島

属
バーバーガエル属（*Barbourula*）、スズガエル属（*Bombina*）

生息環境
森林や開けた土地にある小さな池や湖、ときに淀みや一時的にできた池（スズガエル属）、熱帯雨林内の浅く流れの速い小川（バーバーガエル属）

大きさ
アペニンスズガエル（*Bo. pachypus*）の40mmからフィリピンバーバーガエル（*Ba. busuangensis*）の85mmまで

活動
基本的に昼行性だが夜間にも活動

る姿勢をとる。これはただのこけおどしではなく、スズガエル属は獲物となる無脊椎動物から取得した毒を皮膚に蓄積している。

　オスはほとんどのカエルの鳴き方とは逆に、鳴嚢から肺に空気を送ることで柔らかい鳴き声を出す。メスは産んだ卵を水中の植物に付着させる。

　バーバーガエル属（$Barbourula$、2種）は当初はサンバガエル属（$Alytes$）とミミナシガエル属（$Discoglossus$）に含まれていたが、のちにスズガエル属に近いことがわかった。フィリピンバーバーガエル（$Ba.\ busuangensis$）はブスアンガ島とパラワン島に生息し、カリマンタンバーバーガエル（$Ba.\ kalimantanensis$）はインドネシアのボルネオ島の固有種だ。いずれも扁平な体と頭をした水生傾向の強いカエルで、フィリピンバーバーガエルが山地の、カリマンタンバーバーガエルが熱帯雨林の流れの速い小川にすんでいる。バーバーガエルについての研究はあまり進んでいないが、興味をそそられるような手がかりがいくつか見つかっている。わずか2標本でしかその存在が知られていないカリマンタンバーバーガエルは、これまでに見つかっている世界で唯一の肺のないカエルで、呼吸は皮膚を通したガス交換により行なっている。フィリピンバーバーガエルの繁殖方法は不明だが、オタマジャクシが見つかっていないこと、メスが非常に大型の卵を産むことから考えて、幼生期を経ずに直接発生する可能性がある。

　フィリピンバーバーガエルは「危機（EN）」、リセンススズガエル（$Bombina\ lichuanensis$）とトゲムネスズガエル（$Bo.\ fortinuptialis$）は「危急（VU）」、カリマンタンバーバーガエルは「準絶滅危惧（NT）」に指定されている。

する

繁殖
オスは股つかみでメスに抱接し、水生植物に付着させた卵を受精させる

食性
小型の無脊椎動物

ICUN保全状況
EN（危機）＝2、VU（危急）＝2、NT（準絶滅危惧）＝1；危機に瀕している種の割合＝56％

左ページ）ヘンドリクソンウデナガガエル（*Leptobrachium hendricksoni*）はマレー半島とボルネオ島に生息する、大きな眼をもつ種だ

ピパ亜目
MESOBATRACHIA

　ピパ亜目（Mesobatrachia）にはムカシガエル亜目（Archaeobatrachia）よりも進化したカエルたちが含まれるが、それでもほとんどの科が登場したのは約1億6150万〜1億年前のジュラ紀後期から白亜紀前期であり、新しいカエル亜目が前凹型の椎骨をもつのに対して、ピパ亜目は両凹型もしくは後凹型の椎骨をもつといった原始的な特徴を残している。ピパ亜目は2つの上科（接尾辞=-oidea）に分かれた6科で構成されている。

　ピパ上科（Pipoidea）に含まれるピパ科（Pipidae）は完全水生のカエルで、さらに2つの亜科、南アメリカに分布するピパ亜科（Pipinae）とサハラ砂漠以南のアフリカに生息するツメガエルモドキ亜科（Dactylethrinae）に分けられる。ピパ上科のもう1つの科が、メキシコに生息する地中生の単型科であるメキシコジムグリガエル科（Rhinophrynidae）だ。

　スキアシガエル上科（Pelobatoidea）はヨーロッパ、アジア、北アフリカに分布するニンニクガエル科（Pelobatidae）、ユーラシア大陸に分布するパセリガエル科（Pelodytidae）、北アメリカに分布するトウブスキアシガエル科（Scaphiopodidae）、アジアに分布する大型のコノハガエル科（Megophryidae）からなる。水生・地中生のピパ上科とは対照的に、スキアシガエル上科の仲間はほとんどが地上生だ。ニンニクガエル科とパセリガエル科はおよそ1億5000万年前に分岐した。

　ピパ亜目は20属に360種を擁するが、これは記載されている7600を超すカエルの種のごく一部に過ぎない。

ピパ科 Pipidae —— ツメガエルモドキ亜科 Dactylethrinae
ツメガエル、ツメガエルモドキ

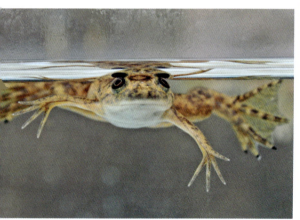

ツメガエルモドキ亜科（Dactylethrinae）はサハラ砂漠以南のアフリカに生息する水生のツメガエルの3属で構成されている。最大の属はツメガエル属（*Xenopus*、29種）だが、ネッタイツメガエル（*X. tropicalis*）の他、熱帯雨林にすむ3種のカエルをシルラナ属（*Silurana*）とする専門家もいる。南アフリカ共和国では、ツメガエルはアフリカーンス語（訳注：17世紀半ばに入植したオランダ系移民の言語から発達した南アフリカ共和国の公用語の1つ）で"手の平らな"を意味する"プラタナ"と呼ばれている。コンゴツメガエル属（*Hymenochirus*、4種）はアフリカ西部・中部の熱帯雨林に生息する小型のツメガエルで、最大種はガボンツメガエル（*H. feae*）。コンゴツメガエルモドキ（*Pseudhymenochirus merlini*）はギニアビサウとシエラレオネに生息する単型属の種だ。アフリカツメガエル（*X. laevis*）はその科学における重要性（71ページ、写真キャプション参照）から、完全な遺伝子地図が作成された初の両生類となった。

ツメガエルは平たい洋ナシ形の体をしており、皮膚は滑らかで、背中側に寄った大きな眼、大きく広がった四肢をもち、後足には水かきが張り、前足には長い爪が生えている。ツメガエル属は眼に瞬膜をもち、骨盤には恥骨前軟骨があるなど、他の2属にはない特徴をそなえている。完全水生ではあるが、陸上を這い回ることもできる。

ツメガエル属のオタマジャクシはほとんどのオタマジャクシと同様、濾過摂食性だが、他の2属のオタマジャクシは肉食性だ。成体は水生無脊椎動物や魚、オタマ

分布
ビオコ島を含むサハラ砂漠以南のアフリカ。世界中に移入されてもいる

属
コンゴツメガエル属（*Hymenochirus*）、コンゴツメガエルモドキ属（*Pseudhymenochirus*）、ツメガエル属（*Xenopus*）

生息環境
密生した熱帯雨林や開けた草原、および人間の居住地近くの湖沼、淀んだ水たまり、人工養魚池などの止水または流れの緩い水域

大きさ
ヒガシヒメツメガエル（*X. boulengeri*）の27mmからアフリカツメガエル（*X. laevis*）のメス130mmまで

活動
夜行性・昼行性で完全水生

繁殖
ふつうは夜間にオスが股つかみでメスに抱接し、水生植物に付着させた卵を受精させる

食性
水生無脊椎動物、オタマジャク

上）コンゴツメガエル（*Hymenochirus boettgeri*）はナイジェリア南部からコンゴ民主共和国にかけての熱帯雨林に生息している

左ページ上）アシナガツメガエル（*Xenopus longipes*）はカメルーン国内にある1つの湖にのみ生息しており、「深刻な危機（CR）」に分類されている

左ページ下）アフリカツメガエル（*Xenopus laevis*）はかつて妊娠検査のために世界中で商用利用されており、ツボカビ症の世界的伝播の媒介者となっていた可能性がある

シ、小型のカエル、魚、ときに鳥や小型の哺乳類
ICUN保全状況
CR（深刻な危機）＝2、EN（危機）＝3、VU（危急）＝1、NT（準絶滅危惧）＝1；危機に瀕している種の割合＝18％

ジャクシ、小型のカエルを食べるが、大型種では鳥や小型の哺乳類をエサにすることもある。獲物が小さければそのまま飲み込むが、大きい場合には口にくわえて爪の生えた指を使って引き裂く。捕食を避けるため催吐（訳注：嘔吐を誘発する）作用のある皮膚ペプチドをもっており、捕食者がこのカエルを忌避するようになることで個体群全体が守られている。

オスは水中でカチカチという音を出してメスを誘う。コンゴツメガエル属とコンゴツメガエルモドキの成体では、オスが水中で宙返りをしながらメスの産んだ卵を受精させる。コンゴツメガエルモドキのオスはピパ属（*Pipa*、72ページ参照）と同じく卵をメスの背中に押しつけるが、ツメガエル属とコンゴツメガエル属は水面に卵を産む。

アフリカツメガエルは両生類にとって致命的な真菌症であるツボカビ症の世界的な伝播の媒介者となったと考えられているが、ツメガエル属の一部もまた危機に瀕している。アシナガツメガエル（*X. longipes*）とレンドゥツメガエル（*X. lenduensis*）は「深刻な危機（CR）」、他3種が「危機（EN）」、それぞれ1種ずつが「危急（VU）」と「準絶滅危惧（NT）」に指定されている。

ピパ科 Pipidae───ピパ亜科 Pipinae
ピパ

上）ガイアナに生息するアラバルピパ（*Pipa arrabali*）は、オタマジャクシではなく完全に成長した子ガエルの形で生まれてくるカエルの1種だ。写真はメスと生まれたばかりの子ガエル

右ページ）ヒラタピパ（*Pipa pipa*）のメスが受精卵を背中に乗せた姿はきわめて異様で、両生類の多様な繁殖史を物語っている

ピパ亜科にはピパ属（*Pipa*、7種）のみが含まれる。最もよく知られている種はアマゾン川流域に生息するヒラタピパ（*P. pipa*）だが、本属はパナマ（パナマピパ、*P. myersi*）からブラジルの大西洋沿岸部（カルバリョピパ、*P. carvalhoi*）にかけても分布している。近年の分子学的研究により、いまだ判明していない隠蔽種（訳注：本来は別種であるが外見からは判断できず、遺伝子分析によって別種であることが明らかになった種）の存在が示唆されている。

　暗色の、上下から押しつぶされたように平たい洋ナシ形の体をしたカエルで、尖った頭、背面に寄った眼、広がった四肢、大きな水かきの張った後足をもつ。すべての種に舌がなく、歯が生えていないものもいる。最大種であるヒラタピパと、同じくアマゾン川流域に生息するベレムピパ（*P. snethlageae*）は、口角にたるんだ皮膚のひだをもつ。

　ピパ属は前肢の長い指先の先端に単一または3つか4つに分かれた突起があり、この特徴が種の同定に使われている。これは獲物を探り当てるための感覚器官だ。

　ピパ属はカエルのなかでも最も奇妙な繁殖方法を見せる。抱接は12時間続くこともあり、このあいだにオスが水中で宙返りをしながら卵を受精させる。オスが卵をメスの背中に押しつけると、卵は背中に沈み込んで急速に肥厚し始めた皮膚に吸収さ

分布
パナマ、南アメリカ北部

属
ピパ属（*Pipa*）

生息環境
流れの緩い泥底質の川、沼、湖、池

大きさ
コガタピパ（*P. parva*）のオス44mmからヒラタピパ（*P. pipa*）のメス171mmまで

活動
夜行性または昼行性

繁殖
股つかみで抱接し、最長で12時間も宙返りしながらメスの背中に卵を取り込んだあと発生が始まり、種によって自由遊泳のオタマジャクシか完全に成長した子ガエルが孵化する

食性
水生無脊椎動物、ミミズ、小魚

ICUN保全状況
EN（危機）＝1；危機に瀕している種の割合＝14%

れ、発生が始まるのだ。卵はその後の数週間で、皮膚の下で孵化する。パナマピパ、カルバリョピパ、そしてコロンビアとベネズエラに生息する最小種のコガタピパ (*P. parva*) の3種では、メスの背中から水中へオタマジャクシが飛び出し、自由に泳ぎ回る幼生期が始まる。残る4種のアラバルピパ (*P. arrabali*)、ギアナに生息するギアナピパ (*P. aspera*)、ヒラタピパ、ベレムピパでは、メスは3〜4カ月のあいだ卵を保持し続け、やがて背中に開いた穴から小さな子ガエルが這い出す。こうした自由遊泳の幼生期を省略する生態は"直接発生"と呼ばれており、方法は違えど多くの近縁でないカエルにも見られるものだ。

パナマピパのみ「危機 (EN)」に指定されている。

メキシコジムグリガエル科 Rhinophrynidae
メキシコジムグリガエル

メキシコジムグリガエル科の唯一の種であるメキシコジムグリガエル（*Rhinophrynus dorsalis*、日本ではポーチとも呼ばれる）は"メソアメリカジムグリガエル"と呼んだほうが適切だろう。というのも、本種はテキサス州南部からカリブ海岸に沿ってユカタン半島、ベリーズ、ホンジュラス西部までと、メキシコのハリスコ州から太平洋岸に沿ってコスタリカまでの亜熱帯・熱帯地域に分布しており、"メキシコ"よりも広い範囲で見られるからだ。

丸々とした洋ナシ形の体をしており、短く尖った硬い頭、背中側に寄って突き出した小さな眼をもつ。歯や鼓膜はなく、四肢は短いが強力で、後足には大きな水かきが張っている。体色は黒でオレンジ色の

分布
テキサス州南部からコスタリカにかけて
属
メキシコジムグリガエル属（*Rhinophrynus*）
生息環境
亜熱帯・熱帯の森林や農地
大きさ
メキシコジムグリガエル（*Rhinophrynus dorsalis*）の85mm
活動
雨のあとを除いて基本的に地中生
繁殖
股つかみで抱接し、メスが数千個の卵を一時的にできた水たまりの底に産み落とす爆発的繁殖をする
食性
シロアリやアリなどの体の柔らかい地中生無脊椎動物
ICUN保全状況
低懸念（LC）。危機に瀕しているとされる種はない

74　MESOAMERICAN BURROWING TOAD

目立つ縞が背中の中央に、オレンジ色の大小の斑点が脇腹と四肢に入る。口の摂餌機能は完全食蟻性（用語集参照）に対応して変化し、舌が口内の溝を通って飛び出すようになっている。

メキシコジムグリガエルはインド南部に生息するインドハナガエル属（*Nasikabatrachus*、93ページ参照）やオーストラリアのカメガエル属（*Myobatrachus*、96ページ参照）と非常によく似ているが、これら3属は近縁ではない。これは収斂と呼ばれる現象の一例で、この3属が地中性が強く、体の柔らかいシロアリやアリを食べ、豪雨のあとにのみ地上に現れるという、似たような生態に適応した結果だ。メキシコジムグリガエルはこの豪雨のあとに、一時的にできた池や水たまりで爆発的繁殖をする。

オスは水面に浮きながら鳴き、メスを引き寄せて抱接すると、何千個もの卵が池の底に産み落とされる。オタマジャクシは、生まれたては濾過摂食をするが、すぐに肉食用の口器が発達し、共食いさえすることもある。オタマジャクシは50〜100匹の群れをつくって身を守る。

メキシコジムグリガエルは遅くとも約1億9000万年前のジュラ紀前期には他のすべての無尾目から分岐しており、世界で最も進化的に独特な両生類である可能性があるとされている。保全状況は「低懸念（LC）」で、危機に瀕してはいないと考えられる。

上）メキシコジムグリガエル（*Rhinophrynus dorsalis*）は豪雨のあとにのみ地上に現れ、浅い池で繁殖する

左ページ）メキシコジムグリガエルの洋ナシ形の体は、アリやシロアリの摂食に適応した結果だ

トウブスキアシガエル科 Scaphiopodidae
スキアシガエル

左）コーチスキアシガエル（*Scaphiopus couchii*）は自然の水路がなければ、一時的な人工の水たまりや池を利用することもある

右ページ上）トウブスキアシガエル（*Scaphiopus holbrookii*）は最長で5年間、同じ巣穴を使い続けた記録がある

右ページ下）ハモンドスキアシガエル（*Spea hammondi*）は農業と都市化の影響を受け、IUCNレッドリストの「準絶滅危惧（NT）」に指定されている

アメリカ合衆国、カナダ、メキシコに生息するスキアシガエルの仲間は、生息域の東部に分布するトウブスキアシガエル属（*Scaphiopus*、3種）と西部に分布するスキアシガエル属（*Spea*、4種）に分けられ、南部では分布域が重複している。名前にある"鋤（すき）"とは、後足の下面にある黒い隆起のことだ。後ろ向きに穴を掘る際に使われるこの隆起は、スキアシガエル属では楔形、トウブスキアシガエル属では鎌形をしているため、両属を区別する目印にもなる。トウブスキアシガエル属ではまぶたの幅が背面から見た両眼の間隔と同じであるのに対し、スキアシガエル属ではまぶたの幅のほうが両眼の間隔よりも広くなっている。

スキアシガエル属の仲間はずんぐりとした短い体に、淡色で滑らかな皮膚、角張った鼻先、大きな眼に縦長の瞳孔をもち、短い四肢は跳ねるよりも穴を掘るのに向いている。

トウブスキアシガエル（*Scaphiopus holbrookii*）はニューイングランド地方（訳注：アメリカ合衆国北東部のメイン州、ニューハンプシャー州、バーモント州、マサチューセッツ州、ロードアイランド州、コネチカット州をあわせた地方）からフロリダ州、西はテネシー州とルイジアナ州まで分布している。ルイジアナ州、アーカンソー州、テキサス州ではハータースキアシガエル（*Sc. hurterii*）が優勢で、コーチスキアシガエル（*Sc. couchii*）はカリフォルニ

分布
北アメリカ（アメリカ合衆国、カナダ）、メキシコ

属
トウブスキアシガエル属（*Scaphiopus*）、スキアシガエル属（*Spea*）

生息環境
池、側溝、小川に近く土壌の緩い砂漠、半砂漠、プレーリーの草原、チャパラル。農地で見られることもあるが都市部には生息しない

大きさ
プレーンズスキアシガエル（*Sp. bombifrons*）の63mmからコーチスキアシガエル（*Sc. couchii*）の90mmまで

活動
夜行性で地中生、半地中生、水生

繁殖
爆発的繁殖者で豪雨のあとにオスがメスを取り合い、股つかみで抱接する。卵は急速に発生が進んで変態を迎える（8〜16日）

食性
小型の無脊椎動物

ICUN保全状況
NT（準絶滅危惧）＝1；危機に瀕している種の割合＝14％

76　NEARCTIC SPADEFOOT TOADS

ア州南西部から南はメキシコのバハ・カリフォルニア州とベラクルス州まで生息している。メキシコスキアシガエル (*Spea multiplicata*) はメキシコのオアハカ州から北はアメリカのユタ州とコロラド州にかけて生息し、北はカナダのアルバータ州とサスカチュワン州にまで生息するプレーンズスキアシガエル (*Sp. bombifrons*) と分布域が重複している。西部ではグレートベースンスキアシガエル (*Sp. intermontana*) がアメリカのネバダ州からカナダのブリティッシュコロンビア州まで、ハモンドスキアシガエル (*Sp. hammondi*) がカリフォルニア州南部からバハ・カリフォルニア州北部にかけての太平洋沿岸一帯に生息している。

　スキアシガエルは砂漠、半砂漠、プレーリー、チャパラル（用語集参照）などの開けた場所によく生息し、穴掘りに適した緩い土壌を好む。オスは春と夏の豪雨のあとに巣穴から出て、鳴き声でメスを呼ぶ。一時的な水たまりに産み付けられた卵は急速に発生が進み、水が干上がる前に幼生期を経て変態を迎える。乾燥した期間には、動物の巣穴や自分で掘った穴のなかで夏眠して過ごす。

　ハモンドスキアシガエルは「準絶滅危惧（NT）」に分類されているが、数種は州の保護対象になっている他、カナダとアメリカ合衆国の管轄内で「特別懸念種」に指定されているものもある。

ニンニクガエル科 Pelobatidae
ニンニクガエル

左）ヨーロッパ東部・中部に生息するニンニクガエル（*Pelobates fuscus*）はニンニクのようなにおいのする毒を分泌し、捕食者に噛みつこうとすることで身を守る

右ページ上）かつてはトルコからイラン、ヨルダンまで広く分布していたシリアニンニクガエル（*Pelobates syriacus*）は、現在でははるかに狭い範囲にしか生息していない

右ページ下）モロッコニンニクガエル（*Pelobates varaldii*）はモロッコ北西の大西洋沿岸部でしか見られず、「危機（EN）」に指定されている

　ニンニクガエル科はニンニクガエル属（*Pelobates*、6種）のみで構成され、ヨーロッパ全域とトルコ、コーカサス地方（訳注：黒海とカスピ海のあいだにあるコーカサス山脈沿いの地域でロシア、アゼルバイジャン、ジョージア、アルメニアからなる）、イラン、カザフスタンまでのアジアに分布している。イベリアニンニクガエル（*Pelobates cultripes*）はイベリア半島とフランス南部、バルカンニンニクガエル（*P. balcanicus*）はバルカン半島とギリシャに生息する。ニンニクガエル（*P. fuscus*）はイタリア北部とヨーロッパ中部に見られ、東のロシアとカザフスタンではロシアニンニクガエル（*P. vespertinus*）の分布域と重複している。トルコ、ヨルダン、レバノン、イスラエル、シリア、イラン、コーカサス地方にはシリアニンニクガエル（*P. syriacus*）が生息し、モロッコニンニクガエル（*P. varaldii*）はアフリカ北西部に見られる。

　ニンニクガエル属はずんぐりとした体と、後足に水かきのある短い四肢、縦長の瞳孔をもつ大きな眼が特徴だ。ほとんどの種で淡い灰色、緑色、茶色の背中に、大きく不規則な暗色の斑紋が入っている。英名の"spadefoot（鋤足）"は後肢の中足骨についた大型の隆起に由来しており、これを使って柔らかい土や砂に後ろ向きに穴を掘る。地上では砂丘や

分布
ヨーロッパ、アジア西部、アフリカ北西部

属
ニンニクガエル属（*Pelobates*）

生息環境
砂丘や草原などの開けた土地、農地、さまざまな水路

大きさ
モロッコニンニクガエル（*P. varaldii*）の60mmからイベリアニンニクガエル（*P. cultripes*）の100mmまで

活動
夜行性で地中生、水生

繁殖
爆発的繁殖者で股つかみで抱接し、ひも状に連なった数千個の卵を産む

食性
小型の無脊椎動物

ICUN保全状況
EN（危機）＝1、VU（危急）＝1；危機に瀕している種の割合＝33％

草原などの開けた場所に生息するが、地中生傾向がきわめて強く、雨後の夜間にしか顔を出さない。

　ニンニクガエル属は爆発的繁殖者で、春にはさまざまな水路で、オスが鳴嚢をもたないにもかかわらず水中からメスを呼ぶ姿が見られる。メスは数千個のひも状に連なった卵を産む。シリアニンニクガエルではオタマジャクシの期間が短い（2〜3カ月）が、より北に生息するニンニクガエルなどの種でははるかに長く、最大で3年間オタマジャクシのまま越冬することもある。オタマジャクシは体長180mmにもなり、ヨーロッパのカエルの幼生としては最大だ。

　モロッコニンニクガエルは「危機（EN）」、イベリアニンニクガエルは「危急（VU）」に指定されており、シリアニンニクガエルはヨルダンとシリアでは絶滅した可能性がある。

パセリガエル科 Pelodytidae
パセリガエル

パセリガエル科は約1億5000万年前のジュラ紀後期にニンニクガエル科（Pelobatidae）から分岐した。本科はパセリガエル属（Pelodytes、5種）のみで構成されており、うち2種はごく近年になって記載されたばかりである。本属はヨーロッパ南西部からコーカサス地方にかけて断続的に分布している。パセリガエル（P. punctatus）はフランス、ベネルクス（ベルギー、オランダ、ルクセンブルク）、イタリア北部に生息する。イベリアパセリガエル（P. ibericus）はスペインとポルトガルに見られ、両国には固有種のヘスペリデスパセリガエル（P. hespericus、スペイン）とルシタニアパセリガエル（P.

左）パセリガエル（Pelodytes punctatus）は凹凸のない垂直な表面を登ることができる

右ページ）スペインとポルトガルの南端部に生息するイベリアパセリガエル（Pelodytes ibericus）が記載されたのは2000年。ごく最近のことだ

分布
ヨーロッパ西部、コーカサス地方

属
パセリガエル属（Pelodytes）

生息環境
表層が石灰岩か砂質土の森林または草原、さまざまな水路

大きさ
イベリアパセリガエル（P. ibericus）のオス39.5mmからコーカサスパセリガエル（P. caucasicus）のメス100mmまで

活動
夜行性で地上生、水生

繁殖
オスは股つかみでメスに抱接する。1年に複数回繁殖することもあり、メスはひも状に連なった卵を1年間で最大1600個産む

食性
小型の無脊椎動物

ICUN保全状況
NT（準絶滅危惧）＝1；危機に瀕している種の割合＝20％

atlanticus、ポルトガル)も生息している。そこから3000km近く東の黒海・カスピ海沿岸はコーカサスパセリガエル(*P. caucasicus*)の分布域だ。

　パセリガエル属は典型的なカエルらしい体形をしており、イボの列で覆われたほっそりとした体に、尖った鼻先、大きな眼に縦長の瞳孔、力強い四肢をもち、足の指に水かきはない。体色は灰色、茶色、緑色で暗色の斑点がある。

　基本的に夜行性だが、繁殖期には日中に活動することもある。生息地は標高2300mまでの表層が石灰岩か砂質土の森林または草原で、一時的な池から採石場、側溝、貯水池までと、浅い水域にも深い水域にもよく見られる。跳躍に向いた力強い四肢をしているが、日中は岩や倒木の下に隠れていることが多い。

　年間を通じて活動し、条件が整えば1年に複数回繁殖することもある。メスは最大360個のひも状に連なった卵を産み、水生植物に付着させる。パセリガエルのメスは1シーズンで最大1600個の卵を産むことがあるが、コーカサスパセリガエルのメスはわずか500個ほどしか産まない。コーカサスパセリガエルの卵は急速に発生して5日で孵化し、1カ月で変態を迎えて子ガエルになる。本種はIUCNによって「準絶滅危惧(NT)」に指定されてもいる。

コノハガエル科 Megophryidae──ウデナガガエル亜科 Leptobrachiinae
ウデナガガエル、ヒゲガエル、ナマケガエル

ウデナガガエル亜科はアジア本土とスンダ列島やフィリピン諸島などの東南アジアに分布しており、4属に170種以上を含んでいる。

チビウデナガガエル属（Leptobrachella、91種）は隠蔽色をした小型のカエルで、中国からボルネオ島、ナトゥナ諸島にかけて見られる。林床（森林の地表面）に生息するカエルで、ほっそりとした華奢なものからずんぐりとしてごつごつしたものまでとさまざまな形態があり、通常は小川の近くにすんでいる。ウデナガガエル属（Leptobrachium、38種）は概してチビウデナガガエル属よりも大型で、いくつかの種は頭胴長（用語集参照）100mm近くになる、どっしりとした体つきで四肢が短いカエルだ。眼の大きいものが多く、インド北部に生息するボンプウデナガガエル（Leptobrachium bompu）とスマトラ島のアオメウデナガガエル

左）インド北東部のイーグルネスト野生生物保護区に生息するボンプウデナガガエル（Leptobrachium bompu）は印象的な空色の眼をしている

右ページ上）ボルネオ島に生息するボルネオヤマウデナガガエル（Leptobrachium montanum）が前足の指をついて上体を起こしている

右ページ下）ガディンウデナガガエル（Leptobrachella mjobergi）はボルネオ島のサラワク州の落ち葉のなかに見られる、ごく小さなカエルだ

分布
中国南部、インド北部、ネパール、東南アジア、大スンダ列島、フィリピン南部

属
チビウデナガガエル属（Leptobrachella）、ウデナガガエル属（Leptobrachium）、タカネウデナガガエル属（Oreolalax）、ナマケガエル属（Scutiger）

生息環境
熱帯雨林、温帯林、丘陵林、山岳、草原、岩石露頭（岩石が土壌や植生に覆われずに直接露出している場所）、農地、水辺の周辺

大きさ
リパソチビウデナガガエル（Leptobrachella palmata）の17mmからアボットウデナガガエル（Leptobrachium abbotti）の95mmまで

活動
夜行性で地上生、半地中生、隠遁性

繁殖
オスは繁殖期に鋭い棘を生やすことが多く、股つかみで抱接し、メスは森林の小川に産卵する。オタマジャクシは自由遊泳性

(*Leptobrachium waysepuntiense*) の眼は淡青色1色だが、その他の種の眼は2色に分かれている。多くは林床に生息するが、岩の隙間にすむものもいる。なかでもガビシャンヒゲガエル (*Leptobrachium boringii*) という種はとくに変わったカエルで、オスには上顎に沿って"ヒゲ"のような1列に並んだ黒く鋭い棘が生えるが、これは繁殖期だけの一時的なものだ。

タカネウデナガガエル属（*Oreolalax*、19種）のほとんどは中国南西部に生息し、スターリングハモチガエル（*O. strelingae*）の1種のみインドシナ半島に分布している。本属の多くでも、繁殖期になると鋭い棘が背中、腹部、前肢に生える。ナマケガエル属（*Scutiger*、24種）はヒマラヤ山脈に生息しており、他のどの両生類よりも高い標高域（1000～5300m）の岩の多い草原や急流の小川にすんでいる。チベットナマケガエル（*S. boulengeri*）はチベット高原の開けた荒野に生息し、氷河から流れ出る小川で暮らしている。

ウデナガガエル亜科のオタマジャクシにはかなりの形態変異があり、たとえばチビウデナガガエル属は蠕虫状をしている。チベットナマケガエルは生息環境が低温のため変態まで最長5年かかることもある。また、7種が「深刻な危機（CR）」に指定されている。

食性
チビウデナガガエル属は小型の、ウデナガガエル属は大型の無脊椎動物を食べる

ICUN保全状況
CR（深刻な危機）＝7、EN（危機）＝36、VU（危急）＝13、NT（準絶滅危惧）＝7；危機に瀕している種の割合は37％

コノハガエル科 Megophryidae——コノハガエル亜科 Megophryinae
コノハガエル

右） ベトナムフトコノハガエル（*Brachytarsophrys intermedia*）はベトナムとラオスの標高900m以上の高地に生息する

右ページ） ミツヅノコノハガエル（*Pelobatrachus nautus*）の名前はその鼻先と両眼の上の突起に由来している

コノハガエル亜科はアジア本土と東南アジアに生息する10属、およそ130種で構成されている。英名ではまとめてAsian horned toad（アジアの角の生えたヒキガエル）と呼ばれるが、これはまぶたに大きな眼を保護する、前方に高く突き出した大型の角をもっていることに由来している。この角はまだらの茶色をした体を林床に擬態させるのにも役立っている。種によって滑らかな皮膚のものもいれば、輪郭をぼかすようなイボだらけのごつごつした背中をもつものもいるが、ほとんどは濃淡のさまざまな赤褐色の体をしている。体が重く四肢が短いこのカエルの仲間が捕食者から逃れるのは容易ではなく、風景に紛れ込んでやり過ごすしかない。そのためにカムフラージュは必須なのだ。コノハガエル亜科の大きく幅の広い頭部は頭胴長の半分を占めることも多く、口も大きいため熱帯雨林にすむサソリやムカデ、50mmの殻をもつカタツムリなどの大型の無脊椎動物も食べることができる。

カクレミミガエル属（*Atympanophrys*、4種）、ボウレンガーコノハガエル属（*Boulenophrys*、65種）、フトコノハガエル属（*Brachytarsophrys*、8種）の3属は主に中国に生息するが、数種は東南

分布
中国、インド北部、ネパール、東南アジア、大スンダ列島、フィリピン

属
カクレミミガエル属（*Atympanophrys*）、ボウレンガーコノハガエル属（*Boulenophrys*）、フトコノハガエル属（*Brachytarsophrys*）、アシボソコノハガエル属（*Grillitschia*）、フェイコノハガエル属（*Jingophrys*）、コノハガエル属（*Megophrys*）、セマクチコノハガエル属（*Ophryophryne*）、ミツヅノコノハガエル属（*Pelobatrachus*）、サラワクコノハガエル属（*Sarawakiphrys*）、カワリコノハガエル属（*Xenophrys*）

生息環境
熱帯雨林、温帯林、丘陵林、熱帯雨林の小川

大きさ
ユウシェンコノハガエル（*Boulenophrys ombrophilia*）の35mmからミツヅノコノハガエル（*P. nautus*）の120mmまで

活動
夜行性で地上生、半地中生、隠遁性

84　ASIAN HORNED TOADS

アジアにも生息している。カワリコノハガエル属（*Xenophrys*、30種）は中国の西蔵自治区（チベット自治区）、ネパール、ブータンから南は半島マレーシア（マレー半島のマレーシア領部分）まで、セマクチコノハガエル属（*Ophryophryne*、7種）は中国南部からタイ北部までに分布している。

残る2属は熱帯地域に分布する。コノハガエル属（*Megophrys*、5種）はスマトラ島とジャワ島に生息するカエルで、ヤマコノハガエル（*M. montana*）などがいる。マレー半島、ボルネオ島、フィリピンに生息するミツヅノコノハガエル属（*Pelobatrachus*、7種）はかつてコノハガエル属に含まれていた種で構成されており、コノハガエル科のなかでもとくに目を引くミツヅノコノハガエル（*P. nautus*）などがいる。このカエルの枯れ葉への擬態は見事なもので、両眼の上の角に加えて鼻先にも肉質の突起がある。ボルネオ島、スマトラ島、マレー半島の熱帯雨林に生息する本種は、メスで頭胴長が110〜120mmにもなる。オスたちの警笛のような大きな鳴き声は豪雨の前兆となることも多く、雨が降ると必死に小川に向かい繁殖をする。

4種が「深刻な危機（CR）」に、9種が「危機（EN）」に指定されている。

繁殖
股つかみで抱接する

食性
ゴキブリ、サソリ、ムカデなどの大型無脊椎動物で、ときにカタツムリも食べる

ICUN保全状況
CR（深刻な危機）＝4、EN（危機）＝9、VU（危急）＝6、NT（準絶滅危惧）＝6；危機に瀕している種の割合＝20％

左ページ）ボルネオ島に生息する隠蔽模様をしたボルネオニジヒキガエル（*Ansonia latidisca*）は1924年を最後に目撃例が途絶えていたが、2011年に再発見された

カエル亜目
NEOBATRACHIA

　カエル亜目にはムカシガエル亜目とピバ亜目のどちらにも属さないカエルが含まれ、その数は46科430属、およそ7000種にのぼる。アフリカ南部に生息するユウレイガエル科（Heleophryidae）はカエル亜目の他のすべての科と姉妹群であると考えられており、ユウレイガエル科以外は4つの上科に分けられる。

　セーシェルガエル上科（Sooglossoidea）は、ジュラ紀のゴンドワナ大陸で発生した古い2つの科、インド南部に生息するインドハナガエル科（Nasikabatrachidae）とセーシェル諸島に生息するセーシェルガエル科（Sooglossidae）を含む小さな上科だ。同じくゴンドワナ大陸に起源をもつカメガエル上科（Myobatrachoidea）には、オーストラリアとニューギニア島に生息するカメガエル科（Myobatrachidae）とヌマチガエル科（Limnodynastidae）、チリに生息するチリガエル科（Calyptocephalellidae）が含まれる。

　残る40科は約1億7000万年前のジュラ紀中期に分岐した2つの大きな上科に属している。アマガエル上科（Hyloidea）には21科が含まれ、主にラテンアメリカに生息しているが、アマガエル科（Hylidae）やヒキガエル科（Bufonidae）といった、より広く分布する科もある。アマガエル上科が単系統群であることは分子データが裏付けている。

　アカガエル上科（Ranoidea）には19科が含まれ、11科がアフリカやマダガスカルに、3科が南アジアに、2科がアフリカとアジアに、1科が東南アジアに生息しており、アカガエル科（Ranidae）とヒメアマガエル科（Microhylidae）の2科は世界中に分布している。分子データと形態学的データのいずれもが、アカガエル上科が単系統群であることを裏付けている。

ユウレイガエル科 Heleophrynidae
ユウレイガエル

　ユウレイガエル科はアフリカ南部に生息する2属を含む小さな科で、カエル亜目の他のすべての科と姉妹群をなしている。名前の由来は、ユウレイガエル（*Heleophryne rosei*）の生息するテーブルマウンテン（南アフリカ共和国西ケープ州にある頂上が平らな山）のスケルトン・ゴージ（骸骨の峡谷）だ。
　小型のカエルで、扁平な体は頭部に向かって細くなっており、鼻先は丸く平たい。大きく膨らんだ眼は縦長の瞳孔をもち、四肢はたくましい。後足の水かきには変異があり、オスのもののほうがメスより大きい。四肢の長い指先には、しっかりとくっつくことのできる三角形の吸盤がある。いずれも急流中の岩の上での生活にうってつけの特徴だ。体色は基本的に緑色または茶色で、暗色の目立つ斑や斑点が入る。

上）ユウレイガエル（*Heleophryne rosei*）はその狭小な分布域で木材用のマツのプランテーションが開発された影響で、「深刻な危機（CR）」に指定されている

右ページ）ナタールユウレイガエル（*Hadromophryne natalensis*）はユウレイガエル科の最大種で、アフリカ南東部で最も広く分布する種でもある

右ページ）ケープユウレイガエル（*Heleophryne purcelli*）はセダーバーグ山脈のフィンボスに生息している

分布
南アフリカ共和国、レソト、エスワティニ

属
ナタールユウレイガエル属（*Hadromophryne*）、ユウレイガエル属（*Heleophryne*）

生息環境
山地林、草原、フィンボスや峡谷、急流の小川

大きさ
ヒラタユウレイガエル（*He. depressa*）のオス46mmからナタールユウレイガエル（*Ha. natalensis*）のメス65mmまで

活動
夜行性で、水生傾向が強いものと地上生で岩の上にすむものがいる

繁殖
オスとメスがお互いに触れ合う行動をとったあと股つかみで抱接し、100〜200個の卵を浅い池に産卵する。オタマジャクシは急流中で体を固定するための大型の吸盤をもち、変態までには1〜2年かかる

食性
おそらく小型の無脊椎動物

　生息地は森林の渓流、草原、降雨量の多いフィンボス（用語集参照）など。最大種のナタールユウレイガエル（Hadromophryne natalensis）は南アフリカ共和国東部、アフリカ南部のレソト、エスワティニで広く見られる。ユウレイガエル属（Heleophryne、6種）は固有種の多い西ケープ州にのみ生息する。西から東に向かってヒラタユウレイガエル（H. depressa）、ケープユウレイガエル（H. purcelli）、ユウレイガエル（H. rosei）、ヒガシユウレイガエル（H. orientalis）、ミナミユウレイガエル（H. regis）、ヒュイットユウレイガエル（H. hewitti）の順に、弧を描くように分布している。

　求愛行動はケープユウレイガエルのものしか記録されていないが、メスより小さいオスの体や前肢にたるんだ皮膚のひだや膜が発達し、さらに体表面に棘が生えてメスをしっかりとつかむ。オスは水中からメスを呼び、ペアができるとお互いの頭と腕に触れ合う動作を経て、メスは小川の流れの緩い場所に沈んだ岩の下に産卵する。オタマジャクシは大型の吸盤をもち、急流のなかで岩に固着することができる。成長は遅く、高地ゆえの低温のため変態を迎えるまでに1〜2年はかかる。

　ユウレイガエルは「深刻な危機（CR）」に、ヒュイットユウレイガエルは都市開発の影響で「危機（EN）」に指定されている。

ICUN保全状況
CR（深刻な危機）＝1、EN（危機）＝1; 危機に瀕している種の割合＝29％

インドハナガエル科 Nasikabatrachidae
インドハナガエル

下）インドハナガエル（*Nasikabatrachus sahyadrensis*）は地中生の種で、雨のあとにオスがはるかに大きいメスに抱接し、爆発的繁殖を行なう

インドハナガエル科はインドハナガエル属のみで構成されており、地中生傾向の強い2種が含まれる。インドハナガエル（*Nasikabatrachus sahyadrensis*）は2003年に記載されたばかりだが、それ以前からインド南部の地元農家にはなじみのあるカエルだった。奇妙な見た目をしたカエルで、膨れた紫色の体に滑らかな皮膚、短い四肢をもち、小さく尖った頭には同じく小さな前を向いた眼がついており、鼻先は吻状に突出している。もう1種のブパティインドハナガエル（*N. bhupathi*）が記載されたのは2017年のことで、2014年にフィールドワーク中に亡くなったインドの動物学者、スブラマニアム・ブパティにちなんで名づけられた。インドハナガエルはインド南部・カルナータカ州内の西ガーツ山脈に生息している。ここは膨大な固有生物を擁する古い山脈だ。ブパティインドハナガエルが発見された農地は、インド南部のケーララ州とタミル・ナードゥ州内の西ガーツ山脈の東側斜面にある野生動物保護区の近くだった。

インドハナガエル属は形態学的には同じく地

分布
インド南部（西ガーツ山脈）

属
インドハナガエル属（*Nasikabatrachus*）

生息環境
山地熱帯雨林や小川に近い農地

大きさ
ブパティインドハナガエル（*N. bhupathi*）の49mmからインドハナガエル（*N. sahtadrensis*）の90mmまで

活動
夜行性で地中生、隠遁性

繁殖
豪雨のあとに爆発的繁殖を行ない、オスは股つかみでメスに抱接する

食性
シロアリ

IUCN保全状況
EN（危機）＝1；危機に瀕している種の割合＝50%

90　PURPLE PIG-NOSED FROGS

中生のメキシコジムグリガエル（*Rhinophrynus dorsalis*）や西オーストラリア州のカメガエル（*Myobatrachus gouldii*）に似ている。ブパティインドハナガエルは穴掘りがしやすいように前足と後足は硬く、中足骨は大きくなっており、骨化した頭骨もやはり穴掘りへの適応と思われる。突出した白い鼻先は、シロアリを舌で捕って食べるために巣の壁を突き破るためのものだと考えられている。

インドハナガエル科と最も近縁なのはセーシェルガエル科（Sooglossidae）の仲間だ。両科とも約1億7000万年前のジュラ紀中期にゴンドワナ大陸で発生したが、約1億3000万年前の白亜紀前期に、ゴンドワナ大陸からマダガスカル島とセーシェル諸島、インド亜大陸が分離した際に分布域が隔てられた。インドハナガエル属は季節風がもたらす雨のあとにのみ、繁殖のために地上に現れる。2種がそれぞれ西ガーツ山脈を挟んだ反対の側に生息しており、季節風の時期がずれるため、繁殖も別々の時期に行なうことになる。

インドハナガエルは「危機（EN）」に指定されており、コーヒー農園の開発により生息地が失われたことで数を減らしている。ブパティインドハナガエルの保全状況は未評価だが、判明している分布域がインドハナガエルよりも狭いため、絶滅のおそれがあるだろう。

上）インドハナガエル（*Nasikabatrachus sahyadrensis*）のオタマジャクシは大型の吸盤をもっており、急流のなかで岩に付着することができる

上）ブパティインドハナガエル（*Nasikabatrachus bhupathi*）の名前は、インドのニシキヘビ研究の第一人者でフィールドワークの指導中に亡くなったスブラマニアム・ブパティへの献名だ

セーシェルガエル科 Sooglossidae
セーシェルガエル

セーシェルガエル科はセーシェル諸島（アフリカ大陸東沖、インド洋に浮かぶ115の島々からなる島国）に固有の科で、諸島のなかでも花崗岩質の大きな島のみに分布する2属4種で構成されている。セーシェルガエル（*Sooglossus sechellensis*）はマヘ島、シルエット島、プララン島、そしてマヘ島沖に浮かぶ小さなサーフ島の、標高250～950mを生息域としている。最小種のガーディナーセーシェルガエル（*Sechellophryne gardineri*）は頭胴長わずか11mmで、最大種である頭胴長55mmのトマセットセーシェルガエル（*So. thomassetti*）と同じく、マヘ島とシルエット島の標高200～900mの範囲で見られるが、後者は標高80～990mという、他の種よりも広い標高域に生息しているという報告がある。3種ともに夜行性で地上生の、熱帯雨林の落ち葉のなかにすむカエルで、急流の小川の近くで小型の無脊椎動物をエサにしている。

パームセーシェルガエル（*Se. pipilodryas*）は最も樹上性が強い種で、固有種のキリンヤシ（*Phoenicophorium borsigianum*）の葉腋（葉と茎が接している葉の付け根の部分）にすんでいる。最も近年に記載された（2002年）種でもあり、シルエット島の標高150～600mにのみ固有の、おそらくセーシェルガエル科のなかで最も分布域の狭いカエルだ。セーシェルガエル科は4種とも小型で茶色と緑色の隠蔽模様をしている。セーシェルガエル属（*Sooglossus*）はガーディナーセーシェルガエル属（*Sechellophryne*）よりも頭部が尖っており、足に吸盤や水かきをもたない。

分布
セーシェル諸島（マヘ島、シルエット島、プララン島、サーフ島）

属
ガーディナーセーシェルガエル属（*Sechellophryne*）、セーシェルガエル属（*Sooglossus*）

生息環境
主に熱帯雨林や小川に近い花崗岩質の峡谷

大きさ
ガーディナーセーシェルガエル（*Se. gardineri*）の11mmからトマセットセーシェルガエル（*So. thomassetti*）の55mmまで

活動
薄明薄暮性か夜行性で、地上生または樹上生

繁殖
股つかみで抱接する。卵は地面に産み落とされ、種によってオタマジャクシか子ガエルのどちらかが孵化する

食性
ダニやアリ、昆虫の幼虫、ヨコエビ類などの小型無脊椎動物

IUCN保全状況
ECR（深刻な危機）＝2、EN（危機）＝2；危機に瀕している種の割合＝100%

上）セーシェルガエル（*Sooglossus sechellensis*）のメスが産んだ卵からはエサを食べないオタマジャクシが孵化し、変態を迎えるまでメスが背中に乗せて運ぶ

左ページ）ガーディナーセーシェルガエル（*Sechellophryne gardineri*）は成体で11mmというごく小さなカエルで、林床に産み落とされた卵から直接発生した子ガエルが孵化する

繁殖戦略は種によって異なる。セーシェルガエルとトマセットセーシェルガエルのメスは小さな卵塊を地面に産んで、孵化するまで守る。オタマジャクシはエサを食べず、変態が完了するまでメスの背中に乗って過ごす。ガーディナーセーシェルガエルは直接発生する種で、卵は地面に産み付けられ、幼生期を飛ばして子ガエルとして孵化する。パームセーシェルガエルの繁殖方法は食性と同様によくわかっていない。

セーシェルガエル科の仲間は起源の古いカエルで、インドハナガエル属（*Nasikabatrachus*）と最も近縁である。パームセーシェルガエルとトマセットセーシェルガエルは「深刻な危機（CR）」に、ガーディナーセーシェルガエルとセーシェルガエルは「危機（EN）」に指定されている。2003年、セーシェル共和国はこの固有のカエルたちへの関心を高めるため、4種類の郵便切手のセットを発行した。

ヌマチガエル科 Limnodynastidae
オーストラリアとニューギニア島のカエル

ヌマチガエル科はオーストラレーシアのカメガエル科（Myobatrachidae）、チリのチリガエル科（Calyptocephalellidae）とともにカメガエル上科（Myobatrachoidea）を構成する。

ヌマチガエル科には7属44種が含まれ、さまざまな場所に生息している。隠遁性が強く、ずんぐりした体に飛び出したような眼をもつアナガエル属（*Heleioporus*、6種）には最大種であるオオアナガエル（*H. australiacus*）が含まれ、オーストラリア南部の沿岸に分布している。いくつかの種はそのホーホーという鳴き声からowl frog（フクロウガエル）と呼ばれており、ウナリアナガエル（*H. eyrei*）は耳に残るもの悲しい声で鳴く。アナホリガエル属（*Neobatrachus*、9種）の鳴き声は高音で、後足に水かきをもつ点がアナガエル属と異なる。ウィートベルトガエル（*H. kunapalari*）をはじめとするウナリガエル属の3種のカエルは四倍体で、各染色体のセットを通常の二倍体のように1組ではなく、2組ずつもっている。テマリガエル属（*Notaden*、4種）は森林や草原、砂漠に生息する丸々とした地中生のカエルで、テマリガエル（*N. bennettii*）は英名Crucifix Frog（十字架のカエル）が示すように、イボでできた十字模様をもつ。アナホリガエル属とテマリガエル属はひも状に連なった卵を水中に産むが、その他のヌマチガエル科のカエルは地上に泡巣をつくる。

ヌマチガエル属（*Limnodynastes*、11種）はタスマニア島からオーストラリア北部とニューギニア島南部に分布し、そのなかでも特徴的なマーブルガエル（*L. convexiusculus*）はユーカリの森林に生息している。オーストラリアにすむ種の多くは、弦を弾く音を思わ

分布
オーストラリア、ニューギニア島、アルー諸島

属
キバガエル属（*Adelotus*）、アナガエル属（*Heleioporus*）、ヌマチガエル属（*Limnodynastes*）、アナホリガエル属（*Neobatrachus*）、テマリガエル属（*Notaden*）、バウバウガエル属（*Philoria*）、ヒラバチガエル属（*Platyplectrum*）（ヤスリガエル属（*Lechirodus*）はヒラバチガエル属のシノニム（用語集参照）とされた）

生息環境
熱帯雨林、湿潤な硬葉樹林、サバンナの林地、草原、低木林、砂質または泥炭質の沼、小川や水たまりの近く

大きさ
リッチモンドミズゴケガエル（*Ph. richmondensis*）の27mmからシロボシアナガエル（*H. albopunctatus*）やオオアナガエル（*H. australiacus*）の100mmまで

活動
夜行性で地中生または地上生

繁殖
豪雨のあとに股つかみで抱接し、ひも状に連なった卵を水中（アナホリガエル属、テマリガエル属）

94　AUSTRALOPAPUAN GROUND FROGS

せる鳴き声からバンジョーヌマチガエルと名づけられている。ヒラバチガエル属（*Platyplectrum*、6種）にはオーストラリアに生息するものがフレッチャーヤスリガエル（*P. fletcheri*）を含め3種、ニューギニア島固有のものが2種おり、残る1種がニューギニア島とアルー諸島に生息するウォカントモグイガエル（*P. melanopyga*）だが、共食いをするのはオタマジャクシだけで、成体はしない。

キバガエル（*Adelotus brevis*）はオーストラリア東部に生息する隠蔽色をした単型属の種で、下顎に1対の長い牙状の偽歯をもっている。これはオスのもののほうがメスよりも大きく、縄張り争いの際に使うと考えられている。ヌマチガエル科で最も小さく、最も絶滅の危機に瀕しているのがオーストラリア東部に生息するバウバウガエル属（*Philoria*、7種）で、山地熱帯雨林や湿潤な硬葉樹林（用語集参照）に局所的に分布している。苔むした林床にすみ、卵は湿った地面の穴に産み付ける。ビクトリア州に生息するバウバウガエル（*Ph. frosti*）は「深刻な危機（CR）」、同属の他の5種は「危機（EN）」、オオアナガエルは「危急（VU）」、キバガエルは「準絶滅危惧（NT）」に指定されている。

左ページ）オーストラリア南西部に生息するウナリアナガエル（*Heleioporus eyrei*）は、その唸るような鳴き声から名づけられた

上）ウォカントモグイガエル（*Platyplectrum melanopyga*）はニューギニア島とアルー諸島に広く分布する種だ

下）オーストラリア東部に生息するキバガエル（*Adelotus brevis*）は下顎に生えた細長い偽歯を使って縄張り争いをする

や湿った土に掘った穴（バウバウガエル属）、あるいは水面に浮かぶ泡巣のなかに産む

食性
小型の無脊椎動物。ヒラバチガエル属の一部のオタマジャクシは共食いをする

ICUN保全状況
CR（深刻な危機）＝1、EN（危機）＝5、VU（危急）＝1、NT（準絶滅危惧）＝1；危機に瀕している種の割合＝18％

カメガエル科 Myobartachidae
オーストラリアとニューギニア島のカエル

　カメガエル科には13属（91種）が含まれ、大半が砂漠を除いたオーストラリア全土に分布している。うち10属（85種）はオーストラリア本土に固有で、キタチビガエル（*Crinia remota*）、イシクヒシメガエル（*Uperoleia lithomoda*）、チビガエルモドキ（*U. mimula*）の3種はニューギニア島南部にも生息している。ナモサドシマガエル（*Mixophyes hihihorlo*）のみニューギニア島の固有種で、コケチビガエル（*C. nimba*）とタスマニアチビガエル（*C. tasmaniensis*）はタスマニア島の固有種だ。

　チビガエル属（*Crinia*）、ツチチビガエル属（*Geocrinia*）、ヒシメガエル属（*Uperoleia*）の成体は頭胴長30mm未満で、英名ではfrogletやtoadlet（小ガエル）と呼ばれているが、シマアシガエル属（*Mixophyes*）にはニューサウスウェールズ州とクイーンズランド州の沿岸部に生息するオオシマアシガエル（*M. iteratus*）のような大型種もいる。カメガエル科の仲間は地上生または地中生で、さまざまな場所にすんでいる。西オーストラリア州に生息するサキュウガエル属（*Arenophryne*、2種）は丸々としたカエルで、名前は沿岸部の生息環境にちなんでいる。オーストラリア南西部に生息するカメガエル（*Myobatrachus gouldii*）は体長60mmの地中生のカエルで、膨らんだ体に短い四肢をもちシロアリを食べるという、メソアメリカのメキシコジムグリガエル（*Rhinophrynus dorsalis*、74ページ参照）やインド南部のインドハナガエル属（*Nasikabatrachus*、90ページ参照）に似た種だ。

分布
オーストラリアとニューギニア島南部

属
サキュウガエル属（*Arenophryne*）、フクロガエル属（*Assa*）、チビガエル属（*Crinia*）、ツチチビガエル属（*Geocrinia*）、ニコルスヒキガエルモドキ属（*Metacrinia*）、シマアシガエル属（*Mixophyes*）、カメガエル属（*Myobatrachus*）、ハズウェルチビガエル属（*Paracrinia*）、ヒキガエルモドキ属（*Pseudophryne*）、イハラミガエル属（*Rehobatrachus*）、ユウヤケガエル属（*Spicospina*）、タニガエル属（*Taudactylus*）、ヒシメガエル属（*Uperoleia*）

生息環境
草原、半砂漠、海岸砂丘、渓流、熱帯雨林、涼しく湿潤な森林

大きさ
キンバリーチビガエル（*C. fimbriata*）、ウスイロチビガエル（*C. sloanei*）、スズチビガエル（*C. tinnula*）の18mmからオオシマアシガエル（*Mi. iteratus*）の115mmまで

活動
地上生、地中生

左ページ）「深刻な危機（CR）」に指定されているコロボリーヒキガエルモドキ（*Pseudophryne corroboree*）は、オーストラリアの郵便切手にも採用されている象徴的なカエルだ

右）体長115mmのオオシマアシガエル（*Mixophyes iteratus*）は、オーストラリアの8種とニューギニア島の1種を含む同属の最大種だ

下）食蟻性のカメガエル（*Myobatrachus gouldii*）はオーストラリアの他のカエルとは似ていないが、インドのインドハナガエル属（*Nasikabatrachus*）や中央アメリカのメキシコジムグリガエル属（*Rhinophrynus*）との類似性が見られる

繁殖
オスは股つかみでメスに抱接し、きわめて多様な繁殖戦略をとる。いくつかの種では親が独特な子育てをし、たとえばイハラミガエル属は胃のなかで卵を孵化させていた

食性
小型の無脊椎動物、とくにシロアリ

ICUN保全状況
EX（絶滅）＝3、CR（深刻な危機）＝6、EN（危機）＝4、VU（危急）＝5、NT（準絶滅危惧）＝4；危機に瀕している種の割合＝23％

オーストラリア南西部の泥炭沼にすむユウヤケガエル（*Spicospina flammocaerulea*）は黒地に青い斑点が入り、喉、首、くちびる、四肢は燃えるような明るいオレンジ色の目を引く姿をしている。

繁殖方法は自由遊泳のオタマジャクシから陸上での直接発生までとさまざまだが、注目すべきは一部の種の親による子の世話だ。シマアシガエル属（*Mixophyes*、9種）のメスは卵を岩の隙間や水面から出た植物に産み付ける。フクロガエル属（*Assa*、2種）のオスは鼠径部に袋をもち、孵化したオタマジャクシは成長するまでこのなかに入れて運ばれる。流水域にすむイハラミガエル（*Rheobatrachus silus*）とキタイハラミガエル（*R. vitellinus*）は受精卵を飲み込み、胃酸の分泌を止めた胃のなかで完全な子ガエルになるまで育てたあと、口から"産んで"いた。現在ではイハラミガエル属（*Rehobatrachus*）は2種とも、グロリアスタニガエル（*Taudactylus diurnus*）とともに「絶滅（EX）」に指定されており、タニガエル属（*Taudactylus*）の他の4種と、黒と黄色の体色をしたコロボリーヒキガエルモドキ（*Pseudophryne corroboree*）、シロハラツチチビガエル（*Geocrinia alba*）はいずれも「深刻な危機（CR）」に分類されている。

チリガエル科 Clayptocephalellidae
ヘルメットガエル、ニセヒキガエル

下）希少なブロックニセヒキガエル（*Telmatobufo bullocki*）は「危機（EN）」に指定されており、チリの温暖なナンキョクブナの森林に生息している

カエル上科（Myobatrachoidea）のなかで新熱帯区（生物地理区の1つで、南アメリカと中央アメリカを含む地域）にすむものが、チリ南部・中部のアンデス山脈西側に固有の2属からなる小さな科、チリガエル科だ。その化石記録は始新世（地質時代の時代区分の1つでおよそ5600万年前から3390万年前までの期間）まで遡る。アタカマ州南部から南はロス・ラゴス州までのあいだに生息するヘルメットガエル（*Calyptocephalella gayi*）は顕著な性的二形を示し、オスが頭胴長120mmなのに対してメスは320mmに達することもある。このカエルは、ゴリアテガエル（*Conraua goliath*、182ページ参照）に次いで世界で2番目に大きいカエルだ。体つきはがっしりとして頭は丸く、小さな眼と太い四肢、長い指をもち、後足には泳ぐのに適した水かきが張っている。水生傾向が強く、標高1000mまでの池や潟湖（砂州が発達して、海の一部が囲われてできた湖）に生息し、メスは最大で10000個の卵を産むことがある。オタマジャクシはやや流れの穏やかな水中をゆっくりと泳ぐ。

分布
チリ

属
ヘルメットガエル属（*Calyptocephalella*）、ニセヒキガエル属（*Telmatobufo*）

生息環境
流れの速い渓流があるナンキョクブナの森林（ニセヒキガエル属）、池や潟湖（ヘルメットガエル属）

大きさ
キリウェニセヒキガエル（*T. ignotus*）の70mmからヘルメットガエル（*C. gayi*）のメス320mmまで

活動
夜行性（ニセヒキガエル属）または昼夜を問わずいつでも活動する周日行性（ヘルメットガエル属）で水生、地上生、隠遁性

繁殖
オスは脇つかみで抱接する。ヘルメットガエルのメスは10000個の卵を止水中に産み、ニセヒキガエル属は流れの速い小川で繁殖する

食性
おそらく無脊椎動物

IUCN保全状況
EN（危機）＝3、VU（危急）＝1；危機に瀕している種の割合＝80%

CHILEAN WATER TOADS & MOUNTAINS FALSE TOADS

　もう1つのニセヒキガエル属（Telmatobufo、4種）はずんぐりとしたイボだらけの体に短い四肢、大きな眼をもち、ヒキガエル科の仲間にそっくりだ。ニセヒキガエルはナンキョクブナ属（Nothofagus）の山地林を流れる急流の小川に生息している。後足には完全に水かきが張って泳ぐのに適しており、オタマジャクシは口の大きな吸盤と筋肉質の尾のおかげで、水中で姿勢を保ったり、急流のなかで流れに逆らって泳いだりすることさえできる。最も高地にすむのは標高1280〜1700mに生息するチリニセヒキガエル（T. venustus）で、ブロックニセヒキガエル（T. bullocki）は標高800〜1200mに、最も南に分布するミナミニセヒキガエル（T. australis）は標高0〜1000mに見られる。2010年には4番目の種となるT. ignotusがチリ沿岸部のロス・ケウレス国立保護区で発見、記載された。

　ニセヒキガエル属はミナミニセヒキガエルを除いてすべて「危機（EN）」に、ヘルメットガエルは「危急（VU）」に指定されている。

上）チリニセヒキガエル（Telmatobufo venustus）はチリの3カ所に生息していたが、2014年にはそのうちの2カ所から姿を消していた

囲み）ヘルメットガエル（Calyptocephalella gayi）は世界で2番目に大きなカエルで、メスはオスの3倍近いサイズになる

ギアナガエル科 Allophrynidae
ギアナガエル

ギアナガエル属（*Allophryne*）はかつてアマガエルモドキ科（Centrolenidae）に含まれていたが、歯をまったくもたない点で同科の仲間とは異なるため、現在ではアマガエルモドキ科の姉妹群となる、ギアナガエル科という独自の科に分類されている。本属の仲間は南アメリカ北部に生息し、ギアナガエル（*A. ruthveni*）の正模式標本（訳注：新種として記載される際にその種の基準とされた、ただ1つの標本）が採取されたガイアナのカイエトゥールの滝から226m下の地名にちなんで、英名ではTurkeit Hill frog（トゥケイト・ヒルのカエル）と呼ばれている。現在この属には3種が含まれ、ギアナガエルの他の2種はそれぞれ2012年と2013年に記載されている。

ギアナガエルはベネズエラ、ギアナ地方（南アメリカ大陸北東部の大西洋に面した地方のことで、ガイアナ、スリナム、仏領ギアナ、ベネズエラとブラジルの一部が含まれる）とブラジルのアマゾン川下流域に見られる。他の2種はブラジルとペルーのアマゾン川上流域に生息するキラメキギアナガエル（*A. resplendens*）と、ブラジル北東部に位置するバイーア州の北大西洋岸に散在する森林に見られるワスレナギアナガエル（*A. relicta*）だ。

3種ともに小型の半樹上生ガエルで、とくに季節的に淡水が氾濫する低地熱帯雨林の、丈の低い植物のなかや地面に見られ、アナナスなどの植物のファイテルマータ（用語集参照）が形成する微小生息域にすんでいる。短く尖った頭に大きな眼をもち、体は後部のほうが太く、細長い四肢の先端にある指にはT字形の小さな吸盤がついている。ギアナガエルは背中が茶色で不規則な黒い波線が入り、ワスレナギアナガエルは緑色か茶色の

分布
南アメリカ北部

属
ギアナガエル属（*Allophryne*）

生息環境
季節的に氾濫する低地の熱帯雨林

大きさ
ワスレナギアナガエル（*A. relicta*）の22mmからキラメキギアナガエル（*A. resplendens*）の28mmまで

活動
半樹上生、地上生

繁殖
雨季に氾濫した森林で集団を形成し、水中に産卵する

食性
小型の無脊椎動物

IUCN保全状況
LC（低懸念）。絶滅危惧種に指定されているものはいない

単色で、わずかな黒い斑点をもつ。キラメキギアナガエルはその名のとおり、暗褐色か黒の体で、背中全体と腹側の一部に多数の黄色い斑点が入った目立つ模様をしている。

　ギアナガエルは雨季になり水位が上昇すると、丈の低い植物のなかで繁殖集団を形成し、水中に産卵することが報告されている。3種ともIUCNレッドリストの「低懸念（LC）」に指定されている。

上）小さなギアナガエル（*Allophryne ruthweni*）の模式産地は、ガイアナのカイエトゥールの滝の下にあるトゥケイト・ヒルだ。

アマガエルモドキ科 Centrolenidae ── ナンベイアマガエルモドキ亜科 Centroleninae

緑の骨のアマガエルモドキ

下）シロホシユウレイアマガエルモドキ（*Sachatamia albomaculata*）はホンジュラスからエクアドルにかけて見られる華奢な種だ

右下）コロンビアに生息するイカコギアマガエルモドキ（*Ikakogi tayrona*）は、どの亜科に属するか不明（*incertae sedis*）とされているアマガエルモドキ科のカエルだ

アマガエルモドキ科はラテンアメリカに生息する樹上生のカエルの仲間で、腹側が透き通っているため、内臓や骨、卵、脈打つ心臓までもが外から見える。背中は緑色で、黄色、白、青色の斑点が入っていることが多い。ナンベイアマガエルモドキ亜科とアマガエルモドキ亜科（Hyalinobatrachinae）の2亜科が認められているが、コロンビアに生息するイカコギアマガエルモドキ属（*Ikakogi*、2種）がどちらの亜科に所属するかは不明（*incertae sedis*）だ。

2つの亜科は分子分類学的に定義されたものだが、同定にはいくつかの形態学的な手がかりも使われている。ナンベイアマガエルモドキ亜科のほうが大型で、9属115種が含まれる。この仲間は白い骨をもつナポアマガエルモドキ（*Nymphargus anomalus*）とロゼアアマガエルモドキ（*N. rosada*）を除いたほとんどの種が淡緑色の骨をしているため、"green-boned glass frog（緑の骨のアマガエルモドキ）" と呼ばれ

分布
南アメリカ中部・北部

属
ナンベイアマガエルモドキ属（*Centrolene*）、キマイラアマガエルモドキ属（*Chimerella*）、カネタタキアマガエルモドキ属（*Cochranella*）、エスパーダアマガエルモドキ属（*Espadarana*）、ニンフアマガエルモドキ属（*Nymphargus*）、サメハダアマガエルモドキ属（*Rulyrana*）、ユウレイアマガエルモドキ属（*Sachatamia*）、バケアマガエルモドキ属（*Teratohyla*）、ガラスアマガエルモドキ属（*Vitreorana*）

生息環境
熱帯雨林、常緑樹林、落葉樹林、雲霧林（用語集参照）、流水の上に張り出した木の上、パラモ（高山ツンドラ）

大きさ
トゲユビバケアマガエルモドキ（*T. spinosa*）の21mmからオオアマガエルモドキ（*C. geckoidea*）の77mmまで

活動
夜行性で樹上生

繁殖
メスは葉の表側に産卵し、孵化するまでオスが守る。オタマジャクシは水中に落下する

102　GREEN-BONED GLASS FROGS

上）ホンジュラスからパナマにかけて見られるグラニューローサアマガエルモドキ（*Cochranella granulosa*）は青緑色の体に白い斑点をもつ

ることもある。

　ナンベイアマガエルモドキ亜科のほとんどの種は頭胴長20～30mmの小型のカエルだが、ナンベイアマガエルモドキ属（*Centrolene*、24種）にはオオアマガエルモドキ（*C. geckoidea*）のような大型種も見られる。本属は北アンデス山脈の標高1100～2300mに生息し、最大の属であるニンフアマガエルモドキ属（*Nymphargus*、42種）も同じく北アンデス山脈の、ペルーとボリビア国内の

アマゾン側斜面の標高1000mまでに分布している。その他に5属25種が、中央アメリカ南部と南アメリカ北西部の標高2500mまでに生息している。

　ガラスアマガエルモドキ属（*Vitreorana*、10種）の東部集団は、ギアナ高地とブラジル南東部の大西洋岸森林の標高1700mまでに生息している。最も南に分布するフンボルトアマガエルモドキ（*V. uranoscopa*）は、ブラジル南部とアルゼンチン北東部に見られる。

　ナンベイアマガエルモドキ亜科のオスは葉の裏側に後足でぶら下がり、取っ組み合いをして優劣をつける。同亜科のメスが葉の表側に卵を産むと孵化するまでオスが保護し、蠕虫状のオタマジャクシが孵化すると直下の水中に落ちる。オオアマガエルモドキのような大型種は地上生傾向が強く、川岸の岩に産卵する。9種が「深刻な危機（CR）」に、21種が「危機（EN）」に指定されている。

食性
小型の無脊椎動物

ICUN保全状況
CR（深刻な危機）＝9、EN（危機）＝21、VU（危急）＝18、NT（準絶滅危惧）＝7；危機に瀕している種の割合＝46％

103

アマガエルモドキ科 Centrolenidae ── アマガエルモドキ亜科 Hyalinobatrachinae

白い骨のアマガエルモドキ

ナンベイアマガエルモドキ亜科とは対照的に、アマガエルモドキ亜科のほとんどの種は白い骨をもっているため、"white-boned glass frog（白い骨のアマガエルモドキ）" と呼ばれることがあるが、やはり例外はつきもので、サリサリニャーマアマガエルモドキ（*Hyalinobatrachium mesai*）とテイラーアマガエルモドキ（*H. taylori*）、そしてセルサアマガエルモドキ属（*Celsiella*）のカエルは緑の骨をもっている。

アマガエルモドキ亜科には2属が含まれており、名前の由来

上）タイヨウアマガエルモドキ（*Hyalinobatrachium aureoguttatum*）はパナマからエクアドルまでの太平洋沿岸に広がるチョコ熱帯雨林に生息している

右ページ下）シマアシアマガエルモドキ（*Hyalinobatrachium cappellei*）の内臓が半透明の皮膚を通してはっきりと見てとれる。これが英名で"グラスフロッグ（ガラスのカエル）"と呼ばれるゆえんだ

分布
メキシコ南部、南アメリカ中部・北部

属
セルサアマガエルモドキ属（*Celsiella*）、アマガエルモドキ属（*Hyalinobatrachium*）

生息環境
熱帯雨林、常緑樹林、落葉樹林、雲霧林、流水の上に張り出した木の上、パラモ（高山ツンドラ）

大きさ
フライシュマンアマガエルモドキ（*H. fleischmanni*）の19mmからアラフエラアマガエルモドキ（*H. colymbiphyllum*）の30mmまで

活動
夜行性で樹上生

繁殖
メスは葉の裏側に産卵し、孵化するまでオスが守る。オタマジャクシは水中に落下する

食性
小型の無脊椎動物

IUCN保全状況
EN（危機）＝6、VU（危急）＝2、NT（準絶滅危惧）＝4；危機に瀕している種の割合＝32%

104　WHITE-BONED GLASS FROGS

となっているアマガエルモドキ属（*Hyalinobatrachium*、35種）が同亜科の分布域のほとんどの標高0〜2500mに生息している。最も北に分布するのがキタアマガエルモドキ（*H. viridissimum*）で、メキシコの太平洋岸に位置するゲレーロ州とカリブ海沿岸のベラクルス州に生息している。アマガエルモドキ属は中央アメリカ全域と、南はボリビアとブラジルのマトグロッソ州まで広がっている。もう1つのセルサアマガエルモドキ属（2種）はパリア半島を含むベネズエラ北岸に固有のカエルで、標高1800m以下の地域に生息している。

アマガエルモドキ科のカエルはさまざまな森林に見られ、低地熱帯雨林から雲霧林、果てはパラモと呼ばれる高山ツンドラ（ツンドラは降水量が少なく、樹木のない地域のこと）にまで生息しているが、流水の上に張り出した木を好む点は同じだ。熱帯雨林にすんでいても豪雨は苦手で、大きな雨粒がこの小

型で華奢なカエルを直撃すれば死んでしまうおそれがあるとも考えられている。

アマガエルモドキ亜科のオスどうしは、葉の表側で抱接にも似た取っ組み合いをする。ナンベイアマガエルモドキ亜科とは違って卵は葉の裏側に産み、孵化するまでオスが保護するが、1匹のオスが複数のメスの産んだ卵を世話する。6種が「危機（EN）」に指定されている。

右上） ベネズエラのパリア半島に生息するセロエルフーモアマガエルモドキ（*Celsiella vozmedianoi*）は骨が緑色をしている

ユビナガガエル科 Leptodactylidae —— ユビナガガエル亜科 Leptodactylinae
南アメリカのカエル

右）かつてはふつうに見かけられた島々の多くから姿を消したニワトリユビナガガエル（*Leptodactylus fallax*）は、食用ガエルとして採取されている

ユビナガガエル科はかつて50属1100種以上を擁する巨大な科だったが、9科が新設されたことにより、現在では13属の約230種を残すのみになっている。最大の属はユビナガガエル属（*Leptodactylus*、85種）で、種によって水面か地面の窪みに泡巣をつくる。ニワトリユビナガガエル（*L. fallax*）のメスは掘った穴に卵を産んで保護し、数千個もの未受精卵を成長中の幼生にエサとして与える。ユビナガガエル属はサイズに大幅な差があるため、1つの場所で数種が競合することなく資源を分け合って生息している場合も見られる。大型のナンベイウシガエル（*L. pentadactylus*）は小型の脊椎動物まで食べることがある。

イボユビナガガエル属（*Adenomera*、29種）は地上に泡巣をつくるカエルだ。ほとんどの種は小型で、最大級の分布域を誇るコクテンユビナガガエル（*A. hylaedactyla*）もこの仲間だ。アマゾンミズベガエル属（*Hydrolaetare*、3種）は水生のカエルで、たとえばアマゾンミズベガエル（*H. schmidti*）は南アメリカ北部の一時的にできた池や水たまりに生息している。前後の足の指の縁がギザギザになっているのが特徴だ。キンスジヤドクガエルモドキ（*Lithodytes lineatus*）は小型で暗色をした単型属の種で、鼻先から腰にかけての背中に

分布
メキシコ、中央・南アメリカ、小アンティル諸島

属
イボユビナガガエル属（*Adenomera*）、アマゾンミズベガエル属（*Hydrolaetare*）、ユビナガガエル属（*Leptodactylus*）、ヤドクガエルモドキ属（*Lithodytes*）

生息環境
低地および山地の熱帯雨林、沼、季節的に氾濫するサバンナ、農地

大きさ
カヤポジメンアワスガエル（*A. kayapo*）の18mmからナンベイウシガエル（*Le. pentadactylus*）の185mmまで

活動
夜行性でほとんどが地上生、または水生（アマゾンミズベガエル属）

繁殖
脇つかみで抱接し、ほとんどの種は水中または陸上の湿った窪みや巣穴のなかに泡巣をつくる

食性
ミミズ、昆虫、甲殻類。大型種は小型の脊椎動物を食べることもある

IUCN保全状況
CR（深刻な危機）=3、EN（危機）=1、VU（危急）=1、NT（準絶滅危惧）=2；危機に瀕している種の割合=6％

上）落ち葉のなかにすむ極小のコクテンユビナガガエル（*Adenomera hylaedactyla*）は、アマゾン全域に広く分布している

左）キンスジヤドクガエルモドキ（*Lithodytes lineatus*）は凶暴なアリの巣で生活するとともに、皮膚から毒を分泌するヤドクガエルの仲間に擬態することで身を守っている

1対の金色の縦縞が入り、腰には赤みがかったオレンジ色の模様がある。熱帯林に生息し、一時的な水たまりに泡巣をつくる。このカエルは攻撃的なハキリアリの巣のなかで生活し、求愛もそのなかから行なうため、外敵に襲われることはない。

ユビナガガエル科は3種が「深刻な危機（CR）」に指定されており、そのうちの1種が人間が食べるために採取されているニワトリユビナガガエルだ（マウンテンチキンとも呼ばれている）。本種はマルティニーク島、グアドループ島とセントクリストファー・ネービスでは絶滅しており、ドミニカ国（ドミニカ共和国とは異なる）にわずか100匹、モントセラト島にたった2匹が生存するのみで、大規模な保全プロジェクトの対象となっている。残る2種はベネズエラのセロンユビナガガエル（*L. magistris*）とホンジュラスのシロクチユビナガガエル（*L. silvanimbus*）で、ガイアナのカイエトゥール国立公園に生息するルッツユビナガガエル（*Adenomera lutzi*）は「危機（EN）」に指定されている。

ユビナガガエル科 Leptodactylidae —— **ブラジルオガワガエル亜科** Paratelmatobiinae
アナナスガエル、オガワガエル、ナンベイオチバガエル他

上）バヒアガエル（*Rupirana cardosoi*）はブラジル北東部にある標高の高い草原の小川に生息する

　ユビナガガエル科に属するブラジルオガワガエル亜科は、ブラジル東部のバイーア州から南はサンタカタリーナ州までの大西洋沿岸州に固有のカエルだ。4属14種で構成されている。
　ブラジルオガワガエル属（*Paratelmatobius*、7種）は浸水した落ち葉のあいだや熱帯雨林の流れの速い渓流にすむカエルで、ミナスジェライス州南

分布
ブラジルの太平洋沿岸山脈

属
アナナスガエル属（*Crossodactylodes*）、ブラジルオガワガエル属（*Paratelmatobius*）、バヒアガエル属（*Rupirana*）、ナンベイオチバガエル属（*Scythrophrys*）

生息環境
標高の高い山地熱帯雨林や森林限界より上の草原、浸水した落ち葉のあいだ、一時的にできた池、流れの速い小川（ブラジルオガワガエル属）やアナナス（アナナスガエル属）

大きさ
ボカーマンアナアンスガエル（*C. bokermanni*）の14mmからバヒアガエル（*R. cardosoi*）の34mmまで

活動
夜行性、隠遁性

繁殖
脇つかみで抱接し、豪雨のあとに爆発的繁殖をする。メスは大型の卵を川床か岩（ブラジルオガワガエル属）に産み付ける

食性
おそらく小型の無脊椎動物

IUCN保全状況
NT（準絶滅危惧）＝3；危機に瀕している種の割合＝21%

108　BRAZILIAN BROMELIAD & COASTAL FROGS

部からパラナ州にかけての大西洋岸山脈に分布している。背中は茶色い隠蔽色をしているが、脅かされるとひっくり返って鮮やかな赤色の腹を見せる。直近に記載された種は、パラナ州のマルンビ山に生息するセガラオガワガエル（*P. segallai*）だ。

アナナスガエル属（*Crossodactylodes*、5種）はバイーア州からリオデジャネイロ州にかけて生息し、アナナスにたまった水、ファイテルマータ（phyto＝植物、telmata＝池）のなかで生涯を過ごす変わったカエルだ。オスはこうした植物の群生だけを縄張りとしている。小型のカエルで背中はくすんだ茶色をしており、腹に模様をもつ。4種は熱帯雨林のアナナスにすんでいるが、イタンベアナナスガエル（*C. itambe*）は同属の他のカエルよりもずっと内陸の高標高域（標高1836〜2062m）にある草原に見られ、岩石露頭に生えたアナナスで生活している。

ブラジルオガワガエル亜科には2つの単型属が含まれる。ナンベイオチバガエル（*Scythrophrys sawayae*）はパラナ州からサンタカタリーナ州にかけてのマール山脈に生息するカエルで、緑色と茶色の体は熱帯雨林の落ち葉に紛れ込みやすくなっている。バヒアガエル（*Rupirana cardosoi*）はバイーア州のエスピニャソ山脈にすむ小型のカエルで、標高の高い（1200m）草原の小川に見られる。本種とアナナスガエル属の2種、ボカーマンアナナスガエル（*C. bokermanni*）とイゼクソンアナナスガエル（*C. izecksohni*）は「準絶滅危惧（NT）」に指定されている。

下）セガラオガワガエル（*Paratelmatobius segallai*）は襲われるとひっくり返って赤い腹部を見せるという、ヨーロッパスズガエル（*Bombina bombina*）と同じような防御姿勢をとる

ユビナガガエル科 Leptodactylidae —— **レイウペルス亜科** Leiuperinae

トゥンガラガエル、ナンベイヌマチガエル他

レイウペルス亜科には5属101種の小型から中型のカエルが含まれる。ユビナガガエル科の姉妹群と考えられるが、現在のところは亜科として同科に属している。メキシコ南部からアルゼンチン南部とチリ南部にかけても見られるが、基本的には南アメリカ全域に分布し、トゥンガラガエル（*Engystomops pustulatus*）だけは南アメリカだけでなく中央アメリカにも生息している。トゥンガラガエルは進化の研究に使われるモデル生物だ。レイウペルス亜科の数種は南アメリカ北岸沖の島々や小アンティル諸島にも定着している。

最大のニセメダマガエル属（*Physalaemus*、50種）と最小のマツゲガエル属（*Edalorhina*、2種）を含む4属は泡巣をつくる。卵と精子にメスの分泌物を加え、オスが後肢でかき混ぜることで泡立つのだ。トゥンガラガエル属（*Engystomops*、9

左）トゥンガラガエル（*Engystomops pustulatus*）は北はメキシコにまで見られ、アフォノペルマ属（*Aphonopelma*）のタランチュラ（クモ）と共生関係を築いていることが報告されている

右ページ上）ペレスマツゲガエル（*Edalorhina perezi*）は黒と白の腹、オレンジ色の腿、目の上の突起で容易に識別できるが、分布域全体で鋤骨歯（用語集参照）と背中の形態にかなりの変異が見られる

右ページ下）腰の隆起した眼状紋を見せて敵をひるませるチリヨツメガエル（*Pleurodema thaul*）

分布 メキシコ南部、中央・南アメリカ **属** マツゲガエル属（*Edalorhina*）、トゥンガラガエル属（*Engystomops*）、ニセメダマガエル属（*Physalaemus*）、ヨツメガエル属（*Pleurodema*）、ナンベイヌマチガエル属（*Pseudopaludicola*）	**生息環境** 熱帯雨林から亜南極の森林、沿岸砂丘、山地草原、沼地、都市部などのあらゆる場所 **大きさ** クチヒゲナンベイヌマチガエル（*Ps. mystacalis*）の13mmからチリヨツメガエル（*Pl. thaul*）とオオメダマガエル（*Pl. bufoninum*）の50mmまで	**活動** 夜行性または昼行性で水生、地上生 **繁殖** 脇つかみで抱接し、卵は泡巣のなかや一時的な水たまりに別々に産み付けられる **食性** 小型の無脊椎動物、昆虫、クモ

ICUN保全状況
CR（深刻な危機）＝1、EN（危機）＝1、VU（危急）＝2、NT（準絶滅危惧）＝2；危機に瀕している種の割合＝4％

種）の水面に浮いた泡巣には菌や寄生虫から卵を守る効果をもつものもあり、孵化したオタマジャクシは水中で成長を続ける。ナンベイヌマチガエル属（*Pseudopaludicola*、25種）は泡巣をつくらず、メスは水中に直接卵を産む。

　ヨツメガエル属（*Pleurodema*、15種）は両腿にそれぞれ大きな眼状紋をもつことからその名がつけられた。最大級の種はチリヨツメガエル（*Pl. thaul*）で、危険を感じると頭を下げ、尻を持ち上げた姿勢をとる。大きな眼状紋が捕食者をひるませるだけでなく、大きな毒腺を見せることで食べたらまずいと警告しているのだ。ブラジルニセメダマガエル（*Ph. nattereri*）も同じく毒をもち、腰の両側にある自動車のヘッドライトのような黒く大きな眼状紋でそれをアピールしている。こうした眼状紋で敵をひるませる行動は威嚇と呼ばれ、英名の"Frightening Foam Froglet（威嚇する泡巣のカエル）"（ジャボティカトゥバスコガタガエル、*Ph. deimaticus*）の名前の由来にもなっている。本亜科では、オンセンガエル（*Pl. somuncurense*）が「深刻な危機（CR）」に指定されている。

ブラジルガエル科 Hylodidae
トゲユビガエル、ブラジルガエル、ハヤテガエル

左）ジュクハヤテガエル（*Phantasmarana apuana*）は急流の小川に生息しており、わずかな危険にも反応して川に飛び込むため、めったに見ることはない

右ページ丸囲み）ボラセイアガエル（*Hylodes phyllodes*）はブラジル・サンパウロ州内のマール山脈に固有の、ごく小さなカエルだ

右ページ下）フタスジブラジルガエル（*Hylodes lateristrigatus*）は騒音の多い環境でも聞こえるような高音で鳴く

　ブラジルガエル科は大西洋岸森林と山地にのみ分布し、山地林の流れの速い渓流に生息している。4属で構成されており、うち2属は小型のトゲユビガエル属（*Crossodactylus*、13種）とブラジルガエル属（*Hylodes*、26種）で、単型属の種であるリオハヤテガエル（*Megaelosia goeldii*）とファンタズマガエル属（*Phantasmarana*）（8種）は大型のカエルだ。

　トゲユビガエル属はブラジル沿岸のアラゴアス州からリオグランデ・ド・スル州までに分布しているが、ハスモントゲユビガエル（*C. dispar*）とシュミットトゲユビガエル（*C. schmidti*）はアルゼンチン北部のミシオネス州にも生息し、後者はさらにパラグアイでも見られる。ブラジルガエル属はブラジルの固有属で、グランデトゲユビガエル（*H. fredi*）はリオデジャネイロ沖にある面積192平方

分布
ブラジル、パラグアイ、アルゼンチン
属
トゲユビガエル属（*Crossodactylus*）、ブラジルガエル属（*Hylodes*）、ハヤテガエル属（*Megaelosia*）、ファンタズマガエル属（*Phantasmarana*）
生息環境
熱帯雨林、セラード（用語集参照）、岩の多い熱帯雨林の渓流沿い
大きさ
サンフランシスコトゲユビガエル（*C. franciscanus*）のオス22mmからマサールハヤテガエル（*P. massarti*）のメス122mmまで
活動
昼行性で地上生、水生
繁殖
脇つかみで抱接する。卵は水中に産み付けられ、オタマジャクシはそのまま水中に留まる
食性
無脊椎動物、カエル、魚（ハヤテガエル属、ファンタズマガエル属）
ICUN保全状況
NT（準絶滅危惧）＝1；危機に瀕している種の割合＝2%

112　NEOTROPICAL TORRENT FROGS

kmのグランデ島のみに生息している。これらの隠蔽色をした小型のカエルは水中に巣をつくって卵を産み、孵化したオタマジャクシは体外栄養性で自由遊泳をする。水音の大きい環境で暮らしているため、鳴き声は高音に進化している。

　ハヤテガエル属とファンタズマガエル属は頭胴長100mmに達することもあるものの、隠遁性が強いためめったに見ることはできない。わずかな脅威を感じただけでも川に飛び込んでしまうからだ。ボカイナオオトゲユビガエル（*P. bocainensis*）は1968年以来見つかっていないが、最新のeDNA（環境DNA）技術により模式産地（模式標本が採取された場所）の水中に生息していることが明らかになった。両属とも鳴かないが、ファンタズマガエル属は鳴嚢をもっており、それを膨らませることによって視覚的に縄張りを誇示するディスプレイ行動に使う。ファンタズマガエル属はエスピリトサント州からサンパウロ州までの山地林に分布し、ハヤテガエルはリオデジャネイロ州のオルガンス山脈に生息している。ジュクハヤテガエル（*P. apuana*）はさまざまな無脊椎動物の他、自分より小さなカエルや魚などを食べる。

　ブラジルガエル科のほとんどの種は「データ不足（DD）」に分類されており、シュミットトゲユビガエルだけが「準絶滅危惧（NT）」に指定されているが、絶滅のおそれがまったくないというわけではなく、とくに大型の種や生息地が限定されている種については注意が必要だ。

113

ニオイヤドクガエル科 Aromobatidae ― モモブチヤドクガエル亜科 Allobatinae

モモブチヤドクガエル

左）エクアドルのアマゾン川流域に生息するカクレヤドクガエル（*Alloabtes insperatus*）は、森林の伐採や石油の探査によって脅かされている

下）鮮やかな体色のザパロヤドクガエル（*A. zaparo*）は落ち葉のなかに産卵し、オタマジャクシが孵化すると背中に乗せて水辺へと運ぶ

　オイヤドクガエル科はかつてはヤドクガエル科（Dendrobatidae）に属していた。3亜科からなる。ニオイヤドクガエルという科名は、いくつかの種が身を守るために発するスカンクのようなにおいに由来している。モモブチヤドクガエル亜科はモモブチヤドクガエル属（*Allobates*、60種）のみを含み、コロンビアからボリビアまでの太平洋沿岸とブラジルの大西洋沿岸に分布しているが、タラマンカヤドクガエル（*A. talamancae*）は中央アメリカにも生息しており、マルティニークヤドクガエル（*A. chalcopis*）はマルティニーク島の固有種だ。

　モモブチヤドクガエル属のほとんどは隠蔽色をしており毒をもたないが、広範囲に分布するモモブチヤドクガエル（*A. femoralis*）には黄味がかった色と白の縞があり、脇腹は黒く、腿には毒性があることを誇示する目立つオレンジ色の模様が入っている。ブラジルのアマゾナス州に生息するアオユビホイクシガエル（*A. caeruleodactylus*）は、その鮮やかな空色の指を使ってライバルのオスをひるませると考えられている。ほとんどの種は落ち葉の巣のなかに卵を産み、孵化したオタマジャクシを片方の親が数匹ずつ背中に乗せて小さな水たまりまで運ぶことから、英名では"nurse frog（子守りをするカエル）"と呼ばれている。いっぽう、マルティニークヤドクガエルのオタマジャクシは体内栄養性でエサを食べず、陸上で変態を迎えて子ガエルになる。本種と他3種が「深刻な危機（CR）」に指定されている。

分布
中央アメリカ、南アメリカ北部、マルティニーク島

属
モモブチヤドクガエル属（*Allobates*）

生息環境
低地から中程度の標高の山地にある熱帯雨林、沼地、湿地

大きさ
チュパダホイクシガエル（*A. brunneus*）の18mmからマイヤーズヤドクガエル（*A. myersi*）のメス33mmまで

活動
昼行性で地上生

繁殖
頭つかみで抱接するか、抱接しない。陸上の巣に小さな卵塊を産み、オタマジャクシは親によって1匹ずつ水辺へ運ばれる。一部の種のオタマジャクシはエサを食べず、陸上で変態を迎える

食性
林床にすむ無脊椎動物

ICUN保全状況
CR（深刻な危機）＝4、EN（危機）＝5、VU（危急）＝6、NT（準絶滅危惧）＝2；危機に瀕している種の割合＝28％

ニオイヤドクガエル科 Aromobatidae —— トゲジタヤドクガエル亜科 Anomaloglossinae
トゲジタヤドクガエル、ナガレヤドクガエル

トゲジタヤドクガエル亜科には南アメリカ北部のギアナ地方（100ページ参照）に生息するトゲジタヤドクガエル属（*Anomaloglossus*、32種）と、コロンビアに固有のナガレヤドクガエル属（*Rheobates*、2種）が含まれる。トゲジタヤドクガエルという名前は、本属の仲間に共通する、舌に後ろ向きの小さな突起がついているという特徴に由来するものだ。ギアナ地方にある、頂上がテーブルのように平らな巨大な山々（先住民の言葉でテプイと呼ばれている）が点在する生態域、パンテプイの熱帯雨林に生息し、分布はベネズエラに集中している（16種、50％）。

ほとんどの種は隠蔽模様をもっているが、一部は鮮やかな色をしている。その一例が「危機（EN）」に指定されているキンイロゲンゴガエル（*A. beebei*）で、ガイアナのカイエトゥール国立公園に生息し、地上生のアナナスにたまった雨水のなかで繁殖する。

ナガレヤドクガエル（*R. palmatus*）をはじめとするナガレヤドクガエル属はコロンビア北部のアンデス山脈の高標高域（〜2500m）に分布し、雲霧林の小川にすんでいる。

トゲジタヤドクガエル亜科もモモブチヤドクガエル属と同様に陸上に卵を産み、オタマジャクシには水中でエサをとるもの（体外栄養性）と、スティーブントゲジタガエル（*A. stepheni*）のように陸上でエサを食べずに過ごすもの（体内栄養性）がいる。

フランス領ギアナに生息するデグランビルゲンゴガエル（*A. degranvillei*）とデヴィンターゲンゴガエル（*A. dewynteri*）は、「深刻な危機（CR）」に指定されている。

左）「危機（CR）」に指定されているキンイロゲンゴガエル（*Anomaloglossus beebei*）は、ガイアナにあるカイエトゥールの滝の上で地上生のアナナスにすむごく小さなカエルだ

分布
南アメリカ北部

属
トゲジタヤドクガエル属（*Anomaloglossus*）、ナガレヤドクガエル属（*Rheobates*）

生息環境
山地と低地の熱帯雨林、小川

大きさ
バシーゲンゴガエル（*A. vacheri*）のオス17.8mmからオオアタマゲンゴガエル（*A. megacephalus*）の28mmまで

活動
昼行性で地上生、半樹上生（キンイロゲンゴガエル *A. beebei*）

繁殖
頭つかみで抱接するか、抱接しない。陸上の巣に小さな卵塊を産み、オタマジャクシが孵化すると親によって1匹ずつ水辺へ運ばれる。一部の種のオタマジャクシは地上で変態を迎える

食性
林床にすむ無脊椎動物

ICUN保全状況
CR（深刻な危機）＝2、EN（危機）＝4、VU（危急）＝2、NT（準絶滅危惧）＝5；危機に瀕している種の割合＝38％

LINGUAL FROGS & ROCKET FROGS 115

ニオイヤドクガエル科 Aromobatidae —— ニオイヤドクガエル亜科 Aromobatinae
ニオイヤドクガエル、ベネズエラヤドクガエル

上）ベネズエラヤドクガエル属のなかでIUCNが絶滅危惧種に指定していないわずか2種のうちの1つ、トリニダードヤドクガエル（*Mannophryne trinitatis*）は、トリニダード島では落ち葉のなかにふつうに見られる

オイヤドクガエル亜科にはニオイヤドクガエル属（*Aromobates*、18種）とベネズエラヤドクガエル属（*Mannophryne*、20種）の2属が含まれる。ニオイヤドクガエル属はベネズエラ国内のアンデス山脈の一部、メリダ山脈の比較的高い標高域（〜3300m）に生息し、うち2種はコロンビアのオリエンタル山脈にも見られる。こうした標高の高い場所にすんでいることから、ベネズエラウンカイガエル（*A. serranus*）などのように、英名で"cloud frog（雲のカエル）"と呼ばれるものもいる。水生傾向の強いニオイヤドクガエル（*A. nocturnus*）の皮膚は刺激臭のある分泌物を出して捕食者をひるませるが、毒性はない。

ベネズエラヤドクガエル属は暗色の喉にちなんで"collared frog（首輪をしたカエル）"と呼ばれている。主な生息地はベネズエラのメリダ山脈とパリア半島だ。トリニダード島に生息するトリニダードヤドクガエル（*M. trinitatis*）と、リトル・トバゴ島にも生息するブラッディベイヤドクガエル（*M. olmonae*）は、いずれもトリニダード・トバゴの固有種だ。

ベネズエラウンカイガエルとニオイヤドクガエルを含む14種が「深刻な危機（CR）」に、他12種が「危機（EN）」に指定されている。ベネズエラウンカイガエルはすでに絶滅している可能性がある。

分布
コロンビア、ベネズエラ、トリニダード・トバゴ
属
ニオイヤドクガエル属（*Aromobates*）、ベネズエラヤドクガエル属（*Mannophryne*）
生息環境
低地と山地の熱帯雨林、雲霧林、小川
大きさ
アルプスヤドクガエル（*A. walterarpi*）の29mmからニオイヤドクガエル（*A. nocturnus*）の62mmまで
活動
昼行性で地上生または夜行性で水生（ニオイヤドクガエル）
繁殖
頭つかみで抱接するか、抱接しない。陸上の巣に小さな卵塊を産み、オタマジャクシは親によって1匹ずつ水辺へと運ばれる
食性
林床にすむ無脊椎動物
ICUN保全状況
CR（深刻な危機）＝14、EN（危機）＝12、VU（危急）＝3、NT（準絶滅危惧）＝6；危機に瀕している種の割合＝92%

116　CLOUD FROGS, SKUNK FROGS & COLLARED FROGS

ヤドクガエル科 Dendrobatidae——コオイガエル亜科 Colostethinae

ヤドクガエル、コオイガエル

ヤドクガエル科の仲間は、エサとなる無脊椎動物からバトラコトキシンやテトロドトキシンといったアルカロイド（植物体中に存在する窒素を含む塩基性有機化合物の総称で有毒なものが多い）を摂取して皮膚にたくわえ、その毒性を鮮やかな警告色の模様でアピールしている。ヤドクガエル科には3亜科が含まれる。

コオイガエル亜科は5属からなり、コスタリカからボリビアにかけて生息する鮮やかな体色をした有毒ガエルや、隠蔽模様をもつカエルが含まれている。最も多くの種が生息しているのはコロンビア（30種）だ。ミスジヤドクガエル属（*Ameerega*、29種）とミイロヤドクガエル属（*Epipedobates*、8種）の仲間は縞模様とさまざまな色の腿をもつが、ミスジヤドクガエル属の一部には縞がない。

コオイガエル属（*Colostethus*、12種）、シロムネガエル属（*Leucostethus*、11種）、シルバーストーンヤドクガエル属（*Silverstoneia*、8種）の仲間は背中と側面に縞があり、ほとんどの種は毒性のアルカロイドをもたない。しかしミズカキヤドクガエル（*C. inguinalis*）の皮膚からはテトロドトキシンが見つかっており、ハラテンヤドクガエル（*S. punctiventris*）も毒性のアルカロイドをもつという報告がある。

「深刻な危機（CR）」に指定されているキトヤドクガエル（*C. jacobuspetersi*）はエクアドルの標高3800mまでに生息する。ブーランジェヤドクガエル（*E. boulengeri*）とゴルゴナヤドクガエル（*L. siapida*）は太平洋に浮かぶコロンビアのゴルゴナ島（26平方km）に生息しており、後者は同島の固有種だ。コオイガエル亜科は5種が「深刻な危機（CR）」に、11種が「危機（EN）」に指定されている。

上）エクアドル南西部からペルー北西部にかけて生息するアンソニーヤドクガエル（*Epipedobates anthonyi*）の皮膚には、エピバチジンと呼ばれるニコチンに似た猛毒が含まれている

右）コスタリカからパナマにかけて生息するガトゥーンヤドクガエル（*Silverstoneia flotator*）は、複数の種に分けられる可能性がある

分布
コスタリカから南アメリカ北部・中部

属
ミスジヤドクガエル属（*Ameerega*）、コオイガエル属（*Colostethus*）、ミイロヤドクガエル属（*Epipedobates*）、シロムネガエル属（*Leucostethus*）、シルバーストーンヤドクガエル属（*Silverstoneia*）

生息環境
とくに川沿いの熱帯雨林

大きさ
コーヒーヤドクガエル（*E. manchalilla*）のオス16mmからミスジヤドクガエル（*A. trivittata*）のメス55mmまで

活動
昼行性で地上生

繁殖
頭つかみで抱接するか、抱接しない。落ち葉のなかに産卵し、親が世話をする

食性
林床にすむ無脊椎動物、とくにアリや甲虫

ICUN保全状況
CR（深刻な危機）＝5、EN（危機）＝11、VU（危急）＝7、NT（準絶滅危惧）＝3；危機に瀕している種の割合＝38％

POISON FROGS & ROCKET FROGS　117

ヤドクガエル科 Dendrobatidae ── **ヤドクガエル亜科** Dendrobatinae

ヤドクガエル、フキヤガエル

左）世界で最も強い毒をもつカエル、モウドクフキヤガエル（*Phyllobates terribilis*）は林床にすむ無脊椎動物をエサとし、その毒を皮膚にたくわえている。飼育下でコオロギを与えていると毒性は失われていく

右ページ左）アイゾメヤドクガエル（*Dendrobates tinctorius*）には2つの主な色彩型があり、1つはアズレウスと呼ばれる写真のような青いもの、もう1つは黒と黄色のものだ

右ページ右）ペルーの固有種であり、IUCNレッドリストで「危機（EN）」に指定されているナゾメキヤドクガエル（*Excidobates mysteriosus*）は、茶色か黒の体に白い斑点をもつ

右）キオビヤドクガエル（*Dendrobates leucomelas*）の種小名（二名法による学名で、属名のあとにつける名称）は"白（*leuco*）と黒（*melas*）の"という意味をもつ。1860年代に最初の標本がヨーロッパに届いたとき、黄色の色素が保存液に溶け出していて、実態とは異なる名前がつけられてしまったのだ

ヤドクガエル亜科には8属66種の毒をもつカエルが含まれ、なかでもとくに毒性の強いフキヤガエル属（*Phyllobates*、5種）は、コロンビアの先住民が吹き矢（弓矢ではない）の先端にその毒を塗って狩りに使っている。フキヤガエル属のなかでも吹き矢に使われるのはコロンビアに生息する3種だけであるため、英名で"dart-poison frog（吹き矢の毒のカエル）"と呼ばれるのもこの3種だけだ。

最も強い毒をもつのがモウドクフキヤガエル（*P. terribilis*）というフキヤガエル属としては大型のカエルで、黄色い体に黒い四肢をもったものから黄緑色のものまでとさまざまな色彩型が存在する。成体がもつバトラコトキシン（神経毒性をもつステロイドアルカロイドの一種）は成人を10人は殺せる量で、野生の個体を素手で扱っただけでも大変なこ

分布
ニカラグアから南アメリカ北部・中部

属
ブラジルナッツヤドクガエル属（*Adelphobates*）、アンデスヤドクガエル属（*Andinobates*）、ヤドクガエル属（*Dendrobates*）、ナゾメキヤドクガエル属（*Excidobates*）、デーモンヤドクガエル属（*Minyobates*）、イチゴヤドクガエル属（*Oophaga*）、フキヤガエル属（*Phyllobates*）、セアカヤドクガエル属（*Ranitomeya*）

生息環境
とくに水辺に近い、テプイを含む低地と山地の熱帯雨林

大きさ
パナマヤドクガエル（*An. minutus*）の16mmからモウドクフキヤガエル（*P. terribilis*）のメス60mmまで

活動
昼行性で地上生、樹上生

繁殖
頭つかみで抱接するか、抱接しない。落ち葉のなかや高い場所に産卵し、オタマジャクシは親によって1匹ずつ樹洞（樹皮がはがれたり木のなかが腐るなどしてできた洞窟状の空間）やアナナスに運ばれ、メスのみか両親の世

とになりかねない。残る2種の吹き矢に使われるカエルは、ココエフキヤガエル（*P. aurotaenia*）とヒイロフキヤガエル（*P. bicolor*）だ。

　ヤドクガエル属（*Dendrobates*、5種）はフキヤガエル属と近縁だが毒性はそこまで強くなく、本属にはギアナ地方に生息する目を引く体色のキオビヤドクガエル（*D. leucomelas*）や、コロンビアからニカラグアにかけて生息し、ハワイ州にも移入

話を受ける
食性
林床にすむ無脊椎動物、とくにアリや甲虫

ICUN保全状況
EX（絶滅）＝1、CR（深刻な危機）＝8、EN（危機）＝10、VU（危急）＝12、NT（準絶滅危惧）＝2；危機に瀕している種の割合＝53％

されているマダラヤドクガエル（*P. auratus*）などがいる。

　イチゴヤドクガエル属（*Oophaga*、12種）は自分たちの卵をエサにするカエルで、イチゴヤドクガエル（*O. pumilio*）は赤い体に青い四肢をもつ"ブルージーン"をはじめとする多様な色彩型がある。本属は子育てをするカエルとして知られている。メスは葉の上に産卵し、オスが総排出孔に入れて運んだ水で卵を潤す。孵化したオタマジャクシはメスが1匹ずつ水のたまったアナナスまで連れて行き、今度は未受精卵を産んでエサとして与えるのだ。

　パナマのクレナイヤドクガエル（*O. speciosa*）はすでに絶滅しており、単型属のデーモンヤドクガエル（*Minyobates steyermarci*）他7種が「深刻な危機（CR）」に指定されている。

ヤドクガエル科 Dendrobatidae ── アメヤドクガエル亜科 Hyloxalinae
アメヤドクガエル他

最上段）アオハラヤドクガエル（*Hyloxalus azureiventris*）はその青い腹部から名づけられた

上）ロスタヨスヤドクガエル（*Hyloxalus nexipus*）のオスは孵化したオタマジャクシを川まで運ぶ

アメヤドクガエル亜科には3属73種が含まれ、隠蔽色をした背中に縦縞のあるアメヤドクガエル属（*Hyloxalus*、63種）が最大の属だ。「危機（EN）」に指定されているアオハラヤドクガエル（*H. azureiventris*）やミドリスジヤドクガエル（*H. chlorocraspedus*）のように、ごく一部の種はより鮮やかな体色をしている。本亜科のカエルのもつ皮膚毒は、ヤドクガエル亜科のものよりも毒性が低い。最も多様なアメヤドクガエル属の種が見られる地域はコロンビア（32種）とエクアドル（28種）で、チョコヤドクガエル（*H. chocoensis*）はパナマ、クイジョスヤドクガエル（*H. fuliginosus*）はベネズエラ、ミドリスジヤドクガエルはブラジルのアクレ州にも生息している。

パルウロバテス属（*Paruwrobates*、3種）はアンデス山脈北部の太平洋側斜面に分布するカエルの仲間だ。湿潤な熱帯雨林にすむが、農業の拡大と森林破壊により脅かされている。

カワリジタヤドクガエル属（*Ectopoglossus*、7種）はコロンビアのチョコ地域に生息している。舌に後ろ向きの突起をもつ点がトゲジタヤドクガエル属（*Anomaloglossus*、115ページ参照）に似ているため、英名では"western lingual frog（西のトゲジタヤドクガエル）"と呼ばれることがある。アメヤドクガエル亜科は9種が「深刻な危機（CR）」に指定されており、うち2種はパルウロバテス属だ。

分布
パナマから南アメリカ北西部

属
カワリジタヤドクガエル属（*Ectopoglossus*）、アメヤドクガエル属（*Hyloxalus*）、パルウロバテス属（*Paruwrobates*）

生息環境
とくに水辺に近い、低地と山地の熱帯雨林

大きさ
シマガシラヤドクガエル（*H. craspedoceps*）のオス19mmからクスミヤドクガエル（*H. sordidatus*）のメス36mmまで

活動
昼行性で地上生、半樹上生

繁殖
林床に産卵し、親がオタマジャクシを1匹ずつ樹洞や水たまりに運ぶ

食性
林床にすむ無脊椎動物、とくにアリや甲虫

ICUN保全状況
CR（深刻な危機）=9、EN（危機）=11、VU（危急）=5、NT（準絶滅危惧）=4；危機に瀕している種の割合=40%

ROCKET FROGS, POISON FROGS & WESTERN LINGUAL FROGS

トゲムネガエル科 Alsodidae

トゲムネガエル、ホソメガエル、ウルグアイアガエル

トゲムネガエル科は3属からなる科で、最大の属はトゲムネガエル属（Alsodes、19種）だ。繁殖期の本属のオスには、抱接中にメスをしっかりとつかむために鋭い突起が発達する。14種がチリの固有種、ネウケントゲムネガエル（A. neuquensis）はアルゼンチンの固有種で、残りの4種が両国の標高2500〜3000mの、ナンキョクブナ（Nothofagus）とナンヨウスギ（Araucaria）の温帯林と草原に生息している。オタマジャクシは成長を終えるまでに2年かかり、氷の下で越冬する。

ホソメガエル属（Eupsophus、10種）はパタゴニアに生息するずんぐりしたカエルだ。6種がチリの固有種で、4種はアルゼンチンにも分布しており、苔むした湿原に見られる。単型属のウルグアイガエル（Limnomedusa macroglossa）はブラジル南東部、ウルグアイ、アルゼンチン北部に生息し、緑色と茶色の大理石模様で大きな丸いイボに覆われている。オタマジャクシは小さな水たまりで孵化し、洪水で川まで流される。

メンドーサトゲムネガエル（A. pehuenche）とカンティラナトゲムネガエル（A. cantillanensis）、モチャホソメガエル（E. insularis）の3種は、オタマジャクシを食べる侵略的外来種であるマスの影響で「深刻な危機（CR）」に指定されている。チリのチョノス諸島に生息するダーウィントゲムネガエル（A. monticola）はさらに希少な種と考えられており、生きている個体を最後に目にした人物はあのチャールズ・ダーウィン（1809〜1882年）だ。

上）ノラトゲムネガエル（Alsodes norae）はチリ沿岸のナンキョクブナ（Nothofagus）の森林に生息している

右）モチャホソメガエル（Eupsophus insularis）はチリのモチャ島の固有種で、生息地の消失により絶滅が危惧されている

分布
チリ、アルゼンチン、ブラジル、ウルグアイ

属
トゲムネガエル属（Alsodes）、ホソメガエル属（Eupsophus）、ウルグアイガエル属（Limnomedusa）

生息環境
温帯林、山地林、苔むした場所、温帯草原、川や湿地

大きさ
コントゥルモホソメガエル（E. contulmoensis）の43mmからクロトゲムネガエル（A. nodosus）の75mmまで

活動
夜行性で地上生、半地中生、水生

繁殖
股つかみで抱接し、卵は小川や林床の小さな水たまりに産み付けられる。オタマジャクシの成長は遅く、変態までに越冬することもある

食性
昆虫とその幼虫

ICUN保全状況
CR（深刻な危機）＝3、EN（危機）＝8、VU（危急）＝4、NT（準絶滅危惧）＝1；危機に瀕している種の割合＝53％

SPINY-CHEST FROGS, PATAGONIAN GROUND FROGS & RAPIDS FROG

マルハシガエル科 Cycloramphidae
マルハシガエル、イワノボリガエル

マルハシガエル科はかつてトゲムネガエル科（Alsodidae）を亜科として含んでいたが、現在ではブラジル北東部のバイーア州から南部のリオグランデ・ド・スル州にかけての地域に固有の2属のみで構成されている。

科名の由来となったマルハシガエル属（*Cycloramphus*、30種）はバイーア州からサンタカタリーナ州にかけての山地の大西洋岸森林に生息しているが、多くの種は局地的に分布しているため、生息地の変化や消失によって脅かされる可能性が高い。マルハシガエル属の仲間には2つの生態型がある。水生型は熱帯雨林の岩の多い小川にすみ、岩の隙間や濡れた倒木の上に産卵する。孵化したオタマジャクシは水中で暮らし、飛沫帯にある岩の上での生活にも適応している。ザラハダマルハシガエル（*C. granulosus*）やワンドレックマルハシガ

分布
ブラジル南部

属
マルハシガエル属（*Cycloramphus*）、イワノボリガエル属（*Thoropa*）

生息環境
熱帯雨林の岩の多い小川や林床

大きさ
ルッツイワノボリガエル（*T. lutzi*）のオス28mmからイワノボリガエル（*T. miliaris*）のオス78mmまで

活動
夜行性で地上生、半地上生、水生

繁殖
飛沫帯にある岩の隙間や倒木の上に産卵し、半地上生か半水生のオタマジャクシが孵化する

食性
小型の無脊椎動物

ICUN保全状況
CR（深刻な危機）＝1、EN（危機）＝1、VU（危急）＝2、NT（準絶滅危惧）＝3；危機に瀕している種の割合＝19%

エル（*C. ohausi*）などが水生型で、その扁平な体と後足の水かきは急流の水中での生活に欠かせないものだ。バンデラマルハシガエル（*C. bandeirensis*）も同じく水生型だが、高地（標高2450～2890m）の開けた場所にすんでいる。いっぽう、ブルメナイマルハシガエル（*C. bolitoglossus*）やアルトマルハシガエル（*C. eleutherodactylus*）などは地上生型だ。水生型よりも丸い体つきをしており、後肢は短く水かきをもたず、湿潤な森林の林床に生息している。卵は地面に産み、体内栄養性で自由遊泳をしないオタマジャクシが孵化する。ファウストマルハシガエル（*C. faustoi*）はサンパウロ沖35kmに浮かぶ面積1.7平方kmのアルカトラゼス島の固有種で、本科のなかで唯一「深刻な危機（CR）」に指定されている。

イワノボリガエル属（*Thoropa*、7種）は尖った頭と長い四肢をもつカエルで、小川沿いの飛沫帯にすみ、濡れた岩の上に産卵する。ブラジルイワノボリガエル（*T. saxatilis*）は標高300～1000mに生息するが、セーハドマールイワノボリガエル（*T. taophora*）は沿岸の潮間帯（満潮時には海中に、干潮時には海上にある場所）でエサをとることから、塩分に耐性があると考えられる。

左ページ）ルッツマルハシガエル（*Cycloramphus lutzorum*）はマルハシガエル属の地上生型の1種で、ブラジルの大西洋岸森林に生息している

下）イワノボリガエル（*Thoropa miliaris*）は川の飛沫帯にすみ、濡れた岩の上に産卵する

ハモチガマ科 Odontophrynidae
ハガエル、ツノガエルモドキ、バイアモリガエル

右）キマダラハガエル（*Odontophrynus americanus*）はブラジル南部とアルゼンチン北部のサバンナに生息するが、基本的に地中生であるため雨季にしか見られない

ハモチガマ科は3属からなり、最大の属はツノガエルモドキ属（*Proceratophrys*、43種）だ。落ち葉に擬態して林床にすむカエルで、南アメリカに分布する大型で食欲旺盛なツノガエル属（*Ceratophryne*、150ページ参照）を小さくしたような仲間だが、小型の脊椎動物ではなく林床の節足動物をエサとしている。ツノガエルモドキ属の一部は眼の上や鼻先に突き出した角をもち、より落ち葉らしい外見をしている。ツノガエルモドキ属はブラジル北東部のセアラー州から南部のリオグランデ・ド・スル州にかけて生息し、熱帯雨林や乾燥したセラード、カーチンガ（用語集参照）などに見られる。ほとんどの種はブラジルの固有種だが、アヴェリノツノガエルモドキ（*P. avelinoi*）とフタコブツノガエルモドキ（*P. bigibbosa*）はアルゼンチン北東部とパラグアイにも生息している。本属は豪雨のあと、流れの緩い水路で爆発的繁殖をする。

ハガエル属（*Odontophrynus*、10種）はヒキガエルに似ていることから、スペイン語でヒキガエルを意味する"エスクエルソ"と呼ばれている。ブラジル北東部からウルグアイ、パラグアイ、アルゼンチン中南部までに分布し、熱帯雨林やサバンナの林地に生息する。最も広く分布する種の1つがキマダラハガエル（*O. americanus*）だ。本種は四倍

分布
南アメリカ東部・南部

属
バイアモリガエル属（*Macrogenioglottus*）、ハガエル属（*Odontophrynus*）、ツノガエルモドキ属（*Proceratophrys*）

生息環境
熱帯雨林の池や小川。河谷林（かこくりん）（用語集参照）や半落葉樹林、セラード、カーチンガにも見られる

大きさ
コガタツノガエルモドキ（*P. minuta*）のオス25mmからバイアモリガエル（*M. alipioi*）の110mmまで

活動
夜行性で地上生

繁殖
ほとんどわかっていないが、爆発的繁殖をする（ツノガエルモドキ属）か、まず地上で抱接してから水中に移動し、小川や池の底に卵を産む（ハガエル属）

食性
昆虫、クモ形類、多足類、等脚類、巻き貝などの小型の無脊椎動物

ICUN保全状況
CR（深刻な危機）＝1、NT（準

体で、染色体を通常の二倍体の2倍となる4組もっている。本種の二倍体の個体群は、コルドバハガエル（*O. cordobae*）という別種として扱われている。ハガエル属の多くは一生のうち多くの時間を地中で過ごし、地上に現れるのは一時的な浅い池や季節的に氾濫する湿地で繁殖するときだけだ。

最大種のバイアモリガエル（*Macrogenioglottus alipioi*）はブラジルのペルナンブコ州からサンパウロ州までの大西洋岸森林に生息する単型属の種だ。カカオ農園にすみ、大きく飛び出した眼をもつ姿は漫画に出てくるカエルそのものだ。

ブラジルに生息するボトゥカトゥツノガエルモドキ（*P. moratoi*）は「深刻な危機（CR）」に指定されている。

上）リニャレスツノガエルモドキ（*Proceratophrys laticeps*）はコノハガエル亜科（Megophryinae）の仲間とよく似ているが、これは収斂進化（75ページ参照）の一例だ

右）カカオ農園での生活に適応することを余儀なくされたバイアモリガエル（*Macrogenioglottus alipioi*）にとっては、生息地の消失が脅威となっている

絶滅危惧）＝1；危機に瀕している種の割合＝4％

ダーウィンガエル科 Rhinodermatidae
ダーウィンハナガエル、クリコハナガエル、バリオガエル

ダーウィンガエル科はチリからアルゼンチンにかけて分布する2属3種からなる小さな科だ。生息地はナンキョクブナ（*Nothofagus*）が茂るバルディビア温帯林や沼地、草原で、流れの緩い水路の近くであることが多い。

1841年に記載されたダーウィンハナガエル（*Rhinoderma darwinii*）は、ビーグル号に乗ってチリを訪れたチャールズ・ダーウィンが本種の最初期の標本を採取したことから、ダーウィンに敬意を表して名づけられた。滑らかな皮膚をもち、三

下）ダーウィンハナガエル（*Rhinoderma darwinii*）のオスはオタマジャクシを飲み込んで鳴嚢のなかで育て、6週間後に完全に成長した子ガエルを林床に放つ

分布
チリ、アルゼンチン
属
バリオガエル属（*Insuetophrynus*）、ダーウィンガエル属（*Rhinoderma*）
生息環境
バルディビア温帯林、草原、沼地、標高1100mまでの冷たく流れの緩い小川の近く
大きさ
ダーウィンハナガエル（*R. darwinii*）の22mmからバリオガエル（*I. acarpicus*）の55mmまで
活動
夜行性で地上生、水生
繁殖
メスは林床に卵を産み、オスがオタマジャクシを鳴嚢のなかで2～6週間育てたあと、口から子ガエルを放つ
食性
小型の無脊椎動物
ICUN保全状況
CR（深刻な危機）＝1、EN（危機）＝2；危機に瀕している種の割合＝100%

角形の頭は、鼻先が小さいながら際立った吻状になっている。本種の多くの体は茶色で、枯れ葉に擬態して捕食者から逃れるが、成体のオス、とくに鳴嚢内で卵を育てている個体ではしばしば鮮やかな緑色になる。

　ダーウィンガエル属のもう1つの種、クリコハナガエル（R. rufum）はチリ南部の沿岸に生息しているが、1978年以来目撃されていない。「深刻な危機（CR）」に指定されており、絶滅した可能性もある。ダーウィンハナガエルは「危機（EN）」に指定されており、IUCNが種の回復状況を評価するために新しく設けた「グリーンステータス」でも「深刻な減少（CD）」に分類されている。

　ダーウィンハナガエルのメスは落ち葉のなかに最大40個の卵を産み、オスは卵が動き始めるまで守る。オスは孵化したオタマジャクシを飲み込むと、鳴嚢のなかで最長で6週間育てたのち（イハラミガエル属（Rheobatrachus、33ページ参照）の場合はメスが胃のなかで卵を育てる）、口から子ガエルが飛び出してくる。オタマジャクシを保育中のオスは鳴かなくなるがエサは食べ続け、体は鮮やかな緑色に変わる。クリコハナガエルのオスがオタマジャクシを育てるのは2週間だけで、そのあと水中に放つ。

　もう1つの属はバリオガエル（Insuetophrynus acarpicus）のみからなる単型属で、チリ南部にあるバルディビア地方の標高0〜700mの小川に見られる。日中は石の下に隠れており、夜になるとエサを求めて地上に現れる。ダーウィンガエル属よりも丸く大きな体をしたカエルだ。こちらも「危機（EN）」に指定されている。

上）チリのバルディビア温帯林の固有種で小川に生息するバリオガエル（Insuetophrynus acarpicus）は、「危機（EN）」に指定されている

ヒキガエル科 Bufonidae
アメリカ大陸のヒキガエル

ヒキガエル科は52属636種で構成され、ほぼ全世界に分布しているが、オーストラリアとニューギニア島のオオヒキガエル（*Rhinella marina*）は移入されたものだ（訳注：主にサトウキビ畑の害虫駆除のため、世界各地に移入。大型で繁殖力が強いうえに有毒で天敵がいないため、移入先で爆発的に増加した）。ヒキガエル科の仲間には共通した特徴がある。たとえば、オスのオタマジャクシは精巣にビダー器官（用語集参照）をもっており、成体になっても残っている点、頭骨が著しく骨化し、皮膚に癒着している点、歯をもたない点、多くの種がブフォトキシン（ヒキガエルが有する猛毒）を分泌する耳腺をもつ点などだ。

アメリカ大陸には15属368種のヒキガエル科の仲間が生息している。アメリカヒキガエル属（*Anaxyrus*、25種）にはよく見かけるアメリカヒキガエル（*A. americanus*）やプレーンズヒキガエル（*A. cognatus*）などがいるが、絶滅危惧種のカエルも含まれている。ワイオミングヒキガエル（*A. baxteri*）は「野生絶滅（EW）」に分類されているが、飼育下での集中的な繁殖プログラムの成果により、現在は2つの小個体群が生存している。本種は北アメリカで最も絶滅の危機に瀕しているカエルだ。

カリブヒキガエル属（*Peltophryne*、14種）は大アンティル諸島に生息している。チュウベイヒキガエル属（*Incilius*、39種）にはコロラドリバーヒキガエル（*I. alvarius*）やキタワンガンヒキガエル（*I. nebulifer*）などがおり、アメリカ合衆国南部から南はエクアドルにかけて分布している。同属で最

分布
ほぼ全世界に分布し、オーストラレーシアとオセアニアにも移入されている

属
コビトヒキガエル属（*Adenomus*）、コウチヒキガエル属（*Altiphrynoides*）、アマゾンヒキガエル属（*Amazophrynella*）、アメリカヒキガエル属（*Anaxyrus*）、コオロギヒキガエル属（*Ansonia*）、フキヤヒキガエル属（*Atelopus*）、モロッコヒキガエル属（*Barbaphryne*）、ベドゥカヒキガエル属（*Beduka*）、ブライラヒキガエル属（*Blaira*）、ブライスヒキガエル属（*Blythophryne*）、ヒキガエル属（*Bufo*）、モーブランヒキガエル属（*Bufoides*）、ミドリヒキガエル属（*Bufotes*）、ケープヒキガエル属（*Capensibufo*）、チュラミティヒキガエル属（*Churamiti*）、アナナスヒキガエル属（*Dendrophryniscus*）、ヨツユビヒキガエル属（*Didynamipus*）、ヘリグロヒキガエル属（*Duttaphrynus*）、ナタージャックヒキガエル属（*Epidalea*）、フロストヒキガエル属（*Frostius*）、チュウベイヒキガエル属（*Incilius*）、インガーヒキガエル属（*Ingerophrynus*）、ローレントヒキガエル属（*Laurentophryne*）、ホソヒキガエル属（*Leptophryne*）、クロヒキガエル属（*Melanophryniscus*）、メルテンスヒキガエル属（*Mertensophryne*）、メタヒキガエル属（*Metaphryniscus*）、パタゴニアヒキガエル属（*Nannophryne*）、ミットヒキガエル

128 AMERICAN TRUE TOADS

右）よく知られたオスアカヒキガエル（*Incilius periglenes*）は、両生類に訪れた世界的な危機によって早くも姿を消した種の1つだ

左ページ左）北アメリカで最も危機に瀕している種の1つ、ワイオミングヒキガエル（*Anaxyrus baxteri*）

左ページ右）アデヤカフキヤヒキガエル（*Atelopus varius*）は99種からなる属に含まれている。そのうち4種が「絶滅（EX）」、61種が「深刻な危機（CR）」、14種が「危機（EN）」、3種が「危急（VU）」、2種が「準絶滅危惧（NT）」に指定されている

もよく知られた種が、コスタリカのモンテベルデ雲霧林保護区に生息していたオスアカヒキガエル（*I. periglenes*）だ。オスは鮮やかなオレンジ色をしており、メスにはさまざまな模様があった。1967年に記載され、1989年を最後に目撃例が途絶えた本種は、今やその存在が知られていた期間よりも絶滅してからの期間のほうが長くなってしまった。

　最大の属となるのが中央アメリカ南部と南アメリカ北部に生息するフキヤヒキガエル属（*Atelopus*、99種）だ。皮膚には腺がなく滑らかで、その皮膚にテトロドトキシンをもつことを知らせる鮮やかな警告色をしている。アデヤカフキヤヒキガエル（*A. varius*）やゼテクフキヤヒキガエル（*A. zeteki*）などは目の覚めるような美しさだ。

　2番目に大きな属はオオヒキガエルをはじめとするナンベイヒキガエル属（*Rhinella*、89種）だが、本属には絶滅危惧種も含まれている。南アメリカのヒキガエルの多くは、赤い腹をしたクロヒキガエル属（*Melanophryniscus*、31種）のように林床にすむごく小さなものだ。コロコロヒキガエル属（*Oreophrynella*、8種）はテプイ（115ページ参照）に生息し、ブラジルの大西洋岸森林にすむアナナスヒキガエル属（*Dendrophryniscus*、16種）はファイトテルマータ（アナナス）で繁殖する。

　オスアカヒキガエルとフキヤヒキガエル属の4種が「絶滅（EX）」に指定されており、フキヤヒキガエル属の61種を含む77種が「深刻な危機（CR）」に分類されている。

属（*Nectophryne*）、コモチヒキガエル属（*Nectophrynoides*）、ニンバコモチヒキガエル属（*Nimbaphrynoides*）、コロコロヒキガエル属（*Oreophrynella*）、コロンビアヤマヒキガエル属（*Osornophryne*）、モリヒキガエルモドキ属（*Parapelophryne*）、キノボリヒキガエル属（*Pedostibes*）、モリヒキガエル属（*Pelophryne*）、カリブヒキガエル属（*Peltophryne*）、キメアラヒキガエル属（*Phrynoidis*）、ピグミーヒキガエル属（*Poyntonophrynus*）、ミズヒキガエル属（*Pseudobufo*）、キノボリガマ属（*Rentapia*）、キンイロヒキガエル属（*Rhaebo*）、ナンベイヒキガエル属（*Rhinella*）、サバミナシヒキガエル属（*Sabahphrynus*）、トキイロヒキガエル属（*Schismaderma*）、アフリカヒキガエル

属（*Sclerophrys*）、シガレガレヒキガエル属（*Sigalegalephrynus*）、モンゴルヒキガエル属（*Strauchbufo*）、トルーブヒキガエル属（*Truebella*）、ファンダイクヒキガエル属（*Vandijkophrynus*）、ベルナーヒキガエル属（*Werneria*）、ボルターシュトルフヒキガエル属（*Wolterstorffina*）

生息環境
熱帯雨林、森林、草原、砂漠、島、湖沼、河川

大きさ
マッツェアマゾンヒキガエル（*Am. matses*）のオス12mmからオオヒキガエル（*Rhinella marina*）のメス230mmまで

活動
夜行性、昼行性で地上生、半地中生、水生、樹上生

繁殖
ふつうは脇つかみ、ときに股つかみで抱接し、水生のオタマジャクシ、子ガエルの直接発生、胎生とあらゆる繁殖方法をとる

食性
無脊椎動物から小型の脊椎動物まで

ICUN保全状況
EX（絶滅）＝5、EW（野生絶滅）＝2、CR（深刻な危機）＝104、EN（危機）＝75、VU（危急）＝49、NT（準絶滅危惧）＝23；危機に瀕している種の割合＝41％

ヒキガエル科 Bufonidae
ユーラシア大陸のヒキガエル

ユーラシア大陸のヒキガエル科は21属154種で構成されている。よく見られるヒキガエル属（Bufo、21種）はユーラシア大陸全域に生息し、ヨーロッパヒキガエル（Bufo bufo）やトゲヒキガエル（B. spinosus）などがいるが、かつて本属に含まれていたミドリヒキガエルやバレアレスミドリヒキガエルはミドリヒキガエル属（Bufotes、15種）に移動されており、それぞれBufotes viridisとB. balearicusとなっている。ヒキガエル属から移動したもう1つの種が、単型属のナタージャックヒキガエル（Epidalea calamita）だ。この走るのが得意な小型のカエルは背中に1本の細い線が通り、ヒースが茂る砂質の荒野にすんでいる。イギリスの孤立した個体群は保護の対象となっている。

アジアで最大の属はコオロギヒキガエル属（Ansonia、37種）だ。小型で四肢が長く、耳腺をもたないカエルで、インドからフィリピンにかけての熱帯雨林の流れの速い小川に生息しており、なかでもオオユビコオロギヒキガエル（A. latidisca）はとくに目を引く種だ。2番目に大きな属、ヘリグロヒキガエル属（Duttaphrynus、27種）はアジアの熱帯地域で最もよく見られるカエルで、ヘリグロヒキガエル（D. melanostictus）は東南アジア本土の在来種だが遠方にも移入されている。

アジアのヒキガエル科の仲間のほとんどは林床にすみ、小型で隠蔽色をしているが、最大種のオオキメアラヒキガエル（Phrynoidis juxtasper）は頭胴長122mmにもなる。ヒキガエルはたいてい地上

上段） オウハンキノボリガマ（Rentapia flavomaculata）は樹上生の傾向が強く、完全地上生というヒキガエルの一般的なイメージを覆す種だ

中段） かつてはよく見られたヨーロッパヒキガエル（Bufo bufo）だが、イギリスでは減少傾向にある

左） ヘリグロヒキガエル（Duttaphrynus melanostictus）は分布域外にも広く移入されており、たとえば写真の個体は東ティモールに生息するものだ

生か水生だが、マレー半島のオウハンキノボリガマ（*Rentapia flavomaculata*）、ボルネオ島のアラハダキノボリガマ（*R. everetti*）、マレーキノボリガマ（*R. hosii*）、スポットサバミミナシヒキガエル（*Sabahphrynus maculatus*）など、一部の属には樹上生のものもいる。インドの西ガーツ山脈に生息するマラバルキノボリヒキガエル（*Pedostibes tuberculosis*）も樹上生だ。近年新設されたシガレガレヒキガエル属（*Sigalegalephrynus*）（5種）にはスマトラ島に生息する樹上生や洞窟生の変わったカエルが含まれており、スマトラ島北部にすむバタック族の伝統的な木彫りの操り人形、シガレガレに似ていることから"パペット・トード（操り人形のヒキガエル）"と呼ばれている。

　ムルドクロホソヒキガエル（*A. vidua*）などコオロギヒキガエル属の3種、ルチュンオガワヒキガエル（*B. luchunnicus*）などヒキガエル属の2種、ムルドコガタヒキガエル（*Pelophryne murudensis*）などモリヒキガエル属（*Pelophryne*）の2種を含む9種が「深刻な危機（CR）」に、他16種が「危機（EN）」に指定されている。

上）トゲコオロギヒキガエル（*Ansonia spinulifer*）はボルネオ島の標高の低い山地の熱帯雨林に生息している

下）"ランニング・トード"ことナタージャックヒキガエル（*Epidalea calamita*）はイギリスとアイルランドではすべて保護の対象になっており、ヒースの荒野や沿岸の砂丘に生息している

ヒキガエル科 Bufonidae
アフリカのヒキガエル

アフリカのヒキガエル科は16属110種以上で構成されている。北アフリカにはヨーロッパのヒキガエルであるヒキガエル属（*Bufo*）とミドリヒキガエル属（*Bufotes*）が生息しているが、残りの地域にはアフリカヒキガエル属（*Sclerophrys*、45種）が分布している。代表的な種はモーリタニアヒキガエル（*Sclerophrys mauritanica*）、エジプトのナイル川デルタにすむナイルヒキガエル（*S. kassasii*）、南アフリカ共和国のレンジャーヒキガエル（*S. capensis*）などだ。ずんぐりした体に短い四肢と耳腺をもつカエルで、皮膚は滑らかなものとイボがあるものがいる。それぞれの極端な例を挙げるとすれば、コンゴ民主共和国に生息する滑らかな皮膚で角をもつカンニンギヒキガエル（*S. channingi*）と、コートジボワールとシエラレオネに生息する、イボだらけで眼の2倍以上もの大きさの膨らんだ耳腺をもつタイパークヒキガエル（*S. taiensis*）だろう。アフリカ南東部には他にも、よく見られる大型のトキイロヒキガエル（*Schismaderma carens*）がさまざまな場所に生息している。

右ページ上段）キハンシコモチヒキガエル（*Nectophrynoides asperginis*）はタンザニアのある1つの滝の固有種だったが、現在では「野生絶滅（EW）」に指定されており、飼育下で繁殖した個体群のみが生き残っている

右ページ中段）西アフリカのニンバコモチヒキガエル（*Nimbaphrynoides occidentalis*）はメスが体内受精をして子ガエルを産むという変わったカエルだ

右ページ下段）キタピグミーヒキガエル（*Poyntophrynus fenoulheti*）はアフリカ南部の森林やサバンナにある岩石の露頭に生息している

下）トキイロヒキガエル（*Schismaderma carens*）はアフリカ南東部のサバンナの林地でよく見られる種だ

小型のヒキガエルも多く存在し、ピグミーヒキガエル属（*Poyntonophrynus*、11種）やファンダイクヒキガエル属（*Vandijkophrynus*、6種）などがアフリカ中部と南部に分布している。また、エチオピアのコウチヒキガエル属（*Altiphrynoides*、2種）や南アメリカ共和国のケープヒキガエル属（*Capensibufo*、5種）のように高地に見られるヒキガエルもいる。最も高い場所にすむ種は、カメルーン南西部の標高1750〜2600mに生息するバンブートヒキガエル（*W. bambutensis*）だ。

アフリカの熱帯雨林は樹上生ガエルのすみかとなっており、ナイジェリアとカメルーンにボルターシュトルフヒキガエル属（*Wolterstorffina*、3種）、中部アフリカにミットヒキガエル属（*Nectophryne*、2種）、そしてローレントヒキガエル（*Laurentophryne parkeri*）がいる。ミットヒキガエル属の指先にはヤモリのようにひだがあり、滑らかな面でも逆さに貼りついて歩くことができるのが特徴だ。耳腺はないが、その皮膚には他のどんな両生類でもただちに死に至らしめるほどの毒をもっている。

繁殖方法は、自由遊泳性のオタマジャクシを経るものから直接発生で子ガエルが孵化するものまでとさまざまだ。アフリカには胎生のヒキガエルもおり、たとえば西アフリカのニンバコモチヒキガエル（*Nimbaphrynoides occidentalis*）や東アフリカのコモチヒキガエル属（*Nectophrynoides*、13種）は体内受精を経てメスの体内で発生する。タンザニアのキハンシコモチヒキガエル（*Nectophrynoides asperginis*）は「野生絶滅（EW）」に指定されており、アフリカのヒキガエル科の18種は「深刻な危機（CR）」、10種は「危機（EN）」に分類されている。

アマガエル科 Hylidae —— アマガエル亜科 Hylinae

全北区の樹上生ガエル

アマガエル科は3亜科で構成され、基本的に樹上生で、指先に木登りを補助する円形の吸盤をもつカエルが含まれるが、アマガエル科の仲間がすべて樹上生というわけではなく、地上生、水生、さらには地中生の種もいる。

最大の亜科はアマガエル亜科で、44属720種以上がカナダからアルゼンチンまでと、ユーラシア大陸の大西洋側から太平洋側までの全域に分布している。亜科名は現在のヨーロッパアマガエル属（*Hyla*（旧アマガエル属）、16種）からとられており、うち7種がヨーロッパに生息している。最もなじみのある種は西ヨーロッパに生息するヨーロッパアマガエル（*H. arborea*）だろう。ヨーロッパには他にもイベリア半島に生息するモレリアマガエル（*H. molleri*）やチチュウカイアマガエル（*H. meridionalis*）、イタリアアマガエル（*H. intermedia*）、コルシカ島とサルデーニャ島に生息するサルデーニャアマガエル（*H. sarda*）などがいる。トウブアマガエル（*H. orientalis*）は東ヨーロッパとトルコからコーカサス地方にかけて見られる。いずれも緑色をしており、それぞれの種のあいだには鼓膜や眼の相対的なサイズといったわずかな違いしかない。熱帯地域の樹上生ガエルは夜行性だが、ヨーロッパに分布するヨーロッパアマガエル属は日光浴をする。

左）ヨーロッパアマガエル（*Hyla arborea*）はイベリア半島、イタリア半島、イギリス諸島を除く西ヨーロッパ全域でよく見られる種だ

分布
北・中央・南アメリカ、西インド諸島、ヨーロッパ、アジア、中東、北アフリカ

属
コオロギガエル属（*Acris*）、ブラジルアマガエル属（*Aplastodiscus*）、タイセイヨウアマガエル属（*Atlantihyla*）、ボアナアマガエル属（*Boana*）、ボカーマンアマガエル属（*Bokermannohyla*）、アナナスアマガエル属（*Bromeliohyla*）、ケイコクアマガエル属（*Charadrahyla*）、ドクイシアマガエル属（*Corythomantis*）、キマダラアマガエル属（*Dendropsophus*）、ドリアデルセス属（*Dryaderces*）、ドリョフィテス属（*Dryophytes*）、ナガレアマガエル属（*Duellmanohyla*）、フリソデアマガエル属（*Ecnomiohyla*）、チュウベイコウチアマガエル属（*Exerodonta*）、テンシアマガエル属（*Gabohyla*）、ヨーロッパアマガエル属（*Hyla*）、ネッタイアマガエル属（*Hyloscirtus*）、コスタリカアマガエル属（*Isthmohyla*）、コケアマガエル属（*Itapotihyla*）、ドウケガエル属（*Lysapsus*）、オオクチアマガエル属（*Megastomatohyla*）、コウチアマガエル属（*Myersiohyla*）、カナイアマガエル属（*Nesorohyla*）、キハダアマガエル属

　アフリカに生息する唯一のアマガエル科がチュニジアとアルジェリアの沿岸部に生息するカルタゴアマガエル（H. carthaginiensis）で、アラビアアマガエル（H. felixarabica）は2つの個体群に分かれてそれぞれアラビア半島南西部と地中海東部沿岸に生息している。東アジアに分布するものは琉球列島のハロウエルアマガエル（H. hallowelli）など少なくとも6種はいる。

　かつてヨーロッパアマガエル属に含まれていた北アメリカのカエルは、現在ではアマガエル属（Dryophytes、16種）となっている。10種がアメリカ合衆国に生息しており、分布域の広いハイイロアマガエル（D. versicolor）はカナダでも見られる。アンダーソンアマガエル（D. andersonii）はヨーロッパアマガエルに似ており、アメリカの東海岸とメキシコ湾岸の沼地や湿地に生息している。フロリダ州北西部には6種が生息し、そのうちクチブエアマガエル（D. avivoca）とホエアマガエル（D. gratiosus）の2種は鳴き声が名前の由来となっている。アマガエル属の有効性については異論もあり、同属の種をもとのヨーロッパアマガエル属に含める専門家もいる。

　メキシコにはシエラマドレアマガエル（D. arboricola）やウォーカーアマガエル（Dryophytes walkeri）など7種が、グアテマラには「深刻な危機（CR）」に指定されているボクールアマガエル（D. bocourti）が生息している。東アジアに分布するのは「危機（EN）」に指定されている韓国のスイゲンアマガエル（D. sweonensis）など4種だ。

上）アンダーソンアマガエル（Dryophytes andersonii）はアメリカ合衆国に生息しているが、同属の種は東アジアにも見られる

(Nyctimantis)、アシナガアマガエル属 (Osteocephalus)、ズツキガエル属 (Osteopilus)、キバアマガエル属 (Phyllodytes)、アナナスアマガエル属 (Phytotriades)、コトヅメアマガエル属 (Plectrohyla)、コーラスガエル属 (Pseudacris)、アベコベガエル属 (Pseudis)、チュウベイアマガエル属 (Ptychohyla)、ミドリアマガエル属 (Quilticohyla)、コミミアマガエル属 (Rheohyla)、ニクカンアマガエル属 (Sarcohyla)、イダテンアマガエル属 (Scarthyla)、ナンベイアマガエル属 (Scinax)、メキシコアマガエル属 (Smilisca)、トガリハナアマガエル属 (Sphaenorhynchus)、テピアアマガエル属 (Tepuihyla)、ヤカマシアマガエル属 (Tlalocohyla)、トタテガエル属 (Trachycephalus)、ヘラクチガエル属 (Triprion)、キノミクイアマガエル属 (Xenohyla)

生息環境
熱帯雨林、乾燥林、森林、草原、湿地

大きさ
ヒメコーラスガエル（Pseudacris ocularis）の20mmからイスパニョーラズツキガエル（Osteopilus vastus）のメス142mmまで

活動
樹上生、地上生、地中生（メキシコアマガエル属、ヘラクチガエル属）、水生（アベコベガエル属）

繁殖
多様な方法をとる。脇つかみで抱接し、卵は水中、樹洞、アナナスに産み付けられ、自由遊泳性のオタマジャクシが孵化する

食性
小型の無脊椎動物や他のカエル。キューバズツキガエル（Osteopilus septentrionalis）は他のカエルを食べる

ICUN保全状況
CR（深刻な危機）＝43、EN（危機）＝54、VU（危急）

アマガエル科 Hylidae ── **アマガエル亜科** Hylinae

北アメリカと西インド諸島の樹上生ガエル

北アメリカの樹上生ガエルの動物相はコーラスガエル属（*Pseudacris*、17種）が優勢で、アメリカ合衆国本土のすべての州とアラスカ州の最南端、ヌナブト準州とラブラドール地方を除くすべてのカナダの州、そしてメキシコのバハ・カリフォルニア半島全域に生息している。最も北に自然分布する種はキタコーラスガエル（*P. maculata*）だが、タイヘイヨウコーラスアマガエル（*P. regilla*）はアラスカ州南部にも定着している。最も広く分布するのはサエズリアマガエル（*P. crucifer*）で、アメリカ合衆国の35州とカナダの6州に見られる。コーラスガエル属は地上生または半樹上生で、イネ科やイグサ科の植物にとまって過ごす。アメリカ合衆国南東部に生息するヒメコーラスガエル（*P. ocularis*）はアマガエル亜科でおそらく最小の種だ。

コオロギガエル属（*Acris*、3種）は、アメリカ合衆国中西部のブランチャードコオロギガエル（*A. blanchardi*）、東部のキタコオロギガエル（*A. crepitans*）、南東部のミナミコオロギガエル（*A. gryllus*）からなる。本属が他のアマガエル亜科の仲間とは異なるのは、染色体を24本ではなく22本もっている点だ。上記の両属とも指先に小さな吸盤状のふくらみをもっており、水かきはほとんど発達していない。コオロギガエル属はその鳴き声から、コオロギを意味するakrisが属名の由来となっている。

左）サエズリアマガエル（*Acris crucifer*）はアメリカ合衆国の35州とカナダの6州に生息している

西インド諸島に生息するズツキガエル属（*Osteopilus*、8種）は中型から大型のカエルで、ジャマイカ島（4種）やイスパニョーラ島（3種）などの大アンティル諸島に見られる。ほとんどは中湿林（用語集参照）にすむが、農園（プランテーション）での生活にも適応している。ジャマイカキイロアマガエル（*O. marianae*）などの種はアナナスに産卵するが、ヒスパニョラワライアマガエル（*O. dominicensis*）は産卵場所として止水または流れの緩い水を好み、地上にいる姿もよく見られる。

ジャマイカキイロアマガエルは「危機（EN）」に指定されているが、近縁種でキューバ、ケイマン諸島、バハマに自然分布するキューバズツキガエル（*O. septentrionalis*）はプエルトリコ、ヴァージン諸島、ハワイ州とフロリダ州に移入されており、皮肉なことに移入先で小型のカエルを捕食したり、競合したりすることで脅威となっている。

上段）ブランチャードコオロギガエル（*Acris blanchardi*）は五大湖からメキシコ湾にかけてのアメリカ合衆国中西部に見られる

丸囲み）キューバズツキガエル（*Osteopilus septentrionalis*）は大型なため、隣り合った電線をまたいでショートさせ、停電を引き起こすこともある

アマガエル科 Hylidae ―― アマガエル亜科 Hylinae
新熱帯区の樹上生ガエル

左）フチドリアマガエル（*Dendropsophus leucophyllatus*）は変異の大きい種で、体色と模様にさまざまなパターンが見られる

右ページ）テキサス州からコスタリカにかけての森林や半砂漠に生息するボーダンメキシコアマガエル（*Sm. baudainii*）は比較的大型の種だ

下）プリンスチャールズアマガエル（*Hyloscirtus princecharlesi*）は2012年に記載され、熱帯雨林の保全活動を支持した当時のチャールズ皇太子を称えて名づけられた

新熱帯区（98ページ参照）のアマガエル科にはかなりの多様性があり、40属近くが存在している。そのなかで6属が中央・南アメリカの両方に分布しており、そのうちの3属は同科でもとくに大きな属であるボアナアマガエル属（*Boana*、98種）、キマダラアマガエル属（*Dendropsophus*、109種）、ナンベイアマガエル属（*Scinax*、129種）だ。ニカラグアからアルゼンチンにかけて生息するボアナアマガエル属はオスの前足に棘が生えており、これを使ってライバルと争うことから"グラディエーター・フロッグ（剣闘士ガエル）"と呼ばれている。そのうち広範囲に分布する種は、パナマからボリビアにかけて生息するオオアマガエル（*B. boans*）などごくわずかしかいない。その他の種の分布はさらに局地的で、たとえばカリブ海に浮かぶ西インド諸島に生息しているのはイスパニョーラ島のロスブラシトスオオアマガエル（*B. heilprini*）とトリニダード島の3種だけだ。

アマガエル亜科のほとんどの種は24本の染色体をもっているが、メキシコからアルゼンチンにかけて見られるキマダラアマガエル属は30本もっている。本属は小さな黄色いカエルで、最も多くの種が生息しているのはブラジル（72種）だ。ナンベイアマガエル属は小型のカエルで、一部の種が上を向いた幅の広い鼻先をもっ

ていることから"snouted treefrog（鼻先が突き出したカエル）"と呼ばれている。メキシコからアルゼンチンにかけて分布し、チュウベイハナヅラアマガエル（*Sc. staufferi*）だけがホンジュラス北部にも生息している。最も広く分布するキアシナンベイアマガエル（*Sc. ruber*）はコロンビアからボリビアまでとトリニダード島に自然分布し、プエルトリコやマルティニーク島、セントルシア島にも移入されている。

足にひだをもつネッタイアマガエル属（*Hyloscirtus*、38種）は他のアマガエル科の仲間にはない分子レベルの類似性をもっているためにまとめられた属で、コスタリカからボリビアにかけて見られる。メキシコからコロンビアにかけて分布するフリソデアマガエル属（*Ecnomiohyla*、12種）は、ネッタイアマガエル属より

もさらに発達したひだを四肢と大きな前後の足の縁にもっている。メキシコアマガエル属（*Smilisca*、9種）はアメリカ合衆国からエクアドルまでの乾燥した砂漠に生息し、脱水を防ぐために地中に掘った穴のなかで過ごす。代表的な種はテキサス州からコスタリカにかけて見られるボーダンメキシコアマガエル（*S. baudainii*）だ。

12種が「深刻な危機（CR）」に指定されており、大西洋にあるブラジルの2つの島の固有種であるアルカトラゼスナンベイアマガエル（*Sc. alcatraz*、アルカトラゼス島）とケイマーダアマガエル（*Sc. peixotoi*、ケイマーダ・グランデ島）や、メキシコのコウチアナホリアマガエル（*Sm. dentata*）、ベネズエラのセロソコポアマガエル（*D. amicorum*）などが含まれる。コロンビアに生息する1種（*D. stingi*）には、ミュージシャンで環境活動家でもある"スティング"ことゴードン・サムナーにちなんだ名前がつけられるべきだろう（訳注：種小名stingiは"スティングの"という意味だが、英名はKaplan's Garagoa treefrogと名づけられている）。

左）オリーブナンベイアマガエル（*Scinax elaeochroa*）はニカラグアからコロンビアにかけて生息する小型のカエルだ

アマガエル科 Hylidae —— **アマガエル亜科** Hylinae

メキシコと中央アメリカの樹上生ガエル

　メキシコのアマガエル科のほとんどは、オアハカ州やゲレーロ州、プエブロ州、ベラクルス州、チアパス州といった南部の熱帯地域の州に生息している。最大の属にしてメキシコの固有属であるニクカンアマガエル属（*Sarcohyla*、26種）の属名は"肉質のカエル"を意味し、腺が多く分厚い皮膚に由来している。標高1500～3100mの高地にあるマツとオークの森林や雲霧林（用語集参照）に生息し、繁殖は小川で行なう。オオクチアマガエル属（*Megastomatohyla*、4種）は小型で鼓膜をもたず鳴かないカエルで、近縁のケイコクアマガエル属（*Charadrahyla*、10種）と同じくメキシコ南部の雲霧林や松とオークの森林に生息している。小型で緑色をした単型属の種、コミミアマガエル（*Rheohyla miotympanum*）はメキシコの固有種で、標高2000mまでの地域に広く分布している。

　メキシコに生息するミドリアマガエル属（*Quilticohyla*、4種）、アナナスアマガエル属（*Bromeliohyla*3種）、チュウベイコウチアマガエル属（*Exerodonta*、10種）、コトヅメアマガエル属（*Plectrohyla*、19種）、チュウベイアマガエル属（*Ptychohyla*、6種）など、いくつかの属は中央アメリカにも分布している。

　ナガレアマガエル属（*Duellmanohyla*、10種）は中部アメリカ（中央アメリカとメキシコ、西インド諸島を含む地域）のアマガエル科の分類を専門としていたウィリアム・デュエルマンにちなんで名づけられた。本属とヤカマシアマガエル属（*Tlalocohyla*、4種）、ヘラクチガエル属（*Triprion*、3種）はメキシコ南部からグアテマラまたはホンジュラスにかけて生息しているが、タマランカナガレアマガエル（*D. uranochroa*）やヤカマシアマガエル（*Tlalocohyla loquax*）、カンムリアマガエル（*Triprion spinosus*）などの数種は中央アメリカ南部にも分布している。カンムリアマガエルは後頭部に冠のような数本の突起をもっているが、近縁種のシャベルヘッドアマガエル（*Triprion spatulatus*）とミナミヘラクチガエル（*Triprion petasatus*）は鼻先が長く平たいため、頭部全体がシャベルのように見える。ヘラクチガエ

左）カンムリアマガエル（*Triprion spinosus*）の後頭部には冠のような骨質の突起があり、これを使って巣穴の入り口を塞ぐ

丸囲み）コスタリカのタマランカナガレアマガエル（*Duellmanohyla uranochroa*）はIUCNレッドリストの「危急（VU）」に分類されている

下）コミミアマガエル（*Rheohyla miotympanum*）は小川や池にすむ、メキシコではよく見られる樹上生ガエルだ

ル属の生息地は乾燥した森林やサバンナだ。

　中央アメリカのアマガエル科でメキシコに生息していないのは2属だけだ。タイセイヨウアマガエル属（*Atlantihyla*、3種）はホンジュラスの2種、グアテマラの1種も固有種で、コスタリカアマガエル属（*Isthmohyla*、14種）はホンジュラス北部に生息するホンジュラスマレアマガエル（*I. insolita*）を除いてコスタリカとパナマにのみ分布している。以上の14属のうち30種が「深刻な危機（CR）」に、35種が「危機（EN）」に指定されている。

アマガエル科 Hylidae ── **アマガエル亜科** Hylinae
南アメリカの樹上生ガエル

南アメリカには中央アメリカには分布していない18属のアマガエル亜科が生息している。最大の属であるボカーマンアマガエル属（*Bokermannohyla*、30種）はブラジルの大西洋岸山脈の固有属で、小川に生息している。イゼクソンアマガエル（*B. izecksohni*）は2004年に絶滅したと考えられていたが、2年後に再発見された"ラザロ種"（64ページ参照）だ。

大きい属としては、他にもアシナガアマガエル属（*Osteocephalus*、27種）、トタテガエル属（*Trachycephalus*、18種）、ブラジルアマガエル属（*Aplastodiscus*、16種）、トガリハナアマガエル属（*Sphaenorhynchus*、15種）がある。アナナスアマガエル属は単型属で、トリニダード島とベネズエラのパリア半島に生息するトリニダードキバアマガエル（*P. auratus*）のみを含む。

右ページ上段）ヨコジマトゲハダアマガエル（*Osteocephalus leprieurii*）は南アメリカ北部でよく見られる樹上生ガエルだ

右ページ中段）オオトガリハナアマガエル（*Sphaenorhynchus lacteus*）は小型のカエルで、鼻先が尖っていることからその名がつけられた

右ページ下段）アベコベガエル（*Pseudis paradoxa*）はオタマジャクシが成体よりもはるかに大きく、変態を経て縮むことが名前の由来となっている

左）ホエゴエアマガエル（*Bokermannohyla hylax*）はブラジルのバイーア州からパラナ州にかけての固有種だ

ドウケガエル属（*Lysapsus*、4種）とアベコベガエル属（*Pseudis*、9種）は水生で、後足には完全に水かきが張っている。ドウケガエル属は飛び出した眼をもつ小型で扁平なカエルで、表面張力によって沈むことなく水面（メニスカス、用語集参照）に浮く。アベコベガエル属は池や沼地の岸に生えた植物のなかに生息している。鮮やかな緑色のアベコベガエル（*P. paradoxa*）の成体の頭胴長は最大で65mmだが、オタマジャクシは体長が最大で270mmにもなり、変態すると小さくなるという逆転現象が起こるため、アベコベガエルと名づけられた。イダテンアマガエル属（*Scarthyla*、2種）も同じく水生で、アマゾンとベネズエラのマラカイボ盆地に見られる。オスはメスより小さく半樹上生で、イネ科やイグサ科の植物に登って鳴くが、そのあいだメスは下に留まっている。本属は小型で体が軽いため、危険を感じると水面に飛び乗り、表面張力を利用して水上を走って安全な場所に逃げることができる。

　"神々の家"を意味するテプイは、ギアナ地方の景観の大部分を占める、低地から険しく立ち上がった山のことで、平らな頂上には植物が生えている。この孤立した"天空の島"の動物相は人々を魅了し、アーサー・コナン・ドイルもロライマ山をモデルにして小説『失われた世界』を書いている。どのテプイもそれぞれ特有のカエルの動物相をもち、コウチアマガエル属（*Myersiohyla*、6種）、テプイアマガエル属（*Tepuihyla*、9種）、カナイマアマガエル（*Nesorohyla kanaima*）などが生息している。

　以上の属のうちイゼクソンアマガエルだけが「深刻な危機（CR）」に指定されており、南アメリカの多くの種は保全状況が不明の「データ不足（DD）」に分類されている。

アマガエル科 Hylidae──オセアニアアマガエル亜科 Pelodryadinae
オーストラリアの樹上生ガエル

下）ズキンアメガエル（*Ranoidea splendida*）は西オーストラリア州のキンバリー地域に生息する大型種だ

オセアニアアマガエル亜科にはオーストラリア、タスマニア島、ニューギニア島、ソロモン諸島、インドネシア、東ティモールに生息する223種が含まれる。どの属を認めるかは専門家によって異なり、亜科を科に昇格して扱う者もいる。

最大の属となるミナミアマガエル属（*Litoria*、103種）のなかでオーストラリアに分布するものは38種で、ずっしりとしたキボシトノサマアメガエル（*L. castanea*）や小さなキタコガタアメガエル（*L. bicolor*）、固有種のタスマニアアメガエル（*L. burrowsae*）などがいる。本属は緑色か茶色をした樹上生のカエルだが、すべての種が樹上生というわけではなく、見た目からして樹上生とはかけ離れたものさえいる。地上生の種としては、尖った鼻先とレーシングカーのストライプのような縞模様、力強い四肢をもつロケットアメガエル（*L. nasuta*）や、林床の落ち葉のなかにすむ、アカガエル科のカエルの幼体のようなヤリナゲアメガエル（*L. microbelos*）などがいる。コプランディイワアメガエル（*L. coplandi*）などの一部の種は崖の岩の隙間に生息し、キンバリーイワアナアメガエル（*L. aurifera*）は同地域の小川や岩間にたまった雨水のなかにすんでいる。オーストラリアの乾燥した低木林には、季節によってできる水路をすみかとするサバクアメガエル（*L. rubella*）というカエルもいる。

イエアメガエル属（*Ranoidea*、72種）にはオーストラリアに生息する50種が含まれている。本属を構成するのは、かつて存在したミズタメガエル属

分布
オーストラレーシア、メラネシア、ウォーレシア（生物地理区の東洋区とオーストラリア区の境界であるウォレス線の東側の地域）、南西太平洋地域。グアム島、ニューカレドニア、ニュージーランドにも移入されている

属
ミナミアマガエル属（*Litoria*）、アミメアマガエル属（*Nyctimystes*）、イエアメガエル属（*Ranoidea*）

生息環境
熱帯雨林、サバンナの林地、温帯林、砂岩質の崖、ヒースの荒野、島、砂漠、耕地、人間の居住地

大きさ
Javelin Frog（*L. microbelos*）のオス16mmからクツワアメガエル（*N. infrafrenatus*）のメス135mmまで

活動
夜行性、薄明薄暮性で樹上生、地上生、水生、半地中生

繁殖
脇つかみで抱接し、卵は水たまりや小川に産み付けられ、自由遊泳性のオタマジャクシが孵化する

144 AUSTRALIAN TREEFROGS

最上段）サバクアメガエル（*Litoria rubella*）はニューギニア島南部の季節的なサバンナにも生息している

上）キンイロアメガエル（*Ranoidea aurea*）はまるで金属のような質感をもった、実に美しい種だ

食性
無脊椎動物
ICUN保全状況
CR（深刻な危機）＝7、EN（危機）＝6、VU（危急）＝7、NT（準絶滅危惧）＝3；危機に瀕している種の割合＝10％

（*Cyclorana*、一部の専門家はいまだに有効性を認めている）に置かれていた地上生ガエルに加え、大型で緑色をした頭の短いイエアメガエル（*R. caerulea*）や、キンバリー地域の砂岩質の崖にすむドウクツアメガエル（*R. cavernicola*）といった、以前はミナミアマガエル属やアメガエル属（*Pelodryas*）に含まれていた多くの種だ。本属にもミナミアマガエル属と同じく、樹上生と地上生のカエルがいる。なかでもとくに目を引くのが、オーストラリア南東部に生息するキンイロアメガエル（*R. aurea*）だ。本種は原産地では絶滅が心配されているものの、ニューカレドニアやニュージーランドなどの太平洋の島々にも移入されている。

　ミズタメガエル（*R. platycephala*）とニシミズタメガエル（*R. occidentalis*）は乾燥地帯に適応した、背中側に寄った眼と鼻孔をもつずんぐりした体のカエルだ。オーストラリア中部の乾燥した環境にすみ、繁殖は雨季に行なう。乾季のあいだは皮膚の外層が水分の喪失を防ぐ不浸透性の膜となり、地中に潜って過ごす。この状態のまま次の雨を待ちながら、膀胱にためた水分で数年間も生き続けることができるのだ。

アマガエル科 Hylidae──オセアニアアマガエル亜科 Pelodryadinae
メラネシアとインドネシアの樹上生ガエル

左）ニューギニア島とオーストラリアのクイーンズランド州に生息するクツワアメガエル（Nyctimystes infrafrenatus）は世界最大の樹上生ガエルだ

右ページ）クイーンズランド州北部のキュランダ村にしか見られないキュランダアメガエル（Ranoidea myola）は、IUCNレッドリストの「深刻な危機（CR）」に指定されている

イエアメガエルやサバクアメガエル、キタコガタアメガエル、ロケットアメガエルなど、オーストラリアに生息する種の多くはニューギニア島南部にも見られる。しかしニューギニア島と周辺の島々には、固有のオセアニアアマガエル亜科の仲間も無数に存在しているのだ。

メラネシアのイエアメガエル属（Ranoidea）には、ニューギニア島からソロモン諸島にかけて広く分布する美しいトレジャリーアメガエル（R. thesaurensis）や、ブカ島からニュージョージア島にかけて生息するソロモンアメガエル（R. lutea）などがいる。

ミナミアマガエル属（Litoria）はふつう横長の瞳孔をもつが、オセアニアアマガエル亜科の3番目の属であるアミメアマガエル属（Nyctimystes、44種）は丸く膨らんだ眼に縦長の楕円の瞳孔をもち、下まぶたに細くはっきりした血管のような網目模様が入るものが多い。

ミナミアマガエル属とイエアメガエル属はオーストラリアに集中し、アミメアマガエル属は基本的にニューギニア島に生息しているが、クツワアメガエル（N. infrafrenatus）はオーストラリアのクイーンズランド州にも見られる。本種は横長の瞳孔をもち、まぶたに網目模様がないため以前はミナミアマガエル属に含まれていたが、分子分析の結果アミメアマガエル属に分類された。メスが頭胴長130mmにも達する、おそらくは世界最大の樹上生ガエルだ。体があまりにも重いため、豪雨が降って木からパプア式の小屋のトタン屋根に飛び移ると、まるでトタン板に当たって跳ね返ってきたテニスボールのような大きな音を立てる。

ニューギニア島のアミメガエル属の仲間は、標高の大きく異なるさまざまな場所に生息している。たとえばパプアオオメガエル（N. papua）はオーウェンスタンリー山脈の標高2600mで記録されており、グラントオオメガエル（N. granti）は南部の低地に見られる。

チモールアメガエル（L. everetti）はインドネシアの小スンダ列島と東ティモールの、タニンバルアメガエル（L. capitula）は南モルッカ諸島の固有種だ。

オセアニアアマガエル亜科では、オーストラリア

のニューサウスウェールズ州に生息するブーロオロングアメガエル（R. booroolongensis）や、いずれもクイーンズランド州のごく限られた地域の固有種であるソーントンハヤセアメガエル（R. lorica）とキュランダアメガエル（R. myola）など7種が「深刻な危機（CR）」に指定されている。

下）アウアアメガエル（Ranoidea auae）の名前は神話に登場するパプア人の族長、パムの娘にちなんで名づけられた

アマガエル科 Hylidae —— **ネコメガエル亜科** Phyllomedusinae

南アメリカの樹上生ガエル

　南アメリカのネコメガエル亜科はオーストラリアのオセアニアアマガエル亜科と近縁で、専門家によっては科として扱うこともある。本亜科はメキシコからアルゼンチンにかけて生息する8属67種で構成されている。ほとんどの種が産んだ卵を魚に食べられないように水の上に張り出した植物の葉に産み付けることから"リーフ・フロッグ（葉のカエル）"と呼ばれているが、卵を狙うネコメヘビ属（Leptodeira）に対しては無防備だ。しかし本亜科のすべての仲間が葉に卵を産むわけではなく、たとえばマルギナータネコメガエル（Phrynomedusa marginata）は岩の隙間に、トラフフリンジアマガエル（Cruziohyla calcifer）は水のたまった樹洞に産卵する。

　アカメアマガエル属（Agalychnis、14種）は中央アメリカと南アメリカ北部に生息し、なかでもアカメアマガエル（A. callidryas）は多くの製品の広告に使われている、よく知られた種だ。大西洋岸森林にすむサメハダアマガエル属（Hylomantis、2種）、ブラジルネコメガエル属（Phasmahyla、8種）、シエラドマールアマガエル属（Phrynomedusa、6種）

分布
メキシコ、中央・南アメリカ

属
アカメアマガエル属（Agalychnis）、カッリメデューサ属（Callimedusa）、フリンジアマガエル属（Cruziohyla）、サメハダアマガエル属（Hylomantis）、ブラジルネコメガエル属（Phasmahyla）、シエラドマールアマガエル属（Phrynomedusa）、ネコメガエル属（Phyllomedusa）、ピテコプス属（Pithecopus）

生息環境
熱帯雨林

大きさ
チャマダラネコメガエル（Ca. atelopides）のオス37mmからフタイロネコメガエル（Phyllomedusa bicolor）のメス113mmまで

活動
夜行性で樹上生

繁殖
脇つかみで抱接し、卵は水上に張り出した葉の上か、一部の種では小さな水たまりや岩の隙間に産み付ける。孵化したオタマジャクシは自由遊泳をする

食性
無脊椎動物

ICUN保全状況
EX（絶滅）=1、CR（深刻な危機）=1、EN（危機）=3、VU（危急）=2、NT（準絶滅危惧）=2；危機に瀕している種の割合=10%

148　SOUTH AMERICAN LEAF-FROGS

上）おそらく世界で最も多く撮影されているカエルの種である、象徴的なアカメアマガエル（*Agalychnis callidryas*）

下）大型のトラフフリンジアマガエル（*Cruziohyla calcifer*）は、オタマジャクシが水生の捕食者から隠れられるように水のたまった樹洞や窪みに産卵する

はすべてブラジルの固有属である。

　ネコメガエル属（*Phyllomedusa*、16種）とピテコプス属（*Pithecopus*、12種）の仲間は前後の足の第1指（親指）を他の指と向かい合わせることができ、枝をつかんで体を持ち上げ、ゆっくりと植物のなかを歩くところから"モンキー・フロッグ（サルガエル）"と呼ばれている。*Pithecopus*という属名は"サルのような"という意味だ。多くの種は捕食を避けるために皮膚から毒を分泌する。アメリカの先住民はフタイロネコメガエル（*Phyllomedusa bicolor*）の分泌物を使い、幻覚を引き起こして多幸感を得たり、狩りに役立てたりしてきた。分泌物は捕食者避けのためだけではない。ソバージュネコメガエル（*Phyllomedusa sauvagii*）は日中に枝の上で眠るとき、蝋のような分泌物を後肢で全身に塗りつけ、水分の喪失を抑える。さらに、爬虫類のように尿酸を排出することによっても水分を保持しているのだ。

　カッリメデューサ属（*Callimedusa*、6種）はトラアシネコメガエル（*Ca. tomopterna*）をはじめとして樹上生だが、同属にはチャマダラネコメガエル（*Ca. atelopides*）のようにヒキガエルに似た地味な体色で落ち葉のなかにすむ種もいる。

　シエラドマールアマガエル（*Phrynomedusa fimbriata*）は生息地が1カ所しか知られていなかったが、現在はすでに絶滅したと考えられており、局地的に分布するカエルの辿り得る運命を暗示している。パナマとコスタリカに生息するシロメアマガエル（*A. lemur*）は「深刻な危機（CR）」に指定されており、本亜科では他に3種が「危機（EN）」に分類されている。

ツノガエル科 Ceratophrynida
ツノガエル、タピオカガエル

ツノガエル科は南アメリカに生息するツノガエル属（*Ceratophrys*、8種）、タピオカガエル属（*Lepidobatrachus*、3種）、そしてチャコガエル（*Chacophrys pierottii*）のみからなる単型属のチャコガエル属（*Chacophrys*）の3属で構成されている。本科のカエルはアフリカウシガエル属（*Pyxicephalus*、180ページ参照）と並んで大食いとして知られており、ペット市場で人気がある。なんでも食べるテレビゲームのキャラクターにちなんで、"パックマンフロッグ"と呼ばれることも多い。

ツノガエル科のほとんどの種は大型で、最大種はブラジルツノガエル（*Ce. aurita*）。ブラジルの大西洋岸森林に生息し、メスは頭胴長170mm以上にもなる。その他の主な種としては、アマゾンツノガエル（*Ce. cornuta*）やアルゼンチン北部とブラジル南部のパンパ（草原）に生息するベルツノガエル（*Ce. ornata*）、パラグアイとアルゼンチンのグランチャコ地域に見られるクランウェルツノガエル（*Ce. cranwelli*）などがいる。グランチャコにはチャコガエル（*Ch. pierottii*）も生息し、さらにボリビアとパラグアイまで分布している。タピオカガエル属の2種、キメアラタピオカガエル（*L. asper*）とマ

分布
南アメリカ

属
ツノガエル属（*Ceratophrys*）、チャコガエル属（*Chacophrys*）、タピオカガエル属（*Lepidobatrachus*）

生息環境
熱帯雨林、河谷林、グランチャコのサバンナの林地、乾燥した低木林、沼沢

大きさ
チャコガエル（*Ch. pierottii*）のオス50mmからブラジルツノガエル（*Ce. aurita*）の178mmまで

活動
夜行性で地上生、水生

繁殖
脇つかみで抱接し、多数の卵を水中に産む。オタマジャクシは自由遊泳性

食性
カエル、トカゲ、ヘビ、齧歯類などの脊椎動物と大型の無脊椎動物

ICUN保全状況
VU（危急）＝1、NT（準絶滅危惧）＝2；危機に瀕している種の割合＝25％

上）マルメタピオカガエル（*Lepidobatrachus laevis*）は大型で食欲旺盛なカエルで、眼が背中側についているため、ほぼ完全に水中に潜ったまま辺りを見ることができる

左ページ）ベルツノガエル（*Ceratophrys ornata*）は待ち伏せ型の捕食者で、口に入るものならなんでも捕らえようとする

下）チャコガエル（*Chacophrys pierottii*）は成体になるとほとんどの時間を地中で過ごし、豪雨のあとにのみ繁殖のため姿を現す

ルメタピオカガエル（*L. laevis*）も同じくグランチャコに生息している。

　ツノガエル属は大型のずんぐりしたカエルで、非常に広い口をもち、頭頂に位置する大きな眼の上には肉質の角が生えている。緑色と茶色のはっきりとした模様が入るのがふつうだ。チャコガエルはそれよりも小型で外見が似ているが角はなく、タピオカガエル属はより扁平な体つきでふつうは単色をしており、眼が上向きについているため角をもたない。この眼のつきかたから、浅い水中で獲物を狩る捕食者であることがわかる。

　本科の仲間は乾季には地中で夏眠し、雨が降ると地上に現れて水たまりで繁殖と狩りをする。食欲旺盛で待ち伏せに長けており、他のカエルやトカゲ、ヘビ、齧歯類をはじめ、自身と同じサイズの獲物まで捕らえることもある。その口には大きな歯が並んでおり、噛む力は小型の肉食哺乳類にも匹敵するほどだ。絶滅した近縁種で白亜紀後期のマダガスカルに生息していたベールゼブフォ（*Beelzabufo ampinga*）は、小型のワニや恐竜をも捕食していたらしい。ツノガエル属とタピオカガエル属のオタマジャクシは肉食だが、チャコガエル属のオタマジャクシは植物やデトリタス（12ページ参照）を食べる。1種が「危急（VU）」に、2種が「準絶滅危惧（NT）」に指定されている。

パタゴニアガエル科 Batrachylidae
パタゴニアとアンデス山脈のカエル

パタゴニアガエル科は、かつてはツノガエル科に属する亜科だった。チリ南部とアルゼンチン南西部に生息する4属12種で構成されている。

ハヤシガエル属（*Batrachyla*、5種）はナンキョクブナ（*Nothofagus*）が茂るバルディビア温帯林や湿地に生息している。マダラハヤシガエル（*B. antartandica*）、フタスジハヤシガエル（*B. taeniata*）、ハイイロハヤシガエル（*B. leptopus*）はチリとアルゼンチンの両国に生息し、同じ場所で見られる（同所性、用語集参照）こともあるが、オスの鳴き声が異なるため交雑することはない。マダラハヤシガエルは緑色、茶色、黄色の斑紋が目立つカエルだ。ニバルドハヤシガエル（*B. nibaldoi*）はチリの固有種で、パタゴニア原産のパタゴニアヒバ（*Fitzroya cupressoides*）にちなんだ種小名をもつメネンデスハヤシガエル（*B. fitzroya*）は、

左）マダラハヤシガエル（*Batrachyla antartandica*）はアルゼンチンとチリのバルディビア温帯林に生息している

右ページ）ミナミブナガエル（*Hylorina sylvatica*）はパタゴニアガエル科の最大種だ。日中はエメラルドグリーンの体色をしているが、夜間には暗緑色に変わる

分布
チリ、アルゼンチン

属
パタゴニアガエル属（*Atelognathus*）、ハヤシガエル属（*Batrachyla*）、プエルトエデンガエル属（*Chaltenobatrachus*）、ミナミブナガエル属（*Hylorina*）

生息環境
ナンキョクブナが茂る低地と山地のバルディビア温帯林、湿地、庭、農地

大きさ
マダラハヤシガエル（*B. antartandica*）の25mmからミナミブナガエル（*H. sylvatica*）の75mmまで

活動
夜行性で地上生、樹上生、水生、半水生

繁殖
脇つかみ、ときに股つかみで抱接する。卵は水中か地上に産み付けられ、オタマジャクシは洪水時に水のなかに入る

食性
小型の無脊椎動物

ICUN保全状況
CR（深刻な危機）=1、EN（危機）=1、VU（危急）=3；危機に瀕している種の割合=42%

アルゼンチンのメネンデス湖に浮かぶグランデ島の固有種だ。ハヤシガエル属は岩や倒木の下に見られるが、木に登ることもある。卵は洪水が起こりやすい地域の地面に産み付けられ、オタマジャクシは氾濫した水のなかで成長する。

山地性のパタゴニアガエル属（Atelognathus、5種）は、アンデス山脈の標高500～1500mの斜面とパタゴニアの玄武岩質の湖に生息する。パタゴニアガエル（A. patagonicus）、サパラパタゴニアガエル（A. praebasalticus）、ゴマダラパタゴニアガエル（A. reverberii）、チャマダラパタゴニアガエル（A. solitarius）はアルゼンチンの、ニトパタゴニアガエル（A. nitoi）はチリの固有種だ。パタゴニアガエル属には2種類の形態型が存在する。水生型は大きな水かきをもっており、皮膚には水中での呼吸を促進する、血管が張り巡らされたひだがある。沿岸型はより乾燥した環境に見られ、水生型のような特徴をもたない。

残りの属は単型属で、いずれもチリとアルゼンチンの両国に分布している。プエルトエデンガエル（Chaltenobatrachus grandisonae）はずんぐりとした頭の短いカエルで、緑色の体に赤みがかったイボがあり、アルゼンチンの2カ所とチリのウェリントン島に生息している。卵は小さな塊で、水中の岩の上に産み付ける。ミナミブナガエル（Hylorina sylvatica）も緑色のカエルだが赤褐色の太い縞が入り、水かきのない長い指をもっている。池や沼地にすむが、繁殖期以外は倒木の下で過ごす。

パタゴニアガエルは「深刻な危機（CR）」に、サパラパタゴニアガエルは「危機（EN）」に指定されており、移入された侵略的外来種のマスが、生存するうえでの大きな脅威となっている。

ミズガエル科 Telmatobiidae
ミズガエル

　ミズガエル科には完全または半水生のミズガエル属（*Telmatobius*、61種）のみが含まれ、エクアドルからアルゼンチン、チリに至る"南アメリカ大陸の背骨"ことアンデス山脈に生息している。チリのチリミズガエル（*T. arequipensis*）やペルーのアカンコチャミズガエル（*T. jelskii*）など一部の種は標高4500mまでの地域に生息するが、アマブレマリアミズガエル（*T. brachydactylus*）に至ってはペルーのフニン湖に流れ込む標高4000～6000mの川に生息しており、世界で最も標高の高い場所にすむ両生類といえるだろう。フニン湖にすむ記録破りの種はそれだけではない。フニンミズガエル（*T. macrostomus*）は頭胴長300mにもなるミズガエル属の最大種で、世界でも3番目の大きさを誇るカエルだ。

　本属で2番目に大きいカエルがチチカカミズガエル（*T. culeus*）だ。繁殖は浅瀬で行なうが、潜水の名手で水深120mにまで達したこともあり、これもカエルとしては世界記録となる。本種は皮膚が極度にたるんでいるため、ガス交換が可能な表面積が大きく、長時間水中に潜ったままでいられるのだ。ペルーとボリビアの国境にまたがるチチカカ湖は南アメリカ最大の湖で、人口密度の高い地域に位置している。この湖にすむカエルは移入種であるニジマス（*Oncorhynchus mykiss*）に捕食されたり、人間の食用として採取されたりしている。他にも水

分布
南アメリカのアンデス山脈

属
ミズガエル属（*Telmatobius*）

生息環境
アンデス山脈の標高1000～6000mの湖、川、湿地

大きさ
アンデスミズガエル（*T. ventriflavum*）のオス48.5mmからフニンミズガエル（*T. macrostomus*）の300mmまで

活動
夜行性で水生、半水生

繁殖
脇つかみで抱接する。浅瀬で繁殖し、最大500個の卵を産む

食性
水生無脊椎動物、とくに甲虫や甲殻類

ICUN保全状況
CR（深刻な危機）＝22、EN（危機）＝21、VU（危急）＝9、NT（準絶滅危惧）＝2；危機に瀕している種の割合＝89％

左ページ）潜水が得意なチチカカミズガエル（*Telmatobius culeus*）は水質汚染や移入種のマス、食用としてやペット取引のための採取が原因で「危機（EN）」に指定されている

上）ユラカレミズガエル（*Telmatobius yuracare*）は絶滅こそ免れたものの、同科の1/3の種とともに「深刻な危機（CR）」に指定されている

丸囲み）チュスミサミズガエル（*Telmatobius chusmiensis*）はチリ国内のアンデス山脈の、標高1880〜4500mにある半砂漠地帯に生息する小個体群としてしか知られていない

質汚染や生息地の消失、カエルツボカビ症などの脅威にもさらされている。

　アマブレマリアミズガエル、フニンミズガエル、チチカカミズガエルは「危機（EN）」に指定されているが、もう何十年も目撃されていないエクアドルの3種とボリビアの7種のほうが状況はさらに深刻だ。すでに絶滅したと思われるにもかかわらず、IUCNが「深刻な危機（CR）」に分類しているのは、ボリビアのユラカレミズガエル（*T. yuracare*）のように"ラザロ種"（絶滅したと思われていたが再発見された種）として復活する希望をこめてのことだろう。ユラカレミズガエルは「野生絶滅（EX）」として飼育下の1匹のオスだけが知られていたが、2019年に野生下で再発見されている。

ツノアマガエル科 Hemiphractidae
新熱帯区の有袋ガエルとツノアマガエル

ツノアマガエル科は共通した繁殖方法をもつ6属119種で構成されている。本科の仲間はメスが受精卵を2種類の異なる方法で背中に乗せて運ぶことから、"backpack frog（背負い袋のカエル）"や"marsupial frog（有袋ガエル）"と呼ばれている。

コロンビア、ベネズエラ、トリニダード島に生息するコモリアマガエル属（*Flectonotus*、2種）、ブラジルの大西洋沿岸に生息するノリヅケアマガエル属（*Fritziana*、7種）、コスタリカからアルゼンチンまで広く分布するフクロアマガエル属（*Gastrotheca*、77種）は、メスの背中に卵を入れて育てるための特殊な袋があることから"marsupial frog（有袋ガエル）"と呼ばれている。種によって卵から成長の進んだオタマジャクシが孵化するものもいれば、直接発生をして子ガエルが産まれるものもいる。

残る3属、コロンビアのセオイガエル

左）アナナスにたまった水に成長したオタマジャクシを放つコモリアマガエル（*Flectonotus pygmaeus*）のメス

分布
中央アメリカ南部、南アメリカのアンデス山脈

属
セオイガエル属（*Cryptobatrachus*）、コモリアマガエル属（*Flectonotus*）、ノリヅケアマガエル属（*Fritziana*）、フクロアマガエル属（*Gastrotheca*）、ツノアマガエル属（*Hemiphractus*）、コヅレガエル属（*Stefania*）

生息環境
低地と山地の熱帯雨林

大きさ
トゥクチェコモリアマガエル（*Fl. fitzgeraldi*）のオス19mmからスピックスツノアマガエル（*H. scutatus*）のメス81mmまで

活動
夜行性で半樹上生、樹上生、地上生

繁殖
メスが卵を背中に乗せて運び、卵は自由遊泳性のオタマジャクシか子ガエルの形で孵化する

食性
熱帯雨林の節足動物、軟体動物、ミミズ。ツノアマガエル属では他のカエルやトカゲ

ICUN保全状況
CR（深刻な危機）＝6、EN（危機）＝24、VU（危急）＝19、NT（準絶滅危惧）＝9；危機に瀕している種の割合＝49%

属（*Cryptobatrachus*、5種）とアンデス山脈に生息するツノアマガエル属（*Hemiphractus*、9種）、ギアナ地方（100ページ参照）のコヅレガエル属（*Stefania*、19種）のメスは背中に袋をもたず、代わりに背中の窪みに卵を乗せて運ぶ。直接発生し、孵化した子ガエルはさらに成長するまでそのままメスの背中の上で過ごす。

　ツノアマガエル科は夜行性で、低地と山地の熱帯雨林に生息している。ツノアマガエル属は地上生または半樹上生で、角の生えた奇妙なカエルだ。兜（かぶと）のような大きな頭は、鼻先の肉質の突起と後ろ向きの1対の突起を頂点とした三角形をしている。シマアシツノアマガエル（*H. fasciatus*）などの種はこうした特徴に加え、大きな鼓膜をもち、大きな眼の上にも肉質の突起があり、上顎には牙にも似た歯が生えているため、まるで小さなドラゴンのように見える。この鎧を着たようなカエルたちは、他のカエルや小型のトカゲをエサにしている。

　フクロアマガエル属には多様な種がおり、たとえばギュンターフクロアマガエル（*G. guentheri*）は、上下の顎に本当の歯をもつ唯一の現生ガエルとして知られている変わった種だ。カエルの下顎の歯は2億年前に消失したと考えられており、さらにドロの法則（不可逆則）によれば、一度失われた構造がその後の進化において再び元に戻ることはない。ギュンターフクロアマガエルはこの法則に逆らって、下顎には牙のような小さな歯がずらりと並んでいるのだ。フクロアマガエル属の4種とツノアマガエル属の2種が「深刻な危機（CR）」に指定されている。

上段）ジョンソンツノアマガエル（*Hemiphractus johnsoni*）は高地の雲霧林にすむ種だ

中段）「危機（EN）」に指定されているツノフクロアマガエル（*Gastrotheca cornuta*）は背中の袋に卵を入れて運ぶ

下段）エバンスコヅレガエル（*Stefania evansi*）のメスは背中一面にある小さな窪みに卵を乗せて運ぶ

157

コガネガエル科 Brachycephalidae
コガネガエル、ホソスネガエル

左）ごく小さなイゼクソンコガネガエル（*Brachycephalus izecksohni*）は落ち葉のなかでもよく目立つが、致死性の皮膚毒をもつため捕食者は近寄らないほうが賢明だろう

右ページ）落ち葉のなかにすむホルトオイハギガエル（*Ischnocnema holti*）はブラジル・リオデジャネイロ州の山地林に広く分布する一般的なカエルだ

コガネガエル科はコガネガエル上科（Brachycephaloidea、Terraranaとされる場合も）の名前の由来となっている、南アメリカに生息するカエルの仲間だ。ブラジル南東部の大西洋岸森林とナンヨウスギ（*Araucaria*）の森林に固有の2属77種で構成されている。

コガネガエル属（*Brachycephalus*、38種）は"pumpkin toadlet（カボチャガエル）"や、体が小さいことから"flea frog（ノミのカエル）"としても知られている。2種類の形態型があり、外敵に見つかりにくい隠蔽模様が入った滑らかな皮膚をもつものと、分泌物にテトロドトキシンに似た神経毒が含まれることを知らせる、鮮やかな警告色をしたしわだらけの皮膚をもつものがいる。ほとんどの種は前後肢の指の数が通常より少ない。

コガネガエル属は林床の落ち葉のなかにすんでいるが、丈の低い植物に登ることもある。メスは少数の大きな卵を落ち葉のなかに産み、卵からは直接発生を経て小さな子ガエルが孵化する。

本属にはマメコガネガエル（*B. didactylus*）やイ

分布
ブラジル南東部、アルゼンチン北東部

属
コガネガエル属（*Brachycephalus*）、ホソスネガエル属（*Ischnocnema*）

生息環境
低地と山地の熱帯雨林

大きさ
ブラジルマメコガネガエル（*B. pulex*）の8.4mmからギュンターホソスネガエル（*I. guentheri*）の54mmまで

活動
昼行性だが、おそらく夜間にも活動する。地上生、半地中生、樹上生

繁殖
股つかみ、のちに脇つかみで抱接する。卵は落ち葉のなかに産み付けられ、直接発生をして子ガエルが孵化する

食性
昆虫、クモ、多足類、甲殻類、軟体動物などの林床にすむ小型の無脊椎動物

ICUN保全状況
NT（準絶滅危惧）＝3；危機に瀕している種の割合＝4％

158 BRAZILIAN SADDLEBACK & PUMPKIN TOADLETS, FLEA FROGS & ROBBER FROGS

オウマメコガネガエル（B. sulfuratus）、ブラジルマメコガネガエル（B. pulex、pulex＝ノミ）などが含まれる。ブラジルマメコガネガエルは成体の最大サイズが同科のなかで最も小さい（頭胴長8.4mm）ことで知られている。警告色をもつものとしては、アリピオコガネガエル（B. alipioi）、コガネガエル（B. ephippium）、イゼクソンコガネガエル（B. izecksohni）などがおり、いずれも絶滅したコスタリカのオスアカヒキガエル（Incilius periglenes、128～129ページ参照）をごく小さくしたような姿をしている。

ホソスネガエル属（Ischnocnema、39種）はコガネガエル属と同じくブラジル南東部の固有属だが、ヘンセルオイハギガエル（I. henselii）はアルゼンチンのミシオネス州北部にも生息している。本属は落ち葉のなかでの生活に適した隠蔽模様をもつが、木に登ることもある。

ギュンターホソスネガエル（I. guentheri）とジラードコガタオイハギガエル（I. parva）はコガネガエル属と同様に直接発生をし、指の数も少ない。両属のなかで「準絶滅危惧（NT）」より深刻なカテゴリーに指定されている種はいないが、多くの種が「情報不足（DD）」であることが、実際の保全状況を不確かなものにしている。

シノビガエル科 Ceuthomantidae
シノビガエル

シノビガエル科はシノビガエル属（*Ceuthomantis*、4種）のみを含む、カエル亜目のなかでも最小の科の1つだ。ベネズエラ、ガイアナ、ブラジル北部にまたがる太古に形成されたギアナ高地の、テプイと呼ばれる頂上が平らな山に生息している。

アラカムニシノビガエル（*C. aracamuni*）はネブリナ山脈にある標高1600mのアラカムニ山に生息している。そこから120km東のタピラペコ山脈にあるタマクアリ山では、標高930〜1270mに広がる山地林にタピラペコシノビガエル（*C. cavernibardus*）が見られる。さらに350km北に行くと標高1100〜1375mにサリサリニャーマシノビガエル（*C. duellmani*）が生息し、そこから450km東の、ガイアナとブラジルの国境にそびえるアヤンガンナ山とコピナング山にはカマナシノビガエル（*C. smaragdinus*）がすんでいる。

シノビガエル属は緑色のカエルだが、縞だけが緑色の場合もある。指の吸盤には切れ込みがあり、頭は細い。鋤骨歯はなく、オスは抱接の際にメスをつかむための婚姻瘤をもたない。日中に鳴くという点でも変わったカエルだが、タピラペコシノビガエルは洞窟のなかで鳴くという報告もある。2種が「危急（VU）」、1種が「準絶滅危惧（NT）」に指定されており、残る1種は「情報不足（DD）」となっている。

左）カマナシノビガエル（*Ceuthomantis smaragdinus*）はガイアナとブラジルの国境上にある2つの山にしか生息していない

分布
ベネズエラ、ブラジル、ガイアナ

属
シノビガエル属（*Ceuthomantis*）

生息環境
山地の湿潤な熱帯雨林、テプイ、洞窟

大きさ
カマナシノビガエル（*C. smaragdinus*）の20mmからタピラペコシノビガエル（*C. cavernibardus*）の32mmまで

活動
昼行性で地上生、洞窟生

繁殖
地上に大型の卵を産む。直接発生でオタマジャクシの段階を経ずに子ガエルが孵化すると思われるが、観察例はない

食性
不明、おそらく無脊椎動物

ICUN保全状況
VU（危急）＝2、NT（準絶滅危惧）＝1；危機に瀕している種の割合＝75％

オヤユビコヤスガエル科　Craugastoridae
コヤスガエル

右）コスタリカとパナマに生息するエバーグリーンドロボウガエル（*Craugastor gollmeri*）は撹乱（人為的または自然的要因によって生態系が破壊されること）された生息地にもよく適応するが、同属の他の仲間は適応力が低く、「絶滅（EX）」や「深刻な危機（CR）」、「危機（EN）」などに指定されている

　オヤユビコヤスガエル科は2属で構成されているが、オオグチガエル科（Strabomantidae）を本科に含める専門家もいる。オヤユビコヤスガエル科の仲間は"robber frog（泥棒ガエル）"、"rain frog（雨のカエル）"、"dirt frog（泥のカエル）"、"stream frog（小川のカエル）"などと呼ばれている。科名の由来となったオヤユビコヤスガエル属（*Craugastor*、126種）はメキシコと中央アメリカに分布しているが、ホエオヤユビコヤスガエル（*C. augusti*）はアメリカ合衆国南西部にも生息している。最も南に分布する種ツラナガドロボウガエル（*C. longirostris*）で、エクアドルの太平洋沿岸に生息している。本属の分布する標高域は、ユカタンドロボウガエル（*C. yucatanensis*）の0mから、メキシコのゲレーロ州に生息するピンオークドロボウガエル（*C. saltator*）の3240mまでとなる。

　ブラジルコヤスガエル属（*Haddadus*、3種）はブラジルの大西洋岸森林の固有属で、イグアスブラジルコヤスガエル（*H. plicifer*）はペルナンブコ州に、ツチイロブラジルコヤスガエル（*H. binotatus*）はバイーア州からリオグランデ・ド・スル州にかけて生息している。

　本科のほとんどの種は直接発生するが、ヒロズアメフリガエル（*C. laticeps*）は卵ではなく直接オタマジャクシを産むと考えられている。ユカタンドロボウガエルは地上だけでなく樹上でも生活する。

　ホンジュラスに生息していたコパンドロボウガエル（*C. anciano*）はすでに絶滅しており、オヤユビコヤスガエル属の15種が「深刻な危機（CR）」に、10種が「危機（EN）」に指定されている。

分布
アメリカ合衆国南部、メキシコ、中央アメリカ、コロンビア、エクアドル、ブラジル

属
オヤユビコヤスガエル属（*Craugastor*）、ブラジルコヤスガエル属（*Haddadus*）

生息環境
低地と山地の熱帯雨林、小川、岩石露頭

大きさ
カンデラリアドロボウガエル（*C. candelariensis*）の13mmからオオズオヤユビコヤスガエル（*C. megacephalus*）の70mmまで

活動
夜行性、昼行性で地上生。一部の種（*C. andi*、*C. batrachylus*、ユカタンドロボウガエル（*C. yucatanensis*））は樹上生でもある

繁殖
直接発生し、落ち葉のなかに産み付けた卵から子ガエルが孵化する。卵の段階を経ずにオタマジャクシを産むものもいる（ヒロズアメフリガエル（*C. laticeps*））

食性
落ち葉のなかにすむ無脊椎動物

ICUN保全状況
EX（絶滅）＝1、CR（深刻な危機）＝15、EN（危機）＝10、VU（危急）＝7、NT（準絶滅危惧）＝1；危機に瀕している種の割合＝25%

ROBBER FROGS, RAIN FROGS & DIRT FROGS　161

オオグチガエル科 Strabomantidae —— ブラジルヤマガエル亜科 Holoadeninaeと
ホソユビヤマガエル亜科 Hypodactylinae

ブラジルヤマガエル、ホソユビヤマガエル

一部の専門家はオオグチガエル科の属をオヤユビコヤスガエル科に含めているが、他の専門家は4亜科からなる1つの科として扱っている。

ブラジルヤマガエル亜科は南アメリカに広く分布し、アンデス山脈の中〜高標高域（4200mまで）に生息している。この亜科にはボリビアとペルーに分布するミクロケイラ属（*Microkayla*、25種）、ペルーの固有属であるアンデスコケガエル属（*Bryophryne*、11種）、そしてインカガエル属（*Psychrophrynella*、5種）とクスコガエル属（*Qosqophryne*、3種）などが含まれている。いずれも小型で隠蔽模様をもったカエルで、直接発生し、雲霧林や低林、プーナ（用語集参照）に生息している。アンデスコケガエル属の属名*Bryophryne*は"コケのカエル"を意味し、インカガエル属の属名*Psychrophrynella*にはアンデス山脈の高所にすむことから"小さな冷たいカエル"という意味がある。クスコガエル属はケチュア語（現在は中央アンデスで使われている、インカ帝国の公用語だった言語）でインカ帝国の首都クスコを意味するQosqoから"クスコのカエル"と名づけられ、ミクロケイラ属はケチュア語でカエルを意味するkaylaから"小さなカエル"と名づけられている。これらの属のカエルは小型で低温に適応しており、ほとんどの種は隠蔽色をしているが、なかにはイルマンアンデスガエル（*Microkayla illimani*）のように同じ個体群のなかでも一部の個体が鮮やかな黄色になることがある。

ブラジルヤマガエル亜科のノーブルガエル属（*Noblella*、17種）もエクアドルからボリビアにかけての

上段) イルマンアンデスガエル（*Microkayla illimani*）は低温に適応したごく小型の種で、ボリビアの1カ所の谷に生息している。ふつうは隠蔽色をしているが、鮮やかな黄色の個体もいる

凡例：(1) ブラジルヤマガエル亜科（赤）、(2) ホソユビヤマガエル亜科（青）

分布
南アメリカ北部

属
(1) ゴウトウガエル属（*Bahius*）、サベジガエル属（*Barycholos*）、アンデスコケガエル属（*Bryophryne*）、コツブガエル属（*Euparkerella*）、ブラジルヤマガエル属（*Holoaden*）、ミクロケイラ属（*Microkayla*）、ノーブルガエル属（*Noblella*）、インカガエル属（*Psychrophrynella*）、クスコガエル属（*Qosqophryne*）、(2) ニセフォロガエル属（*Niceforonia*）

生息環境
低地の熱帯雨林、二次林（山火事や伐採などで原生林が破壊されたあとに生じる森林）、河谷林、湿潤な山地林、低林、セラード、カカオ農園（ゴウトウガエル属）、雲霧林や高地の草原（ニセフォロガエル属）

大きさ
(1) アンデスコガタノーブルガエル（*No. pygmaea*）のオス11mmからアナホリブラジルヤマガエル（*H. pholeter*）のメス48mmまで、(2) サンタンデールガエル（*Ni. nana*）の21mmからプトゥマヨニセフォロガエル（*Ni. dolops*）のメス58mmまで

活動
昼行性、夜行性。地上生で落ち葉のなかやアナナスにすむ

繁殖
メスは大型の卵を小さな塊で産

上）畜牛の過放牧や焼畑による生息地の改変の影響で「危機（EN）」に指定されているヒフセンニセフォロガエル（*Niceforonia adenobrachia*）は、コロンビアのパラモと呼ばれる高地に生息している

左ページ下段）ロレトノーブルガエル（*Noblella myrmecoides*）はアマゾンにすむ非常に小型のカエルで、その小ささから"アリのような"を意味する*myrmecoides*という種小名がつけられた

んで保護することから、直接発生をすると考えられている
食性
落ち葉のなかにすむ無脊椎動物
ICUN保全状況
ブラジルヤマガエル亜科　CR（深刻な危機）＝15、EN（危機）＝7、VU（危急）＝11、NT（準絶滅危惧）＝1；危機に瀕している種の割合＝38％
ホソユビヤマガエル亜科　EN（危機）＝5、VU（危急）＝3、NT（準絶滅危惧）＝1；危機に瀕している種の割合＝60％

アンデス山脈に生息しているが、ごく小型のロレトノーブルガエル（*No. myrmecoides*）はアマゾンの低地に分布している。アンデスコガタノーブルガエル（*No. pygmaea*）のオスはアンデス山脈にすむカエルのなかで最小だ。

ブラジル南東部の大西洋岸の森林にはブラジルヤマガエル亜科の3属が生息している。コツブガエル属（*Euparkerella*、5種）は小型のずんぐりしたカエルで、滑らかな皮膚と尖った鼻先をもち、より大型のブラジルヤマガエル属（*Holoaden*、4種）は背中に水ぶくれのような腺がある。きわめて小型で隠蔽模様をもったバーイアゴウトウガエル（*Bahius bilineatus*）は単型属の種で、アナナスに生息する。

同じくブラジルヤマガエル亜科のサベジガエル属（*Barycholos*、2種）には、エクアドルの太平洋岸の低地にすむビレイサベジガエル（*B. pulcher*）とブラジル中南部に散在するセラードサベジガエル（*B. ternetzi*）が含まれる。両種とも小型で隠蔽色をしており、落ち葉のなかに見られる。ブラジルヤマガエル亜科ではミクロケイラ属の8種と、ブラジルヤマガエル属とインカガエル属から各1種の計10種が「深刻な危機（CR）」に指定されている。

ホソユビヤマガエル亜科にはニセフォロガエル属（*Niceforonia*、15種）のみが含まれる。属名は人生の多くをコロンビアでの爬虫類と両生類の研究に捧げた、フランス人のカトリック司祭ニセフォロ・マリア（1880〜1980年）にちなんだものだ。頭が短くずんぐりした隠蔽色のカエルで、アマゾン川上流域の丘陵地帯からアンデス山脈の高所（標高1000〜3850m）にかけて見られる。5種が「危機（EN）」に指定されている。

オオグチガエル科 Strabomantidae —— コダマガエル亜科 Pristimantinae

コダマガエル、アンデスガエル

下）カワリコダマガエル（*Pristimantis espedus*）は熱帯雨林にすむ非常に小さなカエルで、フランス領ギアナとスリナムに古くから存在するギアナ高地（盾状地とも）に生息している

コダマガエル亜科は7属で構成されている。ほとんどの種が小型だが、亜科名の由来となったコダマガエル属（*Pristimantis*）は603種を含む、脊椎動物の属としては世界最大の属であり、さらに毎年平均19種が新種として記載され続けている。本属は一般に"rainfrog（雨のカエル）"や"robber frog（泥棒ガエル）"と呼ばれ、ホンジュラスからアルゼンチン北部にかけて分布している。きわめて多様な属で、アマガエルに似たものもいれば、アカガエルに似たものもおり、さらにはヒキガエルのようなものもいる。シャーロットヴィルリンショウガエル（*Pr. charlottevillensis*）とトバゴリンショウガエル（*Pr. turpinorum*）の2種がトバゴ島の固有種で、ウリチリンショウガエル（*Pr. urichi*）はトリニダード島にも生息する。グラナダリンショウガエル（*Pr. euphronides*）とセントビンセントガエル（*Pr. shrevei*）は小アンティル諸島にのみ分布している。

コダマガエル属はいくつかの種が同じ場所に生息している場合が多いが、占めるニッチが異なる。ほとんどの種は指先に大きな吸盤状のふくらみをもっていながらも地上生だが、コロンビアとエクアドルに生息するチョウキンガエル（*Pr. subsigillatus*）や、ペルーのロレト県に生息するパディアルミドリガエル（*Pr. padiali*）のように樹上生の種もいる。

分布
中央・南アメリカ

属
リンチガエル属（*Lynchius*）、ヤマスソガエル属（*Oreobates*）、アンデスガエル属（*Phrynopus*）、コダマガエル属（*Pristimantis*）、サンガクガエル属（*Serranobatrachus*）、タチラガエル属（*Tachiramantis*）、ユンガガエル属（*Yunganastes*）

生息環境
低地と山地の熱帯雨林、落葉樹林、雲霧林、パラモ（高山ツンドラ）、セラード（熱帯サバンナ地帯）の草原、パンタナール湿地

大きさ
オクサバンバガエル（*Ph. auriculatus*）のオス14.5mmからズルクチュガエル（*Pr. w-nigrum*）の72mmまで

活動
昼行性、夜行性で地上生、樹上生

繁殖
直接発生するカエルで、大型の卵を小さな塊で産み、子ガエルが孵化する

食性
林床にすむ無脊椎動物

ICUN保全状況
CR（深刻な危機）＝41、EN（危機）＝125、VU（危急）＝81、NT（準絶滅危惧）＝43；危機に瀕している種の割合＝42.5%

164　NEOTROPICAL RAINFROGS, ROBBER FROGS & ANDES FROGS

　2番目に大きいアンデスガエル属（*Phrynopus*、35種）はペルー国内のアンデス山脈に固有のカエルを含む。高地にすんでおり、生息標高の最高記録はチャパロガエル（*Ph. chaparroi*）の4490mだ。種によって、ずんぐりした体でヒキガエルのようにしわの寄った皮膚をもつものもいれば、滑らかな皮膚をもつものもいる。ヤマスソガエル属（*Oreobates*、26種）はコロンビアからアルゼンチンにかけてのアンデス山脈に生息するが、近縁のリンチガエル属（*Lynchius*、8種）はペルーからエクアドルにかけてのアンデス山脈にのみ生息している。タチラガエル属（*Tachiramantis*、7種）はコロンビアとベネズエラの国境を流れるタチラ川の渓谷に生息し、サンガクガエル属（*Serranobatrachus*、7種）はコロンビアのカリブ海沿岸に連なる、孤立したサンタマルタ山脈の固有属だ。

　コダマガエル亜科では41種が「深刻な危機（CR）」、125種が「危機（EN）」、81種が「危急（VU）」、43種が「準絶滅危惧（NT）」に指定されているものの、IUCNによれば危機に瀕している種の全体に対する割合は42.5％に過ぎない。これは同じオオグチガエル科に含まれる、コダマガエル亜科より小さな亜科における割合よりはるかに少ない数字だ。

上）オオアタマガエル（*Oreobates quixensis*）はアマゾン川上流域に広く分布する種だ

左ページ下段）タイロナガエル（*Tachiramantis tayrona*）は、先コロンブス期（コロンブスがアメリカ大陸に到達する前の時代）の遺跡から出土した黄金のカエルのモデルだと考えられている

オオグチガエル科 Strabomantidae ── オオグチガエル亜科 Strabomantinae

オオグチガエル

左）サビオオグチガエル（*Strabomantis bufoniformis*）は太平洋沖に浮かぶコロンビアのゴルゴナ島ではよく見られるが、本土ではきわめて希少な種だ

オオグチガエル亜科は南アメリカ北部に生息するオオグチガエル属（*Strabomantis*、15種）のみで構成されている。ベネズエラオオグチガエル（*S. biporcatus*）はベネズエラ沿岸部の固有種だ。最大種のサビオオグチガエル（*S. bufoniformis*）は北はコスタリカ南部までに分布しており、コロンビアのゴルゴナ島にも生息している。

オオグチガエル属はずんぐりした体に短い頭をもったカエルで、背中の皮膚にはしわが寄っている。こうした特徴から、上記のサビオオグチガエルには *bufoniformis*（ヒキガエルのような）という種小名がつけられた。標高2500m以下の山地に見られるが、サビオオグチガエルは標高15〜300mにすむ低地種で、ダヌービオオグチガエル（*S. zygodactylus*）はコロンビアの太平洋岸の低地の標高230〜800mに生息している。

直接発生すると考えられているものの、研究はほとんど進んでいない。チョコオオグチガエル（*S. anomalus*）は洪水の起きやすい場所の地上に巣をつくるという報告があるが、直接発生の種ならばふつうはこのような場所に巣をつくらない。

コロンビアのヌティバラオオグチガエル（*S. cadenai*）とエクアドルのリオピツァラオオグチガエル（*S. helonotus*）は「深刻な危機（CR）」に、サビオオグチガエル、リオカリェスオオグチガエル（*S. cheiroplethus*）、ルイスオオグチガエル（*S. ruizi*）は「危機（EN）」に指定されている。

分布
中央・南アメリカ

属
オオグチガエル属（*Strabomantis*）

生息環境
低地・山麓・山地の熱帯雨林、雲霧林、岩の多い小川、沼地

大きさ
カモアシオオグチガエル（*S. anatipes*）のオス33mmからリオカリェスオオグチガエル、（*S. cheiroplethus*）のメス106mmまで

活動
夜行性で地上生

繁殖
おそらく直接発生するが、一部のメスは洪水の起きる場所に産卵する

食性
林床にすむ無脊椎動物

ICUN保全状況
CR（深刻な危機）＝2、EN（危機）＝3、VU（危急）＝4、；危機に瀕している種の割合＝56%

コヤスガエル科 Eleutherodactylidae —— ミリアムガエル亜科 Phyzelaphryninae

カクレコヤスガエル、ミリアムガエル

コヤスガエル科は2つの亜科からなり、小さいほうのミリアムガエル亜科はカクレコヤスガエル属 (*Adelophryne*、12種) とミリアムガエル属 (*Phyzelaphryne*、2種) のわずか2属で構成されている。属名はそれぞれ"隠れたカエル"と"内気なカエル"という意味で、これらの小型で隠蔽色をしたカエルの、落ち葉のなかに隠れすむ生態を表している。

ギアナカクレコヤスガエル (*A. gutturosa*) は名前のとおり、ベネズエラからフランス領ギアナにかけて古くから存在するギアナ高地 (盾状地) に見られる。パカライマカクレコヤスガエル (*A. patamona*) はガイアナの固有種で、アマパーカクレコヤスガエル (*A. amapaensis*) はギアナ高地の一部であるブラジルのアマパー州に生息している。この地域以外に分布するカクレコヤスガエル属の仲間は、その小ささから "flea frog (ノミのカエル)" と呼ばれている。アマゾン川上流域に生息するヤピマカクレコヤスガエル (*A. adiastola*) のほか、ブラジルの大西洋岸森林に見られる8種がこれに該当する。

ミリアムガエル (*Phyzelaphryne miriamae*) とササイガエル (*P. nimio*) はその生息地で豊富に見られるが、やはり非常に小型のカエルだ。ミリアムガエルは1977年に記載され、アマゾン川の上流域とその支流で確認されている。ササイガエルは同じくアマゾン川の支流であるジャプラ川で発見され、2018年に記載された。

小型で落ち葉のなかにすむこれらのカエルは直接発生で繁殖し、メスが地上に産んだ少数の大型の卵から小さな子ガエルが孵化する。マラングアペノミガエル (*A. maranguapensis*) が「危機 (EN)」に指定されている。

左) トガリユビノミガエル (*Adelophryne mucronata*) はブラジルのバイーア州の固有種だ

分布
南アメリカ北部

属
カクレコヤスガエル属 (*Adelophryne*)、ミリアムガエル属 (*Phyzelaphryne*)

生息環境
低地と低い山地の熱帯雨林

大きさ
ミシュランカクレコヤスガエル (*A. michelin*) のオス9mmからパカライマカクレコヤスガエル (*A. patamona*) の23mmまで

活動
夜行性で地上生

繁殖
直接発生し、メスが産んだ少数の大型の卵から小さな子ガエルが孵化する

食性
甲虫やアリなどの無脊椎動物

ICUN保全状況
EN (危機) =1、VU (危急) =2、; 危機に瀕している種の割合=14%

SHIELD FROGS & FLEA FROGS

コヤスガエル科 Eleutherodactylidae ── コヤスガエル亜科 Eleutherodactylinae

コヤスガエル

コヤスガエル亜科はチキョウコヤスガエル属（*Diasporus*、17種）とコヤスガエル属（*Eleutherodactylus*、206種）の2属からなるが、かつてのコヤスガエル属は現在よりもはるかに大きな属だった。チキョウコヤスガエル属の仲間はオスの鳴き声から"ディンクガエル"と呼ばれている。小型で落ち葉のなかにすむ直接発生のカエルで、主にパナマに分布しているが、カレッタコヤスガエル（*D. diastema*）はホンジュラスにも、エスメラルダチキョウコヤスガエル（*D. gularis*）はエクアドルの太平洋沿岸にも生息している。

コヤスガエル属は5亜属に分けられる。基亜属のコヤスガエル亜属（*Eleutherodactylus*、57種）はバ

上）キューバの在来種であるオンシツガエル（*Eleutherodactylus planirostris*）は西インド諸島全域から遠くはグアム島や中国にまで持ち込まれ、侵略的外来種となっている

左）エスメラルダチキョウコヤスガエル（*Diasporus gularis*）は手つかずの場所と撹乱された場所の両方でよく見られる種だ

分布
アメリカ合衆国南部、メキシコ、中央アメリカ、南アメリカ北西部、西インド諸島。ハワイ州などにも移入されている

属
チキョウコヤスガエル属（*Diasporus*）、コヤスガエル属（*Eleutherodactylus*）

生息環境
低地と山地の熱帯雨林、温帯林、湿地、洞窟、島嶼

大きさ
キジマコガタコヤスガエル（*E. (Euhyas) limbatus*）とモンテイベリアワイセイガエル（*E. (E.) iberia*）の8.5mmからオオツノコヤスガエル（*E. (Pelorius) inoptatus*）のメス88mmまで

活動
夜行性で地上生、樹上生、水生

繁殖
直接発生し、ほとんどの種は産んだ卵から子ガエルが孵化するが、一部の種は胎生（プエルトリココヤスガエル *E. (E.) jasperi*）

食性
小型の無脊椎動物

ICUN保全状況
CR（深刻な危機）＝68、EN（危機）＝67、VU（危急）＝19、NT（準絶滅危惧）＝9；危機に瀕している種の割合＝75%

NEOTROPICAL RAINFROGS, DINK FROGS, CHIRPING FROGS & COQUIS

ハマ諸島から小アンティル諸島にかけて分布し、なかには悪い意味でとくに有名なコキーコヤスガエル（*E. (Eleutherodactylus) coqui*、23ページ参照）も含まれている。本種はプエルトリコの固有種だが、西インド諸島の各地やコスタリカ、フロリダ州、ハワイ州にも移入されている。その小さなサイズにもかかわらず、移入先で大個体群（約4000平方kmあたり1万匹）を形成することもあり、大量の無脊椎動物を食べる（一夜で11万4000匹）ため、絶妙なバランスで成り立っている島嶼（大小の島々）の食物網を揺るがすおそれがある。またジョンストンコヤスガエル（*E. (El.) johnstonei*）も南アメリカに移入され、南はブラジルのサンパウロ州まで分布している。エウヒアス亜属（*Euhyas*、98種）には大アンティル諸島全域にすむカエルのほか、バハマ諸島のバハマヒラズコヤスガエル（*E. (Euhyas) rogersi*）、ヴァージン諸島のキマダラコヤスガエル（*E. (Eu.) lentus*）が含まれる。

ペロリウス亜属（*Pelorius*、9種）はイスパニョーラ島（西側1/3をハイチ、東側2/3をドミニカ共和国が統治）の固有亜属で、オオツノコヤスガエル（*E. (Pelorius) inoptatus*）などのコヤスガエル属で最大級の数種を含む。ペロリウス亜属は高地の森林や洞窟（ツノコヤスガエル（*E. (P.) nortoni*））や、地中の巣穴（ヒガシアナホリコヤスガエル（*E. (P.) ruthae*））に生息している。シュワルツィウス亜属（*Schwartzius*）の唯一の種であるキイロドウクツコヤスガエル（*E. (Sc.) counouspeus*）は、ハイチのティブロン半島にある石灰岩の洞窟の固有種だ。

シルロフス亜属（*Syrrhophus*、41種）はメキシコ、グアテマラ、ベリーズに分布するが、3種はアメリカ合衆国のテキサス州に生息し、そのなかでもリオグランデサエズリコヤスガエル（*E. (Sy.) campi*）は東のルイジアナ州にまで勢力を広げている。残りの2種はキューバの固有種だ。コヤスガエル亜科の223種のうち68種が「深刻な危機（CR）」に、67種が「危機（EN）」に指定されている。

丸囲み）カレッタコヤスガエル（*Diasporus diastema*）の英名（Common Dink Frog）は"ディンク（dink）"と聞こえるオスの単一の音からなる鳴き声からつけられた。主食はアリだ

右）湿潤な森林に生息する大型種、オオツノコヤスガエル（*Eleutherodactylus inoptatus*）はコーヒー農園にも進入している

169

マダガスカルガエル科 Mantellidae ── マダガスカルモリガエル亜科 Boophinae

マダガスカルモリガエル

マダガスカルガエル科はマダガスカルで最もよく見られるカエルの科で、3亜科で構成されている。マダガスカルモリガエル亜科はマダガスカルモリガエル属（*Boophis*）のみからなり、2つの亜属がある。1つは熱帯雨林にすみ小川で繁殖するマダガスカルモリガエル亜属（*Boophis*、70種）、もう1つは開けた場所にすみ小さな池で繁殖するサホナ亜属（*Sahona*、10種）だ。多数の小さな卵が岩や植物に産み付けられ、体外栄養性で自由遊泳をするオタマジャクシが孵化する。

マダガスカルモリガエル属は夜行性で樹上生の、鮮やかな色の眼をもつ小型のカエルだ。マダガスカル全域に分布し、農園も含むあらゆる場所に生息しているが、森林限界（環境条件によって高木が育たず、森林が見られなくなる境界線）より上にすむ山地種は地上生活をすることもある。マヨットモリガエル（*B. (Sahona) nauticus*）はコモロ諸島（国名はコモロ連合）のマヨット島（フランス領）の固有種だ。

本属の仲間は四肢の指先に丸い吸盤状のふくらみをもち、水かきは小さいか、まったくない。眼の虹彩が鮮やかな色をしており、瞳孔は横長。ほとんどの種は隠蔽模様をもっており、一部の種は多型性（同一種内でも異なる形態を示すこと）だが、隠蔽色のものが多い。なかにはアマガエルモドキ科（Centrolenidae、102ページ参照）のような半透明の皮膚をもったものもいる。

ほとんどの種が小型だが、シロクチマダガスカルモリガエル（*B. (Boophis) albilabris*）やヒガシマダガスカルモリガエル（*B. (S.) opisthodon*）、オオマダガスカルモリガエル（*B. (B.) goudotii*）のように体長70mmを超えるものも多い。

IUCNにより、5種が「深刻な危機（CR）」に、18種が「危機（EN）」に、12種が「危急（VU）」に、6種が「準絶滅危惧（NT）」に指定されている。

左）シロクチマダガスカルモリガエル（*Boophis albilabris*）はマダガスカル北部と東部に広く分布する大型種だ

右ページ）マダガスカルスナガエル（*Laliostoma labrosum*）は大型種で、マダガスカル西部の広い範囲で見られる

分布
マダガスカル、マヨット島

属
マダガスカルモリガエル属（*Boophis*）

生息環境
原生または二次熱帯雨林の小川、バナナ農園、ときに山地林

大きさ
リアムマダガスカルモリガエル（*B. (Boophis) liami*）のオス21mmからオオマダガスカルモリガエル（*B. (B.) goudotii*）のメス87mmまで

活動
夜行性で樹上生、半地上生

繁殖
脇つかみで抱接し、200〜400個の小さな卵を小川や淀んだ池に産む

食性
おそらく林床にすむ無脊椎動物

ICUN保全状況
CR（深刻な危機）＝5、EN（危機）＝18、VU（危急）＝12、NT（準絶滅危惧）＝6；危機に瀕している種の割合＝51%

BRIGHT-EYED MALAGASY TREEFROGS

マダガスカルガエル科 Mantellidae ── マダガスカルスナガエル亜科 Laliostominae

マダガスカルスナガエル、マダガスカルハネガエル

マダガスカルスナガエル亜科はマダガスカルに固有の2属からなる小さな亜科だ。亜科名の由来であるマダガスカルスナガエル属（*Laliostoma*）は単型属で、短い頭とずんぐりした体をもち、開けた乾燥地にすむマダガスカルスナガエル（*L. labrosum*）のみを含む。体色は不規則な模様が入った単色または斑点が入った茶色で、地上生だが乾季には半地中生の生活を送る。雨季に最初に降る豪雨のあいだだけ地上に現れ、水田などの水路で爆発的繁殖をする。マダガスカル東部の熱帯雨林には生息していない。

マダガスカルハネガエル属（*Aglyptodactylus*）には6種が含まれる。アカガエル科の仲間に似た、ややずんぐりとした体に長く力強い後肢をもつ地上生のカエルで、マダガスカル西部の乾燥した落葉樹林と東部の湿潤な熱帯雨林の両方の落ち葉のなかに生息している。マダガスカル全域で見られるが、沿岸部を好むようだ。本属もまた爆発的繁殖者であり、雨季になると集団で現れてあらゆる一時的な池で繁殖する。卵は水中に産み付けられ、オタマジャクシは体外栄養性で自由遊泳をする。

マダガスカルハネガエル属は中型のカエルで、クロミミマダガスカルハネガエル（*A. securifer*）は最小種だが、マダガスカルモリガエル属（*Boophis*）のほとんどの種よりも大きい。「危機（EN）」、「危急（VU）」、「準絶滅危惧（NT）」にそれぞれ1種ずつが指定されている。

分布
マダガスカル

属
マダガスカルハネガエル属（*Aglyptodactylus*）、マダガスカルスナガエル属（*Laliostoma*）

生息環境
開けた場所、水田、乾燥した落葉樹林、熱帯雨林

大きさ
クロミミマダガスカルハネガエル（*A. securifer*）のオス35mmからマダガスカルスナガエル（*L. labrosum*）のメス64mmまで

活動
昼行性で地上生、半地中生

繁殖
脇つかみで抱接する。豪雨のあとに一時的な池で爆発的繁殖をする

食性
おそらく林床にすむ無脊椎動物

ICUN保全状況
EN（危機）＝1、VU（危急）＝1、NT（準絶滅危惧）＝1; 危機に瀕している種の割合＝43％

MALAGASY BULLFROG & MALAGASY JUMPING FROGS

マダガスカルガエル科 Mantellidae —— マダガスカルガエル亜科 Mantellinae
マダガスカルガエル

下）ヒガシマダガスカルガエル（*Gephyromantis plicifer*）は低地の湿潤な森林によく見られる種だ

マダガスカルガエル亜科は9属151種で構成される、マダガスカルガエル科で最大の亜科で、1種を除くすべてがマダガスカルとその周辺の島々（ノシ・ベ島など）に固有のカエルだ。大きな属はキメアラマダガスカルガエル属（*Gephyromantis*、51種）とマダガスカルガエル属（*Mantidactylus*、37種）で、そのすべての種ではないが基本的に地上生であり、熱帯雨林に生息している。一部の種は水辺の近くに産卵し、自由遊泳性のオタマジャクシが孵化するが、多くの種は落ち葉のなかに卵を産み、直接発生を経て子ガエルが孵化する。ハナナガマダガスカルガエル属（*Blommersia*、12種）は直接発生する地上生のカエルだが、半樹上生で水上に張り出した植物に産卵するものもいる。その1種がマヨット島の固有種（*Bl. transmarina*）だ。

最もよく知られているアデガエル属（*Mantella*、16種）は収斂（75ページ参照）によりヤドクガエル科（Dendrobatidae、117～120ページ参照）と似たような形態をしており、エサとなる無脊椎動物から

左）バロンアデガエル（*Mantella baroni*）は背側が黒、赤、緑色で、腹側は黒地に明るい青の斑点が入っている

右ページ）ミドリマダガスカルガエル（*Guibemantis pulcher*）はタコノキ（*Pandanus*）の葉腋に生息する小型種だ

分布
マダガスカル、マヨット島

属
ハナナガマダガスカルガエル属（*Blommersia*）、コミミマダガスカルアオガエル属（*Boehmantis*）、キメアラマダガスカルガエル属（*Gephyromantis*）、ミドリマダガスカルガエル属（*Guibemantis*）、アデガエル属（*Mantella*）、マダガスカルガエル属（*Mantidactylus*）、トゲマダガスカルガエル属（*Spinomantis*）、ツィンギマダガスカルガエル属（*Tsingymantis*）、ヒメマダガスカルガエル属（*Wakea*）

生息環境
熱帯雨林の池、沼地、小川、カカオ農園、石灰岩のカルスト台地（ツィンギマダガスカルガエルの場合）

大きさ
ヒメマダガスカルガエル（*W. madinika*）のオス13mmからオオマダガスカルガエル（*Mantidactylus guttulatus*）の120mmまで

活動
夜行性で樹上生（ハナナガマダガスカルガエル属、ミドリマダガスカルガエル属、トゲマダガスカルガエル属）、または昼行性で地上生（マダガスカルキンイロガエル属）

繁殖
水上に張り出した葉に産卵し（ハナナガマダガスカルガエル属）、自由遊泳性のオタマジャクシが孵化するか、

摂取した毒を分泌するとともに、その毒性を警告色によってアピールしている。アデガエル（*M. aurantiaca*）などはモウドクフキヤガエル（*Phyllobates terribilis*）とほとんど見分けがつかないほどだ。他の種も、たとえば赤と黒のコワンアデガエル（*M. cowanii*）や黄色と黒のバロンアデガエル（*M. baroni*）のように鮮やかな体色をしている種がいる一方で、地味な色で隠蔽模様をもったものもいる。

ミドリマダガスカルガエル属（*Guibemantis*）とトゲマダガスカルガエル属（*Spinomantis*）はそれぞれ18種と14種からなり、ミドリマダガスカルガエル属のいくつかの種はタコノキ属（*Pandanus*）の植物上で生活している。トゲマダガスカルガエル属という名前は、一部の種の後肢に際立った歯状の突起が並んでいることに由来している。

マダガスカルガエル亜科には単型属の3種も含まれる。ツィンギマダガスカルガエル（*Tsingymantis antitra*）はマダガスカル最北端に見られる大型種で、カルスト（石灰岩台地）の露頭に生息している。ヒメマダガスカルガエル（*Wakea madinika*）はマダガスカルガエル科の最小種で、コミミマダガスカルアオガエル（*Boehmantis microtympanum*）はそれとは逆に最大級の種の1つだ。

クロミミアデガエル（*M. milotympanum*）など7種が「深刻な危機（CR）」に、ツィンギマダガスカルガエルなど25種が「危機（CR）」に、24種が「危急（VU）」に、そして8種が「準絶滅危惧（NT）」に指定されている。

子ガエルが直接発生する（キメアラマダガスカルガエル属の場合）
食性
おそらく林床にすむ無脊椎動物
ICUN保全状況
CR（深刻な危機）=7、EN（危機）=25、VU（危急）=24、NT（準絶滅危惧）=8；危機に瀕している種の割合=42%

アオガエル科 Rhacophoridae —— カジカガエル亜科 Buergeriinae
カジカガエル

上段） 日本の琉球列島に広く分布するリュウキュウカジカガエル（*Buergeria japonica*）は小型だがよく見られる種だ

上） ムクアオガエル（*Buergeria robusta*）は台湾に固有の大型種だ

アオガエル科は2つの亜科からなる。カジカガエル亜科はカジカガエル属（*Buergeria*、6種）のみからなる、滑らかな皮膚をもち小川にすむカエルの仲間だ。最も北に分布するカジカガエル（*Buergeria buergeri*）は日本の本州、四国、九州に生息している。"河鹿"という名前は、オスの鳴き声が牡鹿のものに似ていることが由来だ。また河鹿は美声の持ち主を指す言葉でもあり、カジカガエルもその鳴き声を楽しむために飼育されることがある。

リュウキュウカジカガエル（*B. japonica*）とヤエヤマカジカガエル（*B. choui*）は琉球列島（大東諸島を除く沖縄県全域）と台湾に生息している。ムクアオガエル（*B. robusta*）とオオタカジカガエル（*B. otai*）は台湾の固有種だ。最も南に分布するハイナンカジカガエル（*B. oxycephala*）は標高80〜800mに見られ、著しく劣化した森林でも生き抜くことのできる種ではあるものの、生息地の消失により「危急（VU）」に指定されている。

本属の仲間は水かきが完全に張った後足と、なかほどまで張った前足をもつ。沿岸部から山地までの森林を流れる小川沿いに生息し、オスは岩の上で鳴く。このとき、数カ月にわたり同じ岩を縄張りにすることが多い。卵は個別に、または小さな塊で産み付けられ、オタマジャクシは巧みに水中を泳ぐ。

分布
日本の本州・四国・九州やその周囲と琉球列島、台湾、海南島

属
カジカガエル属（*Buergeria*）

生息環境
森林の小川、沿岸部の低地、高地、劣化した森林

大きさ
ヤエヤマカジカガエル（*B. choui*）の29mmからカジカガエル（*B. buergeri*）の85mmまで

活動
夜行性で地上生、樹上生、水生

繁殖
脇つかみで抱接する。卵は水中に産み付けられ、オタマジャクシの期間は2カ月

食性
昆虫やクモ

ICUN保全状況
VU（危急）＝1；危機に瀕している種の割合＝16%

アオガエル科 Rhacophoridae ── アオガエル亜科 Rhacophorinae

アフリカの泡巣をつくるカエル

アオガエル亜科は22属440種からなる大きな亜科だ。主にアジアに分布するが、ハイイロモリガエル属（*Chiromantis*、4種）はアフリカに生息している。ハイイロモリガエル（*C. xerampelina*）は東アフリカに生息し、南はエスワティニ（アフリカ南部の王国、旧スワジランド）と南アフリカ共和国のズールーランドまでに見られる。本種の分布域のうち、ケニアとタンザニアにはケニアモリガエル（*C. petersii*）、ケニア北部とソマリアにはエチオピアモリガエル（*C. kelleri*）も生息している。アオアシモリガエル（*C. rufescens*）はウガンダから、ギニア湾に浮かぶビオコ島を含む西アフリカにかけて見られる。生息環境は乾燥したサバンナ（エチオピアモリガエル、ケニアモリガエル）、サバンナの林地（ハイイロモリガエル）、そして熱帯雨林（アオアシモリガエル）だ。

本属の仲間は大きな眼に横長の瞳孔をもっている。前後の足には水かきと大型の丸い吸盤があり、木登りが得意だ。しわの寄った皮膚は、樹皮に似た灰色、茶色、緑色をしている。眠るときは四肢を体にぴったりとつけることで、水分の喪失を抑えるとともに輪郭をぼかすカムフラージュ効果がある。繁殖の際、卵と一緒に分泌される液体をオスとメスが後肢でかき混ぜ、泡巣をつくる。泡巣は水上に張り出した植物にくっつけられ、泡が固まってなかの卵を保護するが、それでも泡を食べるサルに対しては無防備だ。さらに泡巣に潜り込んで卵を食べてしまうオオバナナガエル（*Afrixalus fornasini*）にも弱い。

下）ハイイロモリガエル（*Chiromantis xerampelina*）は樹上生傾向の強い種で、アフリカ東部と南部に生息している

分布
南・東南アジアとサハラ砂漠以南のアフリカ

属
ケララシロアゴガエル属（*Beddomixalus*）、ハイイロモリガエル属（*Chiromantis*）、ヒメアオガエル属（*Feihyla*）、ガーツガエル属（*Ghatixalus*）、ホソアオガエル属（*Gracixalus*）、アイフィンガーガエル属（*Kurixalus*）、スリムアオガエル属（*Leptomantis*）、ケララアオガエル属（*Mercurana*）、オオバナアオガエル属（*Nasutixalus*）、インドネシアキガエル属（*Nyctixalus*）、コガタキガエル属（*Philautus*）、シロアゴガエル属（*Polypedates*）、ニセコガタキガエル属（*Pseudophilautus*）、ラオコガタキガエル属（*Raorchestes*）、ラコフォルス属（*Rhacophorus*）、ローハンガエル属（*Rohanixalus*）、ハイナンガエル属（*Romerus*）、トガリシロアゴガエル属（*Taruga*）、ツブハダキガエル属（*Theloderma*）、キュウケツキガエル属（*Vampyrius*）、アオガエル属（*Zhangixalus*）

生息環境
森林、サバンナ、農園

大きさ
ランジャックモリガエル（*Ph. rufugii*）の18mmからデニスアオガエル（*Z. dennysi*）の102mmまで

活動
夜行性で樹上生、地上生

繁殖
泡巣や樹洞に産み付けられた卵からオタマジャクシまたは子ガエルが孵化する

食性
小型の無脊椎動物

ICUN保全状況
EX（絶滅）=17、CR（深刻な危機）=31、EN（危機）=62、VU（危急）=39、NT（準絶滅危惧）=18；危機に瀕している種の割合=38%

AFRICAN FOAM-NEST TREEFROGS

アオガエル科 Rhacophoridae——— アオガエル亜科 Rhacophorinae

アジアの泡巣をつくるカエル

アオガエル亜科の仲間はアジア全域のほとんどの場所に生息しており、なかでもとくに多様性が高いのがスリランカとインド南部だ。インドシロアゴガエル (*Polypedates maculatus*) はヒマラヤ山脈の標高3000mまでに見られ、フゥーアオガエル (*Zhangixalus hui*) は中国・四川省の標高3150mに生息している。

ヒメアオガエル属 (*Feihyla*)、ガーツガエル属 (*Ghatixalus*)、シロアゴガエル属 (*Polypedates*)、ラコフォルス属 (*Rhacophorus*)、ローハンガエル属 (*Rohanixalus*) は、アフリカのハイイロモリガエル属 (*Chiromantis*) と同様に泡立てた巣をつくる繁殖戦略から、"foam-nest forg（泡巣のカエル）"、"jelly-nest forg（ゼリー状の巣のカエル）"、"bubble-nest frog（泡巣のカエル）"、"whipping frog（泡立てるカエル）" とさまざまな総称で呼ばれている。卵からオタマジャクシが孵化するとそのまま水中に落ち、そこで自らエサを食べて成長していく。すべての種が巣をつくるわけではなく、たとえばインドネシアキガエル属 (*Nyctixalus*) とツブハダキガエル属 (*Theloderma*) は樹洞に産卵し、孵化したオタマジャクシはエサを食べずに急速に成長して子ガエルになる。またコガタキガエル属 (*Philautus*) とニセコガタキガエル属 (*Pseudophilautus*) は卵を地面に産むか高いところにある葉に付着させ、直接発生を経て小さな子ガエルが孵化する。アイフィンガーガエル (*Kurixalus eiffingeri*) のメスは水のたまったタケの茎に産卵し、

下）ウォレストビガエル (*Rhacophorus nigropalmatus*) は足の水かきをパラシュートのように使い、樹冠から滑空して降りる

ASIAN FOAM-NEST TREEFROGS

定期的に未受精卵を産んで卵食性のオタマジャクシにエサとして与える。

亜科名のもととなったラコフォルス属（*Rhacophorus*）の仲間や他の属の数種は、捕食者に襲われると四肢の大きな水かきを広げて体を伸ばし、滑空や降下をして地上に逃れることから、"flying frog（空飛ぶカエル）"と呼ばれている。最も有名なのが、19世紀のイギリスの博物学者、アルフレッド・ラッセル・ウォレスにより初めて報告されたウォレストビガエル（*R. nigropalmatus*）だ。前後の足に並外れて大きな水かきをもつ、アオガエル科で最大級の種である。

アジアのアオガエル亜科の仲間はその多くが危機に瀕している。インド南部のカガヤキモリガエル（*Raorchetes resplendens*）など31種が「深刻な危機（CR）」に指定されており、62種が「危機（EN）」、39種が「危急（VU）」、18種が「準絶滅危惧（NT）」に分類されているのだ。最も絶滅のおそれが大きいのはスリランカとインド南部に生息するニセコガタキガエル属で、80種のうち危機に瀕していないものは6種に過ぎず、17種はすでに絶滅したと考えられている。

上）ジャワ島西部に生息するジャワアオガエル（*Feyhyla vittiger*）は茶畑にも見られる小型種だ

丸囲み）ホシメガーツガエル（*Ghatixalus asterops*）は世界でも有数の生物多様性ホットスポットに生息している

177

アフリカウシガエル科 Pyxicephalidae —— カコガエル亜科 Cacosterninae

カワガエル、カコガエル、スナガエル

カコガエル亜科は10属で構成されている。カワガエル属（*Amieta*、10種）はエチオピアから南アフリカ共和国までの多くの水中環境に生息している。強力な後肢、尖った鼻先、大きな眼をもつカエルだ。ふつうは夜行性だが、ケニアカワガエル（*Am. wittei*）はキリマンジャロ山の標高2000～3000mの高地に生息し、昼間に日光浴をする。高所にすむオオグチカワガエル（*Am. vertebralis*）はカニを食べながら氷の下で越冬し、アンゴラカワガエル（*A. angolensis*）は飛んでいる昆虫をジャンプして捕らえることができる。

カチカチガエル属（*Strongylopus*、10種）は

上）ヤマカコガエル（*Cacosternum parvum*）は南アフリカ共和国東部の高地の草原に生息している

下）セスジスナガエル（*Tomopterna cryptotis*）はアフリカ東部から南部にかけて見られる、丸い体で乾燥に適応した16種のカエルのうちの1種だ

右ページ）ドラケンスバーグカワガエル（*Amietia delalandii*）は大型の力強いカエルで、ザンビアから南アフリカ共和国のケープ州までの水路に生息する

タンザニアから南アフリカ共和国にかけて見られる。カワガエル属よりも小型でほっそりとしたカエルで、縞模様が入っていることが多い。卵は小川沿いの植物に産み付けられる。カコガエル属（*Cacosternum*、16種）はエチオピアから南アフリカ共和国にかけて分布している、同じく小型のカエルで、高地の草原から沿岸部のフィンボス（用語集参照）までに生息し、一時的な池で繁殖する。ほとんどの種は滑らかな皮膚をもつが、ケープカコガエル（*C. capense*）は背中にイボ状の腺がある。

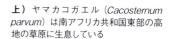

分布
サハラ砂漠以南のアフリカ

属
カワガエル属（*Amietia*）、イシハナガエル属（*Anhydrophryne*）、ホソナキガエル属（*Arthroleptella*）、カコガエル属（*Cacosternum*）、ミクロガエル属（*Microbatrachella*）、ナタールガエル属（*Natalobatrachus*）、イワモンガエル属（*Nothophryne*）、ヌメイボガエル属（*Poyntonia*）、カチカチガエル属（*Strongylopus*）、スナガエル属（*Tomopterna*）

生息環境
標高3300mまでの森林、サバンナの林地、山地林、草原、砂地、岩場の斜面、沼地、池、河川、フィンボス、農地

大きさ
ヒラタカコガエル（*C. platys*）のオスとシマカコガエル（*C. striatum*）のオス12mmからオオグチカワガエル（*Am. vertebralis*）のメス150mmまで

活動
昼行性、夜行性で地上性、水生、半地中生、半樹上生

繁殖
雨季に爆発的繁殖をする。卵は水中に産み付けられ、通常のオタマジャクシか、エサを食べずにす

　半地中生のスナガエル属（*Tomopterna*、16種）は西のモーリタニア、東のソマリア、南は南アフリカ共和国のケープ州までの乾燥した場所に生息する、大型で四肢の短いカエルだ。小型で地上生のイワモンガエル属（*Nothophryne*、5種）はマラウイとモザンビークにある花崗岩の島状丘に固有の属である。ルリオミナミガエル（*No. unilurio*）が「深刻な危機（CR）」に、ほか4種が「危機（EN）」に指定されている。

　カコガエル亜科のいくつかの属は南アフリカ共和国の固有属だ。たとえば小型で直接発生するホソナキガエル属（*Arthroleptella*、10種）は西ケープ州に生息し、イボホソナキガエル（*Ar. rugosa*）とオダヤカナキガエル（*Ar. subvoce*）が「深刻な危機（CR）」に指定されている。ケープタウンのフィンボスと沼沢に生息する単型属の種、ケープミクロガエル（*Microbatrachella capensis*）の保全状況も同様に「深刻な危機（CR）」だ。同じ場所にすむヌメイボガエル（*Ponytonia paludicola*）は「準絶滅危惧（NT）」に分類されている。

　東ケープ州からクワズールー＝ナタール州にかけても固有性の高い地域だ。イシハナガエル属（*Anhydrophryne*、3種）は直接発生する小型のカエルで、小川に生息している。ミストベルトイシハナガエル（*An. ngongoniensis*）が「危機（EN）」に指定されているほか、ナタールガエル（*Natalobatrachus bonebergi*）がサトウキビ生産による生息地の消失の影響で「深刻な危機（CR）」に指定されている。

ぐに子ガエルになるオタマジャクシが孵化する。あるいは地上に産卵し、直接発生を経て子ガエルが孵化する
食性
空を飛ぶ昆虫やカニなどの無脊椎動物
ICUN保全状況
CR（深刻な危機）＝4、EN（危機）＝9、VU（危急）＝2、NT（準絶滅危惧）＝7；危機に瀕している種の割合＝23%

アフリカウシガエル科 Pyxicephalidae —— アフリカウシガエル亜科 Pyxicephalinae
アフリカウシガエル、ボールガエル

下）アフリカウシガエル（*Pyxicephalus adspersus*）は南アメリカのツノガエル属（*Ceratophrys*）のアフリカ版ともいえる、小型の脊椎動物を食べる貪欲な捕食者だ

右ページ）西アフリカに生息するボールガエル（*Aubria subsigillata*）は水面を飛び跳ねて小魚を捕らえるといわれているが、現地の村人によって食用として狩られる立場にもある

アフリカウシガエル亜科は2つの属で構成されている。最もよく見られるのがアフリカウシガエル属（*Pyxicephalus*、5種）で、その代表的なものがケニアから南アフリカ共和国までのサバンナの林地に生息するアフリカウシガエル（*P. adspersus*）だ。"ピクシー・フロッグ（妖精ガエル）"と呼ばれ飼育されることが多いものの、その見た目は妖精とはほど遠い。メスも大型（頭胴長180mm）だがオスは230～245mmにもなり、オスがメスより大きいというカエルとしては珍しい種だ。本種は背側がオリーブグリーンで、対照的に虹彩の周りは白色、腹側は淡黄色をしており、背中は大きなイボ状の腺と隆起線で覆われている。

他の4種はより小型で、季節な豪雨が降る乾燥

分布
サハラ砂漠以南のアフリカ

属
ボールガエル属（*Aubria*）、アフリカウシガエル属（*Pyxicephalus*）

生息環境
サバンナ、サバンナの林地、低地の熱帯雨林、沼地

大きさ
コンゴボールガエル（*A. masako*）のオス81mmからアフリカウシガエル（*P. adspersus*）のオス245mm

活動
夜行性で地上生、半地中生

繁殖
雨季に爆発的繁殖をし、卵は水中に産み付けられ、オタマジャクシが孵化する

食性
小魚（ボールガエル属の場合）、無脊椎動物、カエル、爬虫類、ネズミ（アフリカウシガエル属の場合）

ICUN保全状況
LC（低懸念）。絶滅危惧種に指定されているものはない

地に見られる。コガタアフリカウシガエル（*P. edulis*）はソマリアからモザンビークまでの東アフリカ沿岸部とザンビアの内陸部に、コガシラアフリカウシガエル（*P. angusticeps*）はタンザニアからモザンビークまでに、ソマリアアフリカウシガエル（*P. obbianus*）はソマリア北部の沿岸部に、そして未命名の1種がセネガルからスーダンまでの乾燥したサヘル地域（サハラ砂漠南縁に沿って東西に延びる半乾燥地域）に生息している。

ボールガエル属（*Aubria*、2種）はリベリアからガボンにかけて分布するボールガエル（*A. subsigillata*）と、カメルーンからコンゴ民主共和国にかけて分布するコンゴボールガエル（*A. masako*）で構成されている。これらのカエルの背側はオリーブグリーンか赤褐色だが、腹側は黒で白か黄色の大きな斑点が入っているのが特徴だ。

アフリカウシガエル属は爆発的繁殖者で、雨季の初めにあらゆる水辺で大集団を形成し、メスは一時的な池に3000～4000個の卵を産む。オスは卵を厳重に守り、孵化したオタマジャクシがより恒久的な水辺に移れるように水路を掘って導く。ボールガエル属も同じく多数の卵を産み、オタマジャクシは孵化直後から密集して生活する。

アフリカウシガエル属は食欲旺盛で、下顎に1対の牙状の突起を持つ口に入るものであれば、カエル、小型のヘビ、ネズミなどなんでも飲み込もうとする。ボールガエル属は小魚を食べると考えられている。

ゴリアテガエル科 Conrauidae
ゴリアテガエル、ヌメガエル

下）ゴリアテガエル（*Conraua goliath*）は世界最大のカエルだが、食用としての過剰採取により「危機（EN）」に指定されている

ゴリアテガエル科はゴリアテガエル属（*Conraua*、8種）のみで構成されており、そのなかには世界最大のカエル、ゴリアテガエル（*C. goliath*）も含まれる。本種はメスの頭胴長が最大220mmにもなり、オスは340mmまで成長することもある。同じ属でもそれ以外の7種ははるかに小型で、"slippery frog（ぬるぬるしたカエル）"と呼ばれている。

ゴリアテガエルはカメルーン南部から赤道ギニアにかけての標高1000m以下の場所に分布し、熱帯雨林の流れの速い河川に生息している。水生傾向の強いカエルで、ずんぐりとした体に長く強力な後肢をもち、その指には完全に水かきが張っている。オスの鳴き声は口笛のような音から始まり、うなり声で終わるという変わったものだ。オスは岩で大きな巣をつくり、メスがやってくると抱接を始める。その後150〜2800個の卵を巣のなかに産んで保護するのだ。ゴリアテガエルは川岸の岩の上で休息し、危険が迫ると大きなひと跳びで深い水中に逃げる。体重3〜4kgにもなる巨体ゆえ、ブッシュミート（野生動物の肉）の取引のためにさかんに求められるのは当然のことだろう。そのせいで本種は絶滅の縁に追いやられつつあり、「危機（EN）」に指定されている。体が大きいために、そのエサにはカニ、陸生の巻き貝、魚、他のカエル、若いカメ、小型のヘビや哺乳類までもがなり得る。

アボヌメガエル（*C. crassipes*）はナイジェリアから

分布
西・中部・東アフリカ

属
ゴリアテガエル属（*Conraua*）

生息環境
低地と山地の熱帯雨林を流れる河川

大きさ
アレンゴリアテガエル（*C. alleni*）のメス61mmからゴリアテガエル（*C. goliath*）のオス340mmまで

活動
ふつうは夜行性で水生、半地上生

繁殖
オスが巣をつくり、メスは最大2800個の卵を産んで守る。オタマジャクシは植物食性

食性
無脊椎動物、両生類、魚、小型のヘビ、哺乳類

ICUN保全状況
CR（深刻な危機）＝2、EN（危機）＝1、VU（危急）＝2、；危機に瀕している種の割合＝63%

コンゴ共和国にかけてと、アンゴラの飛び地であるカビンダ州、そしてギニア湾に浮かぶビオコ島（赤道ギニア）に生息している。本種は絶滅危惧種ではないが、ゴリアテガエルの分布域より狭い、カメルーンとナイジェリアの国境付近にすむカメルーンシワハダガエル（*C. robusta*）は「危急（VU）」に指定されている。

　ゴリアテガエル属の他の4種はギニアからトーゴにかけての西アフリカに分布しており、そのうちのガーナとトーゴに生息するトーゴゴリアテガエル（*C. derooi*）と近年記載されたガーナのアテワスベガエル（*C. sagyimase*）の2種は「深刻な危機（CR）」に指定されている。また、ベッカーガエル（*C. beccari*）はエチオピアとエリトリアの標高800〜2500mの高地に生息する。

上）トーゴゴリアテガエル（*Conraua derooi*）はトーゴとガーナのきわめて狭い範囲にのみ分布し、「深刻な危機（CR）」に指定されている

下）最も分布域の広いアボヌメガエル（*Conraua crassipes*）は水面から少しだけ出た砂の塚をつくり、その上で鳴くといわれている

イワガエル

イワガエル科 Petropedetidae

イワガエル科を構成する属については専門家によって意見が異なるが、一般に認められているのはそれぞれアフリカ中部と東部に生息するイワガエル属（*Petropedetes*、9種）とケニアイワガエル属（*Arthroleptides*、3種）、そしてバレイワガエル（*Ericabatrachus baleensis*）のみからなる単型属のバレイワガエル属（*Ericabatrachus*）の3属だ。

イワガエル科の仲間はいずれも熱帯雨林を流れる岩の多い小川の飛沫帯に生息するが、分布域はアフリカ大陸の東側と西側に分かれている。イワガエル属の9種はすべてカメルーン南部に生息しており、そのうちの数種は西はナイジェリア、南はガボンにも分布し、ギニア湾のビオコ島に見られるもの（3種）もいる。カメルーンイワガエル（*P. cameronensis*）は標高1400mまでに生息している種だ。イワガエル属にはほっそりしたものとずんぐりしたものがおり、しわの寄った皮膚と長い四肢をもち、指先には二股に分かれた吸盤がある。水かきは最低限のものから

左）パーカーイワガエル（*Petropedetes parkeri*）は標高1000mまでの急流の小川沿いにある、岩の多い場所に生息している

右ページ）「危機（EN）」に指定されているミナミイワガエル（*Arthroleptides yakusini*）はタンザニア全域に散在している

分布
アフリカ中部・東部

属
ケニアイワガエル属（*Arthroleptides*）、バレイワガエル属（*Ericabatrachus*）、イワガエル属（*Petropedetes*）

生息環境
低地と山地の熱帯雨林の小川、標高の高い荒野の森林にも生息する

大きさ
バレイワガエル（*E. baleensis*）のオス22mmからミナミイワガエル（*A. yakusini*）のオス73mmまで

活動
夜行性で地上生、岩生

繁殖
卵は湿った岩や落ち葉のなかに産み付けられ、一部の種のオスは卵を守る

食性
おそらく小型の無脊椎動物

ICUN保全状況
CR（深刻な危機）＝9、EN（危機）＝5、VU（危急）＝3、NT（準絶滅危惧）＝5; 危機に瀕している種の割合＝23%

左）「深刻な危機（CR）」に指定されているバレイワガエル（*Ericabatrachus baleensis*）は、エチオピアの生物多様性ホットスポットとなっているある小さな山の固有種だ

完全に張ったものまでとさまざまだ。鼓膜は性的二形（用語集参照）を示し、メスでは眼より小さいが、オスでは眼より大きくなっている。濡れた岩に産み付けられた卵はオスによって守られ、オタマジャクシは飛沫帯で生活する。パーカーイワガエル（*P. parkeri*）とジョンストンイワガエル（*P. johnstoni*）は落ち葉のなかに産卵するが、水辺から遠く離れた場所であることが多い。ミドリイワガエル（*P. perreti*）とヒロアシイワガエル（*P. palmipes*）は「危機（EN）」に指定されている。

ケニアイワガエル属を構成するのはタンザニアに生息するマルティーンセンイワガエル（*A. martiensseni*）とミナミイワガエル（*A. yakusini*）、そしてケニアの標高2200mまでに見られるケニアイワガエル（*A. dutoiti*）の3種だ。形態的にはイワガエル属に似ているが、鼓膜は眼よりかなり小さい。タンザニアの2種は「危機（EN）」に指定されている。ケニアイワガエルは「深刻な危機（CR）」だが数年間も目撃例がなく、絶滅が危惧されている。

「深刻な危機（CR）」に指定されているバレイワガエルは高い固有性を誇るエチオピアのバレ山地に生息しており、2016年にはここで見つかった大型のヘビ、バレマウンテンアダー（*Bitis harenna*）が記載されている。バレイワガエルはイワガエル科の最小種で、背中に小さなイボのある緑色か茶色の体をしており、水かきのない長い指の先に二股に分かれた吸盤状のふくらみをもっている。地上生で高地の荒野や森林にすみ、メスは落ち葉のなかに産卵する。

ドロガエル科 Phrynobatrachidae
ドロガエル

オス　　　　　　　　　　　　　　　　　　　　　　　メス

上）エチオピアに生息するビビタコガタドロガエル（*Phrynobatrachus bibita*）は2019年に記載されたばかりだ

　ドロガエル科はドロガエル属（*Phrynobatrachus*、95種）のみで構成されている。本属の仲間は前足に水かきをもたず、ほとんどは小型のカエルだが、イトンブゥエドロガエル（*P. asper*）などのごくわずかな種はやや大型である。アフリカの角（訳注：エリトリア・ジブチ・エチオピア・ソマリアにまたがるインド洋と紅海に面した地域）とナミブ砂漠、ナマクアランド（訳注：ナミビアから南アフリカ共和国にかけてのアフリカ南西部の沿岸地域）の3カ所を除いたサハラ砂漠以南のアフリカ全域に生息し、ギニア湾の島々やタンザニアのウングジャ島（別名ザンジバル島）とペンバ島にも分布している。生息環境は標高3500m以下の乾燥したサバンナから山地の湿潤な常緑樹林までとさまざまだ。

　英名の"puddle frog（水たまりのカエル）"は、熱帯雨林の水たまりから家畜の水桶、たまった農業用水に至るまで、たとえ一時的で小さなものであっても、ほぼすべての水辺を繁殖

分布
サハラ砂漠以南のアフリカ、ウングジャ島

属
ドロガエル属（*Phrynobatrachus*）

生息環境
乾燥したサバンナから低地～山地の常緑モンスーン林までのほとんどの環境

大きさ
ザンジバルコガタドロガエル（*P. ungujae*）のオス13mmからイトンブゥエドロガエル（*P. asper*）の55mmまで

活動
昼行性、夜行性で地上生

繁殖
卵は水面、樹洞（ギニアドロガエルの場合）、落ち葉のなか（コノハドロガエル、トクバドロガエルの場合）に産み付けられる

食性
昆虫、多足類、植物

ICUN保全状況
CR（深刻な危機）＝9、EN（危機）＝5、VU（危急）＝3、NT（準絶滅危惧）＝5；危機に瀕している種の割合＝23%

上）ナタールドロガエル（*Phrynobatrachus natalensis*）には限定された地域名（訳注：南アフリカ共和国にかつて存在したイギリスのナタール植民地）がついているものの、実際には熱帯雨林を除くサハラ砂漠以南のアフリカに広く分布している

右）コガタドロガエル（*Phrynobatrachus mababiensis*）はケニアから南は南アフリカ共和国のクワズールー＝ナタール州まで、西はアンゴラの飛び地であるカビンダ州までに生息している

のために利用できる能力に由来している。また一部の種は"river frog（川のカエル）"とも呼ばれている。多くの種は水面に卵を産むが、ギニアドロガエル（*P. guineensis*）は樹洞やココナッツの殻、陸生の巻き貝の殻にまでも産卵し、コノハドロガエル（*P. phyllophilus*）とトクバドロガエル（*P. tokba*）は湿った落ち葉のなかに卵を産む。

ドロガエル属全体としては、体色は隠蔽色の茶色から鮮やかな緑のものまで、皮膚は滑らかなものからしわの寄ったものまでと、非常に多様。そのうえ昼行性の種はわずかながら多型性を示すため、数種が共存する場所では種の同定が難しくなっている。

本属はサハラ砂漠以南のアフリカでよく見られ、とくにナタールドロガエル（*P. natalensis*）は属全体の分布域のほとんどに生息しているが、だからといってすべてが普通種だと考えるのは早計だ。ほとんどの種は狭い範囲に分布しており、カメルーンのオク山に生息するオクドロガエル（*P. njiomock*）とトゲドロガエル（*P. chukuchuku*）、ガーナ沿岸部に生息するチュウカンドロガエル（*P. intermedius*）など9種が「深刻な危機（CR）」に、タンザニアのウングジャ島（別名ザンジバル島）に生息する最小種のザンジバルコガタドロガエル（*P. ungujae*）など5種が「危機（EN）」に、他3種が「危急（VU）」に、5種が「準絶滅危惧（NT）」に指定されている。

アフリカアカガエル科 Ptychadenidae
アフリカアカガエル、カザリガエル、ランザガエル

アフリカアカガエル科は3属からなり、最大の属はアフリカアカガエル属（*Ptychadena*、64種）だ。本属は中型のカエルで、尖った鼻先と大きな眼、背中に沿ってはっきりした隆起線のある流線型の体をもち、ジャンプに適した強力な後肢には水かきが張っている。ただし例外もあり、すべての種がとくに長い鼻先や目立った隆起線をもっているわけではない。一部の種は背中が茶色の単色かまだら模様をしているが、ほとんどの種では背中の中央に茶色か緑色の太い縦縞があり、その両側を通る隆起線に淡色の細い縞が入っている。

アフリカアカガエル属は地上生で、低地の湿潤な熱帯雨林から乾燥したサバンナの林地まで、高地の草原から氾濫原の農地までと幅広い環境に生息している。分布域はサハラ砂漠以南のアフリカだが、南西部と北東端には見られない。ギニア湾では、ビオコ島と島国サントメ・プリンシペ民主共和国にそれぞれヴィクトリアクサチガエル（*P. aequiplicata*）とサントメアフリカアカガエル（*P. newtoni*）が生息している。マスカレンガエル（*P. mascareniensis*）はマダガスカルとセーシェル、マスカレン諸島（モーリシャス領）に分布し、ナイルクサチガエル（*P. nilotica*）はエジプトのナイル

上）広く分布するマスカレンガエル（*Ptychadena mascareniensis*）は、いくつかの種からなる複合種だと考えられている

分布
サハラ砂漠以南のアフリカとエジプトのナイル川流域

属
カザリガエル属（*Hildebrandtia*）、ランザガエル属（*Lanzarana*）、アフリカアカガエル属（*Ptychadena*）

生息環境
標高3800mまでの湿潤な、または乾燥したサバンナ、サバンナの林地、沼沢、低地の熱帯雨林、高地の草原、水田、農地

大きさ
コガタクサチガエル（*P. nana*）のオス27mmからサントメアフリカアカガエル（*P. newtoni*）の86mmまで

活動
夜行性、昼行性で地上生、地中生

繁殖
脇つかみで抱接し、一時的な水たまりで繁殖する。オタマジャクシは成長が速いことが多い

食性
甲虫やコオロギなどの大型の無脊椎動物

ICUN保全状況
EN（危機）＝2、NT（準絶滅危惧）＝3；危機に瀕している種の割合＝7％

川沿いに生息し、地中海生と分類されている。

　ほとんどの種は水中に産卵し、幼生を経て子ガエルの段階に成長するまでが非常に速い。ただしマラウイアフリカアカガエル（P. broadleyi）は湿った岩の上に産卵し、孵化したオタマジャクシはそのまま岩の上の水膜のなかに留まる。

　カザリガエル属（Hildebrandtia、3種）は乾燥したサバンナに生息する、夜行性のずんぐりとしたカエルで、1年のほとんどを地中で過ごし、雨季になると摂餌と繁殖のために地上に現れる。最も広く分布するのはカザリガエル（H. ornata）で、西アフリカのサヘル地域から東アフリカにかけて、南はアンゴラとボツワナまでに見られる。他の2種はソマリアとアンゴラの固有種だ。単型属の種であるランザガエル（Lanzarana largeni）もソマリアに分布し、乾燥したサバンナにすんでいる。

　サントメアフリカアカガエルとコガタクサチガエル（P. nana）が「危機（EN）」に、他3種が「準絶滅危惧（NT）」に指定されている。

上段） 抱接するサバナガエル（Ptychadena anchietae）のペア

丸囲み） カザリガエル（Hildebrandtia ornata）は乾燥した環境に生息し、生涯のほとんどを地中で過ごす

189

アカガエル科 Ranidae
西半球のヒョウガエル、アカガエル

右）食欲旺盛なウシガエル（*Aquarana catesbeiana*）はカナダからメキシコにかけて分布するが、世界各地にも移入され侵略的外来種となっている

"true frog（真のカエル）"と呼ばれ全世界に分布するアカガエル科は、21属430種以上で構成されている。アメリカ大陸には4属60種以上が生息しており、そのなかで最大の属であるアメリカアカガエル属（*Lithobates*、57種）は、現在ではミズアカガエル属（*Aquarana*）に置かれている種も含んでいた。アメリカ大陸でのアカガエル科の最大種はウシガエル（*Aquarana catesbeiana*）で、カナダからメキシコ南部にかけて分布している。ハワイ州や、中央・南アメリカ、西インド諸島（カリブ海諸国）などラテンアメリカ各地、ヨーロッパ、アジアへと広く移入されており、その大きさと旺盛な食欲から在来の脊椎動物にとって脅威となっている。他にも特筆すべき種として、使わなくなったザリガニの巣穴にすむカニアナガエル（*L. areolatus*）や、フロリダに生息し、ブーブーという声で鳴くブタゴエガエル（*Aq. grylio*）などがいる。ヒョウガエルと呼ばれる多数の仲間は、ジャンプに適した長い後肢と水かきが大きく張った後足をもち、目立つ斑点模様の入ったカエルで、ヒョウガエル（*L. pipens*）やミナミヒョウガエル（*L. sphenocephalus*）などの種がいる。

アメリカアカガエル（*Boreorana sylvatica*）はカナダ北部とアラスカ州の森林や沼地に生息している。本種は世界で最も低温に適応した両生類であり、独自

分布
アジア、ヨーロッパ、アメリカ大陸、オーストラレーシア

属
アメリカミズベアカガエル属（*Amerana*）、ハヤセガエル属（*Amolops*）、ミズアカガエル属（*Aquarana*）、バビナ属（*Babina*）、アメリカアカガエル属（*Boreorana*）、フタイロアカガエル属（*Clinotarsus*）、ツチガエル属（*Glandirana*）、フウハヤセガエル属（*Huia*）、イケガエル属（*Hylarana*）、ヒョウアカガエル属（*Lithobates*）、シセンアカガエル属（*Liuhurana*）、ボルネオハヤセガエル属（*Meristogenys*）、ハラブチガエル属（*Nidirana*）、ニオイガエル属（*Odorrana*）、トノサマガエル属（*Pelophylax*）、アカガエルモドキ属（*Pseudorana*）、アカガエル属（*Rana*）、フィリピンイケガエル属（*Sanguirana*）、ナガレガエル属（*Staurois*）、スマトラアカガエル属（*Sumaterana*）、ウィジャヤラナ属（*Wijayarana*）

190 WESTERN HEMISPHERE LEOPARD, WATER & BROWN FROGS

の属に分類されている。このカエルの体温は冬眠するあいだに氷点下まで下がり、体が凍り付くが、循環器系に満たされたグルコースのおかげで凍結による損傷を受けず、春になると解けて元どおりになるのだ。

　ヒョウアカガエル属はメキシコから南アメリカ北部にかけて分布しているが、エクアドルに生息するものはわずか3種と少なく、アマゾンに生息するものは分布域の広いナンベイアカガエル (*L. palmipes*) の1種だけだ。

　ヒョウアカガエル属ではニカラグアのリトルコーンガエル (*L. miadis*)、ラス・ミナス湖（標高2324m）に生息するラスミナスガエル (*L. chichucuahutla*)、プエプラガエル (*L. pueblae*)、メキシコのソチミルコガエル (*L. tlaloci*)、ルイジアナ州のウスグロゴファーガエル (*L. sevosus*) の5種が「深刻な危機（CR）」に指定されている。

　近年設立されたアメリカミズベアカガエル属 (*Amerana*) は北アメリカに生息し、アメリカアカガエル属のいないカナダのブリティッシュコロンビア州からメキシコのバハ・カリフォルニア州までの地域に分布している。アカアシガエル (*A. aurora*) をはじめとして、8種のうちほとんどが"アカアシ（赤脚）ガエル"や"キアシ（黄脚）ガエル"と呼ばれている。キバラアカガエル (*A. luteiventris*) は最も北に生息する種で、その分布域はアラスカ州南東部にまで及んでいる。

生息環境
熱帯雨林、森林、草原、山地、湿地、河川、湖、池、洞窟

大きさ
ヒメシブキガエル (*St. parvus*) のオス25mmからウシガエル (*Aq. catesbeiana*) の220mmまで

活動
昼行性、夜行性で地上生、水生、樹上生

繁殖
流れのない池から急流の小川までで繁殖し、卵は塊で産む。一部のオタマジャクシは腹部に吸盤をもっており、ほとんどの場合は数カ月で変態を迎えるが、ウシガエルは子ガエルになるまでに1〜2年かかることもある

食性
ほとんどの種は無脊椎動物を食べるが、ウシガエルなどの一部の種は大型なため、他のカエルや小型の脊椎動物、ヘビさえエサにしている

ICUN保全状況
CR（深刻な危機）＝9、EN（危機）＝33、VU（危急）＝43、NT（準絶滅危惧）＝24；危機に瀕している種の割合＝25％

上）キバラアカガエル (*Amerana luteiventris*) は繁殖のあと、オタマジャクシを狙ってやってくるガーターヘビ類 (*Thamnophis*) に食べられないように繁殖地を離れる

アカガエル科 Ranidae
東半球のアカガエル、トノサマガエル、ハヤセガエル

　アカガエル科はユーラシア大陸と熱帯アジアで最もよく見られるカエルで、25属360種で構成されている。北アメリカ西部にも分布しているアカガエル属（Rana）はユーラシアに47種が生息する、旧北区（生物地理区の1つで、熱帯アジアを除くユーラシア大陸全域とサハラ砂漠以北のアフリカ含む地域）で最大級の属の1つだ。ヨーロッパアカガエル（R. temporaria）はアイルランドからカザフスタンにかけて分布している。旧北区のアカガエル属の仲間は区別がつかないほど似たような外見をしており、体色は茶色で、強力な後肢と水かきが大きく張った後足、大きな眼をもち、暗色の縞が鼻先から両眼と鼓膜を横切って肩まで入っており、体の両側には盛り上がった皮膚のひだがある。

　トノサマガエル属（Pelophylax、22種）はふつう緑色をしており、アカガエル属が日陰にある低温の水辺を好むのに対して、トノサマガエル属は日光を好む。アカガエル属の種は後肢の長さで同定できることもあるが、トノサマガエル属の一部、とくに異種交配で生まれた交雑種の場合はDNA分析でなければ判別できない。たとえばフランス南部とスペイン北部に生息するワライガエル（Pe. ridibundus）とペレスワライガエル（Pe. perezi）からはグラフコウザツガエル（Pe. kl. grafi）が、ワライガエルとコガタトノサマガエル（Pe. lessonae）からはヨーロッパトノサマガエル（Pe. kl. esculentus）が生まれている。学名にある"kl."は、雑種生殖によって生まれた種であることを指す"クレプトン種（klepton species）"の略称だ。

　アカガエル科で最大の属であるハヤセガエル属（Amolops、73種）は"torrent frog（急流のカエル）"や"cascade frog（滝のカエル）"と呼ばれる、ネパールとインドから中国とマレーシアにかけて見られるカエルだが、急流や滝に生息するカエルは他の属にもいる。たとえばスマトラ島のスマトラアカガエル属（Sumaterana、3種）や、スマトラ島とジャワ島、タ

左ページ）ヨーロッパアカガエル（*Rana temporaria*）はヨーロッパ西部と北部に広く分布している

上）イギリスでは2カ所でしか知られていないコガタトノサマガエル（*Pelophylax lessonae*）だが、ヨーロッパ本土には広く分布している

右）ボルネオ島に広く分布するキボシナガレガエル（*Staurois guttatus*）は、岩の多い小川沿いにすむ半樹上生の種だ

イに生息するウィジャヤラナ属（*Wijayarana*、5種）、ボルネオ島とフィリピンに生息するナガレガエル属（*Staurois*、6種）などだ。上記の属のカエルはいずれも急流の小川にすむカエルで、熱帯雨林や山地の岩の多い小川によく見られる。

　ハヤセガエル属は水の抵抗が少ない扁平な体をしており、四肢の指先には岩にしっかりとつかまるための吸盤をもち、オタマジャクシの腹部にも同じ用途の大きな吸盤がある。アカマダラハヤセガエル（*Amolops loloensis*）は中国の四川省と雲南省の標高3700mまでの地域に生息している。目を引くキボシナガレガエル（*St. guttatus*）に代表される、ボルネオ島とフィリピンに生息するナガレガエル属は、オスが後足を振って他のオスを威嚇し、メスの気を引くという凝ったディスプレイ行動をとることから、"foot-flagging frog（足旗ガエル）" とも呼ばれている。鳴き声では水音にかき消されてしまうからだ。

　ニオイガエル属（*Odorrana*、62種）はインドから中国にかけてとボルネオ島、日本に分布する、渓流にすむ水生のカエルだ。ホースガエル（*O. hosii*）はミャンマーからボルネオ島までの森林の小

上）大型のアルファクアカガエル（*Papuarana arfaki*）はニューギニア島のアルファク山脈にちなんで名づけられたが、ニューギニア島全域とアルー諸島にも広く分布している

右ページ上）シロクチカワガエル（*Amnirana albolabris*）はアフリカ中部の熱帯雨林とビオコ島（赤道ギニア）に生息している

右ページ下）オオミドリニオイガエル（*Odorrana livida*）はバングラデシュからタイにかけての滝のある流れの速い渓流に生息している

川に生息している。その皮膚には小型の脊椎動物を殺すことのできる、悪臭のする毒が含まれている。中国のニオイガエル属は洞窟に生息しているという報告がある。中国のホラミミニオイガエル（*O. tormota*）は哺乳類のものに似た耳道をもっており、ほとんどのカエルの鼓膜が体表面にあるのに対して、本種では鼓膜が体の奥深くにある。この変わった特徴は、ボルネオ島の丘陵林の急流沿いに生息する大型のフウハヤセガエル（*Huia cavitympanum*、23ページ参照）にも見られる。両種とも超音波を使って鳴くカエルで、奥まった鼓膜には聴覚を高める働きがあると考えられている。

アフリカ・アジア・オーストラリアに分布する大規模なイケガエル属（*Hylarana*、107種）には、ニューギニア島に生息する大型のアルファクアカガエル（*H. arfaki*）ほか、小スンダ列島（インドネシア南東部および東ティモールにある、バリ島からティモール島のあいだの島からなる列島）や大スンダ列島（スマトラ島、ジャワ島、ボルネオ島、スラウェシ島およびその周辺の島からなる列島で、インドネシア、ブルネイ、マレーシアに属する）、モルッカ諸島（インドネシア）、東南アジア本土に分布する多くの種が含まれる。ソロモン諸島に生息するものはクレフトイケガエル（*H. kreffti*）の1種のみで、オーストラリア北部にはデーメルイケガエル（*H. daemeli*）がいるが、デーメルイケガエルの分布域の大部分はニューギニア島なので、英名のAustralian Wood Frogは不適切といえるだろう。

イケガエル属はアカガエル科で唯一、サハラ砂漠以南のアフリカにも見られる属で、アシナガシロクチカワガエル（*H. longipes*）などがアフリカ西部・中部・東部に生息している。トノサマガエル属は北アフリカにも分布し、サハラトノサマガエル（*Pe. saharicus*）が地中海沿岸からサハラ砂漠にかけての半砂漠や山地に生息している。ナイルトノサマガエル（*Pe. bedriagae*）の分布域はトルコと地中海東部沿岸だ。

アカガエル科では9種（うち5種がアメリカアカガエル属（*Lithobates*）が「深刻な危機（CR）」、33種が「危機（EN）」、43種が「危急（VU）」、24種が「準絶滅危惧（NT）」に指定されている。

ソロモンツノガエル科 Ceratobatrachidae —— **アルカルス亜科** Alcalinaeと**リュウガエル亜科** Liuraninae
東南アジアとヒマラヤ山脈のカエル

左）コガタヤマガエル（*Alcalus baluensis*）はボルネオ島全域に散在しているが、生態はよくわかっていない

右ページ）ヒマラヤトゲジタガエル（*L. himalayana*）はインドのアルナーチャル・プラデーシュ州の高地にあるタレバレー自然保護区のものしか知られていない、2019年に記載されたばかりの種だ

ソロモンツノガエル科は3亜科からなる多様な科で、そのうち2亜科は単一の属、もう1亜科は2属で構成されている。すべてのソロモンツノガエル属の仲間（繁殖方法がわかっているもの）に共通するのは直接発生をする点で、少数の大きな卵を落ち葉のなかに産み、オタマジャクシの段階を省略して子ガエルが孵化する。この共通点を除けば、体形にも好む環境にも大幅な違いがある。

アルカルス亜科（Alcalinae）はアルカルス属（*Alcalus*）の5種からなる亜科で、属名はフィリピンの生物学者、エンジェル・アルカラに由来している。3種がボルネオ島に、1種がフィリピンのパラワン島に生息しており、残る1種は東南アジア本土のミャンマー南部とタイのマレー半島部に見られ

凡例
(1) アルカルス亜科 Alcalinae（赤）、(2) リュウガエル亜科 Liuraninae（青）
分布
(1) ミャンマー、タイ、マレーシア、ボルネオ島、フィリピン（パラワン島）
(2) 中国（西蔵／チベット自治区）、インド北東部
属
(1) アルカルス属（*Alcalus*）、(2) リュウガエル属（*Liurana*）
生息環境
山地の熱帯雨林の小川、山地の混合常緑樹林または温帯林
大きさ
(1) コガタヤマガエル（*A. baluensis*）のオス25mmからスミスシワガエル（*A. tasanae*）のメス43mmまで、(2) コガタトゲジタガエル（*L. minuta*）のオス14.2mmからシザントゲジタガエル（*L. xizangensis*）のメス30.5mmまで
活動
夜行性で地上生
繁殖
(1) ほとんどわかっていないが、おそらく落ち葉のなかに産卵し、直接発生する (2) 直接発生で、卵は湿った落ち葉のなかに産み付けられて子ガエルが孵化する

る。いずれもやや小型だがずんぐりとした地上生のカエルで、きわめて狭い範囲の山地の熱帯雨林に生息している。背中の皮膚はざらざらしており、隠蔽模様をもつ。パラワンヤマガエル（*A. mariae*）とサイバウヤマガエル（*A. saiba*）が「危機（EN）」に指定されている。

　もう1つのリュウガエル亜科（Liuraninae）は中国の爬虫両生類学者、劉承釗（リュウチャンジャオ）にちなんで命名されており、他の2亜科からかなり北に離れたヒマラヤ山脈に生息している。リュウガエル属（*Liurana*）には7種が含まれ、"papilla-tongued frog（舌に乳頭状突起をもつカエル）"と呼ばれている。小型で隠蔽模様をもち、山地の常緑樹林や温帯林の落ち葉のなかにすむカエルで、中国・西蔵自治区（チベット自治区）のメトク県とインド北東部のアルナーチャル・プラデーシュ州を中心に分布し、標高550～3200mでの生息が記録されている。コウザントゲジタガエル（*L. alpina*）とシザントゲジタガエル（*L. xizangensis*）は「危急（VU）」に指定されている。

食性
おそらく林床にすむ小型の無脊椎動物

ICUN保全状況
EN（危機）=2、VU（危急）=2、NT（準絶滅危惧）=1；危機に瀕している種の割合=42%

ソロモンツノガエル科 Ceratobatrachidae —— ソロモンツノガエル亜科 Ceratobatrachinae

メラネシアのカエル

右ページ）シワエダアシガエル（*Platymantis corrugatus*）はきわめてよく見られる地上生のカエルで、パラワン島を除くフィリピン全域の落ち葉のなかに生息している

左）ソロモン諸島に分布するハナトガリガエル（*Cornufer guentheri*）は灰色から鮮やかなオレンジ色までと、体色の変異が非常に大きいカエルだ

近年、ソロモンツノガエル亜科内の分類には大幅な変更が加えられており、現在ではツノメガエル属（*Cornufer*、58種）とエダアシガエル属（*Platymantis*、32種）の2属のみが認められている。エダアシガエル属はパラワン島を除くフィリピンの固有属で、ツノメガエル属はニューギニア島（インドネシア と パプアニューギニア の2カ国の領土）、ニューブリテン島、アドミラルティ諸島、ブーゲンビル島（以上パプアニューギニア領）、ソロモン諸島を中心として、インドネシアのセラム島、パラオ共和国、フィジー共和国にも生息している。

両属の多くはざらざらした地味な色の皮膚をもつ地上生のカエルで、代表的なものにパプアエダアシガエル（*C. papuensis*）とシワエダアシガエル（*P. corrugatus*）がいる。大型のハナトガリガエル（*C. guentheri*）は地上生で待ち伏せ型の捕食者であり、さまざまな無脊椎動物を食べるだけでなく、小型の爬虫類や同種のカエルまでもエサにしている。グッピーオオソロモンガエル（*C. guppyi*）やヒキガエルに似たオオソロモンガエル（*C. bufoniformis*）

分布
フィリピン、インドネシア、パプアニューギニア、パラオ、ソロモン諸島、フィジー

属
ツノメガエル属（*Cornufer*）、エダアシガエル属（*Platymantis*）

生息環境
熱帯雨林、二次林、農園、庭園、島嶼

大きさ
シエラマドレコガタシワガエル（*P. pygmaeus*）のメス15mmからグッピーオオソロモンガエル（*C. guppyi*）のメス250mmまで

活動
夜行性で地上生、樹上生、水生、岩生、洞窟生

繁殖
直接発生し、知られている種は少数の大きな卵を産む

食性
昆虫、クモ形類に加え、小型の爬虫類やカエルも食べる（ハナトガリガエルの場合）

ICUN保全状況
CR（深刻な危機）＝1、EN（危機）＝9、VU（危急）＝10、NT（準絶滅危惧）＝11；危機に瀕している種の割合＝34%

丸囲み）ニューギニア島全域に生息し、よく見られるパプアエダアシガエル（*Cornufer papuensis*）は地上生で直接発生する種だ

下）特徴的なパプアキマダラガエル（*Cornufer citrinospilus*）はニューブリテン島のナカナイ山脈に生息している

などの一部の種はとくに水生傾向が強く、後足に大きな水かきをもっている。さらに、「深刻な危機（CR）」に指定されているギガンテエダアシガエル（*P. insulatus*）やケーブエダアシガエル（*P. spelaeus*）などは石灰岩のカルスト地形での生活に適応し、洞窟で暮らしている。

全体的に地上生とされている両属だが、バナナの木に生息するヴォルフエダアシガエル（*C. wolfi*）やソロモンエダアシガエル（*C. heffernani*）、キノボリエダアシガエル（*P. hazelae*）をはじめとした、背中の皮膚が滑らかで、指先に大きな吸盤状のふくらみをもつ樹上生の種も多数存在する。フィジーの固有種はフィジーオオツノメガエル（*C. vitianus*）とフィジーツノメガエル（*C. vitiensis*）の2種だけだ。

ギガンテエダアシガエルに加え、ソロモンツノガエル亜科では9種が「危機（EN）」に、10種が「危急（VU）」に指定されている。

コイワガエル科 Micrixalidae
コイワガエル

コイワガエル科は、以前はアカガエル科に含まれていたコイワガエル属（*Micrixalus*、24種）のみで構成されている。そのうちの14種は2014年に分子分析をもとに記載された。コイワガエル属はインド南西部のマハーラーシュトラ州からカルナータカ州、ケーララ州を通ってタミル・ナードゥ州まで連なる西ガーツ山脈の固有属だ。本属の発見により、この山脈の生物多様性ホットスポットとしての重要性が再確認されることとなった（204ページ、デカンガエル科 Nyctibatrachidaeも参照）。

コイワガエル属はやや小型のカエルで、鼻先は尖り、背中にはさまざまな模様が入っている。丘陵地の流れの速い小川沿いに見られ、こうした場所では鳴き声が水音にかき消されてしまうこともある。このような環境に生息するカエルは概して"torrent frog（急流のカエル）"と呼ばれている。ドウクツダンスガエル（*M. spelunca*）という種は洞窟にすんでいる。

最も研究の進んでいるのがマダラコイワガエル（*M. saxicola*）という種だ。コイワガエル属のオスは縄張り意識が強く、ディスプレイ行動をするための岩をライバルのオスから厳重に守ろうとする。その方法は、後肢を伸ばし、後足を広げて踊るような動きをする"足旗"と呼ばれるものだ。一部の種ではライバルを蹴ることさえある。この行動は鳴き声と組み合わせてメスの気を引くのにも使われており、これが"dancing frog（踊るカエル）"という通称の由来となっている。ペアが成立すると水中での抱接に移る。卵は小川の岸沿いにある岩の上に産み付けられることで水分が保たれる場合もあれば、小さな巣穴に産み付けられて覆い隠される場合もある。

コティージハルダンスガエル（*M. kottigeharensis*）のオスは鳴嚢が真っ白で、ディスプレイ行動の際には白い光が点滅するように見える。本種は「深刻な危機（CR）」に、ガダギルダン

分布
インド南西部

属
コイワガエル属（*Micrixalus*）

生息環境
熱帯雨林、常緑樹林、山地林の小川沿い

大きさ
ミヤビダンスガエル（*M. elegans*）の13mmからコイワガエル（*M. fuscus*）とコティージハルダンスガエル（*M. kottigeharensis*）の33mm

活動
昼行性で地上生、水生

繁殖
水中で抱接し、卵は小川の岸沿いか小さな巣穴に産み付けられる

食性
小型の無脊椎動物

ICUN保全状況
CR（深刻な危機）＝1、EN（危機）＝1、VU（危急）＝3、NT（準絶滅危惧）＝1；危機に瀕している種の割合＝25%

スガエル（*M. gadgili*）は「危機（EN）」に、他3種が「危急（VU）」、1種が「準絶滅危惧（NT）」に指定されている。その他のコイワガエル（*M. fuscus*）などの種は分布域内ではよく見られるが、ほとんどの種で分布域が極端に狭いことが問題となっている。保護区内に生息するものは3種に過ぎず、14種が一部保護された区域に、7種が保護されていない区域に生息しているのだ。

左ページ）コティージハルダンスガエル（*Micrixalus kottigeharensis*）は「深刻な危機（CR）」に指定されている

上）"足旗"で縄張りを誇示する、2匹のコティージハルダンスガエル（*Micrixalus kottigeharensis*）のオス

下）水のたまったキノコに隠れるキタダンスガエル（*Micrixalus uttaraghati*）

インドアカガエル科 Ranixalidae
インドアカガエル

左）「深刻な危機（CR）」に指定されているガマハダインドアカガエル（*Walkerana phrynoderma*）は、100のEDGE種（進化的に独特かつ世界的に絶滅のおそれのある種）の両生類の1つにも挙げられている

右ページ上）ベッドドームインドアカガエル（*Indirana beddomii*）はインド南部でふつうに見られるカエルだ

右ページ下）グンディアアカガエル（*Indirana gundia*）も「深刻な危機（CR）」に指定されている

　インドアカガエル科にはインドアカガエル属（*Indirana*、14種）とウォーカーラナ属（*Walkerana*、4種）の2属が含まれ、どちらの仲間も"leaping frog（跳ねるカエル）"として知られている。インドアカガエル属の種はふつうウォーカーラナ属の種よりもやや大型ではあるが、本科の仲間はいずれもかなり小型のカエルだ。外見はアカガエル科に似ており、ややがっしりした体に力強い後肢、尖った頭、大きな眼をもち、眼の後ろに暗色の縞が入っていて鼓膜が視認しにくい場合が多い。後足の水かきはインドアカガエル属のほうがより指先まで張っている。

　インドアカガエル科はインド南西部のグジャラート州からタミル・ナードゥ州にかけて連なる西ガーツ山脈に固有の科だ。山脈を東西に横切る峠道は、種の分布の境界線として重要な役割を果たしている。その1つであるパーラカード（パールガート）峠道は、南のアナイマライ丘陵と南のニルギリ丘陵を隔てる道だ。ベッドドームインドアカガエル（*I. beddomii*）、バドラアカガエル（*I. bhadrai*）、イワバインドアカガエル（*I. paramakri*）、ネトラバリアカガエル（*I. salelkari*）、ムドゥガアカガエル

分布
インド南西部（西ガーツ山脈）

属
インドアカガエル属（*Indirana*）、ウォーカーラナ属（*Walkerana*）

生息環境
落葉樹林または常緑樹林、小川の岸、水田、岩石の露頭

大きさ
ヤデラインドアカガエル（*I. yadera*）のメス27mmからグンディアアカガエル（*I. gundia*）のメス54mmまで

活動
詳しくは不明だが、昼行性、夜行性で地上生

繁殖
詳しくは不明だが、オタマジャクシは半地上生で岩の上で生活する

食性
小型の無脊椎動物

ICUN保全状況
CR（深刻な危機）＝2、EN（危機）＝3、VU（危急）＝1；危機に瀕している種の割合＝33％

(*W. muduga*) はこの北側に、ギュンターインドアカガエル (*I. brachytarsus*)、サロジャンマアカガエル (*I. sarojamma*)、ヤデラインドアカガエル (*I. yadera*)、ハンテンインドアカガエル (*W. diplostica*) は南側に分布している。ヒメアシインドアカガエル (*I. semipalmata*) は峠道の両側で見られることから、形態的に似た2つの種から構成

されているのではないかと考えられている。パーラカードからはるか北のゴア峠道も、同じように境界線として機能している。

インドアカガエル科の生息場所は標高1600mまでの落葉樹林または常緑樹林、岩石の露頭、小川の岸、洞窟だ。日中でも夜間でも、林床の落ち葉のなかで見られることがある。

この科についてはあまり研究が進んでおらず、生態についてはほとんどわかっていないが、ある変わった特徴が報告されている。それは一部の種のオタマジャクシが半地上生であり、四肢が発達する前から長い尾を使って地上を動き回ることができるというものだ。

ガマハダインドアカガエル (*W. phrynoderma*) とグンディアアカガエル (*I. gundia*) が「深刻な危機 (CR)」に、他3種が「危機 (EN)」に、1種が「危急 (VU)」に指定されている。

デカンガエル科 Nyctibatrachidae──ホシゾラガエル亜科 Astrobatrachinae、セイロンナミガタガエル亜科 Lankanectinae、デカンガエル亜科 Nyctibatrachinae

インドとスリランカのカエル

右ページ）マハラシュトラデカンガエル（*Nyctibatrachus humayuni*）はインド南部に生息するカエルからなる大きな属の1種だ

下）ホシゾラガエル亜科の唯一の種であるホシゾラガエル（*Astrobatrachus kurichiyana*）

デカンガエル科は3つの亜科からなる古い科だ。ホシゾラガエル亜科（Astrobatrachinae）はインド南部・ケーララ州を通る西ガーツ山脈のクリチマルヤラ地方で発見された、ホシゾラガエル（*Astrobatrachus kurichiyana*）のために2019年に設立されたばかりだ。本種は小型の淡褐色と暗灰色をしたカエルで、脇腹と腹には多数の小さな白い斑点が入り、四肢の下面はオレンジ色になっている。夜行性で地上生の人目につきにくい種であり、ふつうは水辺の近くの、山地林の落ち葉のなかに生息する。その他の生態はほとんどわかっていない。

セイロンナミガタガエル亜科はスリランカ南部に固有の亜科で、広く分布するセイロンナミガタガエル（*Lankanectes corrugatus*）と、近年記載され、キャンディ（スリランカ中部州の州都）にあるペラデニヤ大学にちなんでその学名がつけられたペラナミガタガエル（*L. pera*）の2種で構成されている。両種とも完全水生の扁平な体をしたカエルで、背中には数列の隆起線が通っている。セイロンナミガタガエルは標高60〜1525mに、ペラナミガタガエルは標高1100m付近に生息する。セイロンナミガタガエル属は口のなかに生えた牙状の歯を利用して水生無脊椎動物を捕食するが、それだけでなくトンボやムカデ、ミミズといった多様な獲物もエサにしている。夜行性である

凡例
(1) ホシゾラガエル亜科（赤）、(2) セイロンナミガタガエル亜科（青）

分布
インド南部、スリランカ

属
(1) ホシゾラガエル属（*Astrobatrachus*）、(2) セイロンナミガタガエル属（*Lankanectes*）、(3) デカンガエル属（*Nyctibatrachus*）

生息環境
山地林、常緑樹林、森林の急流、沼沢、水田

大きさ
(1) ホシゾラガエル（*A. kurichiyana*）のオス27mmからメス29mmまで、(2) ペラナミガタガエル（*L. pera*）の8mmからセイロンナミガタガエル（*L. corrugatus*）のメス71mmまで、(3) ベッドドームデカンガエル（*N. beddomii*）の13mmからオオデカンガエル（*N. karnatakaensis*）の84mmまで

活動
夜行性でときに昼行性、地上生、水生

繁殖
詳しくはわかっていないが、一部の種（マハラシュトラデカンガエル）では抱接の際に体をつかまず、卵は水上に張り出した葉に

産み付けられ、孵化したオタマジャクシは水中に落ちる

食性
おそらく小型の無脊椎動物

ICUN保全状況
CR（深刻な危機）＝3、EN（危機）＝5、VU（危急）＝3、NT（準絶滅危惧）＝1；危機に瀕している種の割合＝32％

が、繁殖の習性についてはまだ知られていない。セイロンナミガタガエルは底に泥がたまった水路を好むが、水質汚染の影響で「深刻な危機（CR）」に指定されている。いっぽう、砂がたまった水路にすむペラナミガタガエルは「準絶滅危惧（NT）」に指定されている。

デカンガエル亜科もデカンガエル属（*Nyctibatrachus*、36種）のみからなる単型亜科だ。インドのマハーラーシュトラ州からタミル・ナードゥ州にかけて連なる西ガーツ山脈に見られるが、ほとんどの種は分布域の南端に生息している。ふつうは山地常緑樹林の岩の多い小川にすむが、一部の種は沼沢に生息している。生態は夜行性で地上生、または樹上生だ。マハラシュトラデカンガエル（*N. humayuni*）は繁殖の際に、一風変わった儀式のような行動をとる。メスがオスに背を向けて近づき、その後抱接に移るが、卵が産まれる前にオスはメスの背中から離れるのだ。卵は水上に張り出した葉にくっつけられ、孵化したオタマジャクシはそのまま水中に落ちる。

ダッタトレーヤデカンガエル（*N. dattatreyaensis*）とゴダグデカンガエル（*N. sanctipalustris*）が「深刻な危機（CR）」に、他5種が「危機（EN）」に、3種が「危急（VU）」に指定されている。

左上）セイロンナミガタガエル（*Lankanectes corrugatus*）はスリランカ固有のセイロンナミガタガエル亜科を構成するわずか2種のうちの1種だ

ヌマガエル科 Dicroglossidae —— **ヌマガエル亜科** Dicroglossinae、**ウキガエル亜科** Occidozyginae

ヌマガエル類

右ページ上）カニクイガエル（*Fejervarya crancrivora*）は塩水に耐性のあるカエルで、マングローブの沼地に生息し、海生の甲殻類をエサにしている

下）インドでは個体数が安定しているインドトラフガエル（*Hoplobatrachus tigrinus*）はマダガスカルに移入されており、在来種のカエルの脅威となっているおそれがある

ヌマガエル科は2亜科15属214種で構成される、主にアジアに分布するカエルの仲間だ。イランから日本にかけてと、南はニューギニア島までに見られるが、アラビアスキッパーガエル（*Euphlyctis ehrenbergii*）はアラビア半島南西部に生息し、アフリカトラフガエル（*Hoplobatrachus occipitalis*）は唯一アフリカに生息している種だ。アフリカトラフガエルはサハラ砂漠以南のアフリカ全域に分布し、オタマジャクシはマラリアを媒介するカの幼虫をエサにしている。インドトラフガエル（*H. tigrinus*）はマダガスカルに移入されており、在来種のカエルを脅かしている可能性がある。インドネシアとマレーシアに生息するカニクイガエル（*Fejervarya cancrivora*）は最も塩分に耐性のあるカエルで、マングローブの沼地にすんでいる。ウェタルイボガエル（*F. verruculosa*）をはじめとした、その他のヌマガエル属（*Fejervarya*）の生息地は水田だ。

クールガエル属（*Limnonectes*、77種）は最大の属で、東南アジアに生息する、ヌマガエル科で最大の種であるブライスガエル（*L. blythi*）などがいる。本属は下顎の大きな歯を使って争いや狩りをする。オオボルネオガエル（*L. leporinus*）は他のカエルを捕食するほど大型のカエルだ。本属はふつうオスよりメスのほうが大きいが、オオグチグールガエル（*L. megastomias*）ではこの傾向が逆転しており、オスは鳥を食べることもあるといわれている。しかしヌマガエル

ヌマガエル亜科

分布
アジア、ニューギニア島、アフリカ

属
カシミールガエル属（*Allopaa*）、カラチトゲガエル属（*Chrysopaa*）、スキッパーガエル属（*Euphlyctis*）、ヌマガエル属（*Fejervarya*）、トラフガエル属（*Hoplobatrachus*）、クールガエル属（*Limnonectes*）、インドマガエル属（*Minervarya*）、セイロンガエル属（*Nannophrys*）、タカネガエル属（*Nanorana*）、オムブラナ属（*Ombrana*）、ガマカワガエル属（*Phrynoderma*）、トゲガエル属（*Quasipaa*）、ホウマクガエル属（*Sphaerotheca*）

生息環境
森林、沼地、草原、池、マングローブ林（カニクイガエルの場合）、山地などのほとんどの環境

大きさ
ベンガルヌマガエル（*M. syhadrensis*）の19mmからブライスガエル（*L. blythi*）の260mmまで

活動
夜行性で地上生、水生

繁殖
脇つかみで抱接し、水生のオタマジャクシか直接発生を経て子ガエルが孵化する

食性
カニなどの無脊椎動物、他のカエル、植物

ICUN保全状況
EX（絶滅）＝1、CR（深刻な危機）＝1、EN（危機）＝14、VU（危急）＝16、NT（準絶滅危惧）＝13；危機に瀕している種の割合＝23%

亜科のすべての種が肉食というわけではなく、インドヌマガエル（*Phrynoderma hexadactylum*）などは植物も食べる。

　タカネガエル属（*Nanorana*、31種）はヒマラヤ山脈の高所に生息し、たとえばタカネガエル（*N. parkeri*）は標高2850〜5000mに見られる。単型属の種であるシッキムガエル（*Ombrana sikimensis*）もヒマラヤ山脈に生息している。ヌマガエル亜科の小型のカエルは多くが水生で、たとえばスキッパーガエル（*Euphlyctis cyanophlyctis*）は少しでも危険を感じると四肢を広げた姿勢をとり、水面を滑るようにして逃げる。他の種は、たとえばインドスナガエル（*Sphaerotheca breviceps*）のように、よりがっしりとして丸みを帯びた体つきをしている。

　ウキガエル亜科は2属からなり、最大の属はウキガエル属（*Occidozyga*、16種）だ。本亜科の仲間は水生で、草原や沼地、小川に生息している。

　スリランカに分布するギュンターセイロンガエル（*Nannophrys guentheri*）は「絶滅（EX）」したとされており、アンダマン諸島（インド、ミャンマーに属する）のダーウィンアンダマンガエル（*Minervarya charlesdarwini*）とインドネシア・スラウェシ島のトンポティカガエル（*Occidozyga tompotika*）は「深刻な危機（CR）」に指定されている。その他14種が「危機（EN）」、18種が「危急（VU）」、14種が「準絶滅危惧（NT）」に分類されている。

右）ウキガエル（*Occidozyga laevis*）は眼が背中寄りについているため、水面に浮かぶとき頭全体を水上に出す必要がない

ウキガエル亜科

分布
アジア

属
インガーガエル属（*Ingerana*）、ウキガエル属（*Occidozyga*）

生息環境
氾濫した草原、沼地、淀んだ池、小川

大きさ
アミメインガーガエル（*I. reticulata*）の18mmからウキガエル（*O. laevis*）の60mmまで

活動
夜行性で半水生、水生

繁殖
ふつうは脇つかみで抱接し、水生のオタマジャクシか直接発生を経て子ガエルが孵化する

食性
水生と地上生の無脊椎動物

ICUN保全状況
CR（深刻な危機）＝1、VU（危急）＝2、NT（準絶滅危惧）＝1；危機に瀕している種の割合＝21％

207

ケンシガエル科 Odontobatrachidae
西アフリカの「歯」をもつカエル

ケンシガエル科はアフリカに分布するカエルの科としては最小級で、ケンシガエル属（*Odontobatrachus*、5種）の1属のみで構成されている。2015年までは1905年に記載されたケンシガエル（*O. natator*）の1種だけが認められていたが、綿密な分子研究の結果、さらに4種の隠蔽種が判明した。

ケンシガエル属は西アフリカの熱帯雨林に固有のカエルだ。ケンシガエルはギニア南東部、シエラレオネ、リベリアに生息し、新たに記載されたアルントケンシガエル（*O. arndti*）はギニア、リベリア、コートジボワールに、フータケンシガエル（*O. fouta*）とスミスケンシガエル（*O. smithi*）はギニア西部に、そしてジアマケンシガエル（*O.*

分布
西アフリカ

属
ケンシガエル属
（*Odontobatrachus*）

生息環境
標高1300mまでの熱帯雨林の急流や滝

大きさ
ジアマケンシガエル（*O. ziama*）のオス50mmからアルトケンシガエル（*O. arndti*）のメス64mmまで

活動
夜行性で地上生、水生、ときに樹上生

繁殖
地上に産卵し、オタマジャクシは急流での生活に適応している

食性
植物や他のカエルなど多様

ICUN保全状況
データなし

ziama）はギニア南東部に生息している。このなかで、ジアマケンシガエルは標高1300mまでの生息が記録されている。5種すべてが流れの速い河川に生息し、とくに岩の多い急流の周辺の岩や植物の上でよく見られる。おそらく西アフリカの熱帯雨林には、さらなる未発見の種が生息しているだろう。

　本属はやや大型のカエルで、イボだらけのざらざらした皮膚には斂状の腺が並び、四肢の指先には二股に分かれた吸盤がある。オスは大腿部の下面に大きな楕円形の腺をもっており、これはメスにもまれに見られることがあるが、その役割はわかっていない。しかし、本属の最大の特徴は口のなかにあるといっていいだろう。

　それはオス、メスともに上顎骨とその前方にある前上顎骨に後ろ向きに生えた大きな歯をもち、さらに下顎骨に1対の牙状の突起が生えている点だ。この"牙"は他のカエルを仕留めて飲み込むのに役立っていると考えられている。そのため、本属は"saber-toothed frog（剣歯ガエル）"という別名でも呼ばれている。さらにこの"牙"はライバルのオスとの争いにも使われ、相手に相当な怪我を負わせる武器となる。意外かもしれないが、このカエルのエサには植物性のものも含まれているようだ。卵は地上の飛沫帯に産み付けられ、オタマジャクシは流線型で口に大型の吸盤をもっているため、岩に付着して流れに逆らって泳ぐことができる。

上） アフリカ西部のニンバ山（コートジボワール、ギニア、リベリア領）に生息するアルトケンシガエル（*Odontobatrachus arndti*）は、分子データをもとに同定された

左ページ） ケンシガエル（*Odontobatrachus natator*）は1905年から2015年まで単一の種と考えられていた

クチボソガエル科 Hemisotidae
クチボソガエル

　クチボソガエル科はサハラ砂漠以南のアフリカに分布するカエルで構成される小さな科で、フクラガエル科（Brevicipitidae）と近縁な関係にある。クチボソガエル属（Hemisus、9種）のみで構成され、"piglet frog（子ブタガエル）"とも呼ばれている。丸々とした体に鋭く尖った短い鼻先、小さい眼、短い四肢をもったカエルだ。固い鼻先を使って巣穴を掘る習性があり、前肢で土を後ろに払いのけながら力強い後肢で体を前に押し進めていく。生息環境はさまざまな種類の森林やサバンナだ。

左）キボシクチボソガエル（Hemisus guttatus）はアフリカ西部・中部・東部に最も広く分布する種だ

上）デウィッテクチボソガエル（Hemisus wittei）はコンゴ民主共和国南部にあるウペンバ国立公園とザンビア北部に生息している

右ページ）ペレットクチボソガエル（Hemisus perreti）はガボンからコンゴ民主共和国にかけての大西洋沿岸の帯雨林に見られる

分布
サハラ砂漠以南のアフリカ

属
クチボソガエル属（Hemisus）

生息環境
低地と高地の熱帯雨林、熱帯と亜熱帯のサバンナ、サバンナの林地、河谷林

大きさ
バロツェクチボソガエル（H. barotseensis）のオス30mmからキボシクチボソガエル（H. guttatus）のメス80mmまで

活動
夜行性で地中生

繁殖
股つかみで抱接し、メスは巣穴をつくって卵とオタマジャクシの世話をする

食性
夜行性のシロアリ、ミミズ

ICUN保全状況
NT（準絶滅危惧）＝1；危機に瀕している種の割合＝11%

SHOVEL-NOSED FROGS

　ギニアクチボソガエル（H. guineensis）とマダラクチボソガエル（H. marmoratus）の2種はアフリカ中部と西部に広く見られるが、それ以外の種の分布は局所的だ。マシリワクチボソガエル（H. brachydactylus）はタンザニア中部に生息し、バロツェクチボソガエル（H. barotseensis）はザンビア北西部に、デウィッテクチボソガエル（H. wittei）とオリーブクチボソガエル（H. olivaceus）はコンゴ民主共和国に見られる。ペレットクチボソガエル（H. perreti）はガボンからコンゴ民主共和国にかけての沿岸部に分布し、最も南に分布するキボシクチボソガエル（H. guttatus）は南アフリカ共和国のクワズールー＝ナタール州に生息している。ほとんどは低地種だが、ズワイクチボソガエル（H. microscaphus）の生息地は標高1500～2700mのエチオピア高原だ。

　繁殖は雨季の初めに行なわれ、オスは鳴き声でメスの気を引く。メスは自ら掘った巣穴のなかに200個（マダラクチボソガエル）から2000個（キボシクチボソガエル）の卵を産み、孵化するまで付き添ったあと、巣穴を壊してオタマジャクシが水辺に移れるようにする。自由遊泳性のオタマジャクシが過ごす水たまりは一時的なものであるため、1カ月も経たないうちに変態を迎えて子ガエルになる必要がある。クチボソガエルは夜行性のシロアリを食べるが、ミミズもエサにすることがある。

　キボシクチボソガエルの1種のみが「準絶滅危惧（NT）」とされているが、マシリワクチボソガエル、バロツェクチボソガエル、デウィッテクチボソガエルは「データ不足（DD）」のため実際の保全状況は不明だ。その他5種が「低懸念（LC）」に指定されている。

フクラガエル科 Brevicipitidae
フクラガエル類

左）アメフクラガエル（*Breviceps adspersus*）はアフリカ南部に生息するフクラガエル属のうち、最も広く分布している種だ

右ページ上）エチオピアのバレ山地に固有のバレフクラガエル（*Balebreviceps hillmani*）は「深刻な危機（CR）」に指定されている

右ページ下）タンザニアのウサンバラ山地にすむマズンバイカクレガエル（*Callulina kisiwamsitu*）は「危機（EN）」に指定されている

　フクラガエル科はサハラ砂漠以南のアフリカに分布する5属37種で構成される。フクラガエル属（*Breviceps*、20種）が最大で、最も広く分布している属でもある。人目につきにくいカエルで、後ろ向きにかなりの速さで掘った巣穴でほとんどの時間を過ごし、雨のあとにのみ地上に現れる。体つきは丸く、イチゴフクラガエル（*Br. acutirostris*）などの種ではこの特徴がとくに際立っており、膨らませた小さな風船に四肢と顔がついたような姿をしているが、どの種も口の端が下がっていることから"不機嫌"そうな印象を受ける。タンザニアから南アフリカ共和国にかけての半乾燥のサバンナや砂漠の草原に生息し、アメフクラガエル（*Br. adspersus*）は同属全体の分布域の大部分で見られる。南アフリカ共和国には17種が生息し、うち13種が固有種だ。ホビットフクラガエル（*Br. bagginsi*）という名前は、このカエルの穴掘りの習性をうまく表している（訳注：ホビットとはJ・R・R・トールキンのファンタジー小説に登場する小人の種族で、丘陵地に穴を掘って生活している）。

　エチオピアのバレ山地の標高3000mには、「深刻な危機（CR）」に指定されている単型属のバレフク

分布
アフリカ東部

属
バレフクラガエル属（*Balebreviceps*）、フクラガエル属（*Breviceps*）、カクレガエル属（*Callulina*）、ヒガシアフリカフクラガエル属（*Probreviceps*）、シマフクラガエル属（*Spelaeophryne*）

生息環境
乾燥または半乾燥地の砂漠、草原、サバンナの林地、山地林

大きさ
ローズフクラガエル（*Br. rosei*）のオス15mmからケープフクラガエル（*Br. gibbosus*）のメス80mmまで

活動
夜行性で地上生、地中生、樹上生

繁殖
直接発生し、巣穴に産み付けられた卵から子ガエルが孵化する

食性
アリから甲虫までの地上生無脊椎動物

ICUN保全状況
CR（深刻な危機）＝8、EN（危機）＝7、NT（準絶滅危惧）＝4；危機に瀕している種の割合＝51％

ラガエル（*Balebreviceps hillmani*）が生息している。本種のオスはメスを引きつけるために鳴くことはなく、夜行性で、日中は石の下で過ごす。ヒガシアフリカフクラガエル属（*Probreviceps*、6種）はアフリカ東部の東リフト山脈の森林に生息している。うち5種がタンザニアの固有種で、コウチバットリガエル（*P. rhodesianus*）はジンバブエの固有種だが、いずれも「危機（EN）」に指定されている。

カクレガエル属（*Callulina*、9種）も主にタンザニアに分布し、タイタカクレガエル（*C. dawida*）だけがケニアに生息している。本属は小型で半樹上生、夜行性の山地林にすむカエルだ。7種が「深刻な危機（CR）」に、1種が「危機（EN）」に指定されている。最後の属は単型属で、アフリカシマガエル（*Spelaeophryne methneri*）のみからなる。タンザニアに生息するめったに見られないカエルで、黒い体に赤いV字模様が入っている。

本科のオスは短い四肢のせいで大きなメスにつかまるのが難しいため、抱接の際には分泌液でメスの背中にくっつく。卵は巣穴に産み付けられると、すぐに直接発生を経て子ガエルが孵化する。オオモリガエル（*P. macrodactylus*）は孵化期間中、巣を守る。外敵に対しては体を膨らませる、毒性の化学物質を分泌するなどの手段で防御し、アフリカシマガエルの場合は自ら皮膚を脱ぎ捨てる自切を行なって身を守る。

クサガエル科 Hyperoliidae —— クサガエル亜科 Hyperoliinae

クサガエル類

上）フォルナシーニバナナガエル（*Afrixalus vibekensis*）はコートジボワールからガーナにかけて見られる美しい種だ

クサガエル亜科は9属で構成され、そのなかにはアフリカに生息するカエルの属で最大のクサガエル属（*Hyperolius*、143種）も含まれている。クサガエル属は小型で滑らかな皮膚をもったカエルで、水かきの張った指の先には吸盤があり、瞳孔は横長で、鼓膜は露出せず、池の周りのヨシ（アシ）（イネ科の多年草）にとまって過ごしている。ソメワケクサガエル（*Hyperolius pictus*）をはじめとした多くの種は多型性だが、それ以外の種は紛らわしいほど似かよっており、淡緑色の体に淡黄色の縞模様が共通している。一部の種は日中と夜間で体色を変えることができる他、オスとメスで体色が異なる性的二色性を示すものもいる。生息地は高地も含むさまざまな場所で、たとえばブラウンクサガエル（*Hy. castaneus*）はコンゴ民主共和国の標高1600～2850mに生息している。

サハラ砂漠以南のすべての国に見られるが、とくに多くの種が生息しているのはコンゴ民主共和国（45種）、タンザニア（39種）、そしてカメルーン（31種）だ。赤道ギニアのビオコ島には3種が生息し、固有種はサントメ・プリンシペ民主共和国に3種、タンザニアのウングジャ島（ザンジバル島）とペンバ島に2種がいる。メスが卵を守り、孵化を助けたのちオタマジャクシを水辺まで導くものもおり、その1種であるルンピスモリガエル（*Hy. jynx*）は「深刻な危機（CR）」に指定されている。

バナナガエル属（*Afrixalus*、35種）は棘だら

分布
サハラ砂漠以南のアフリカ、ビオコ島、サントメ・プリンシペ、ウングジャ島、ペンバ島、マダガスカル、セーシェル諸島

属
バナナガエル属（*Afrixalus*）、コンゴガエル属（*Congolius*）、ロウクサガエル属（*Cryptothylax*）、マダガスカルクサガエル属（*Heterixalus*）、クサガエル属（*Hyperolius*）、ヒメアルキガエル属（*Kassinula*）、モレーレガエル属（*Morerella*）、キイロクサガエル属（*Opisthothylax*）、セーシェルクサガエル属（*Tachycnemis*）

生息環境
原生熱帯雨林、荒廃した森林、河谷林、乾燥林、沿岸林、サバンナの林地、氾濫した草原、農地、沼地、河川、池、乾燥した草原、低地、高地、島嶼

大きさ
コガタクサガエル（*Hy. minutissimus*）のオス17mmからセーシェルクサガエル（*T. seychellensis*）のメス76mmまで

活動
夜行性で樹上生、または登攀性で水辺や湖上に生えた植物にとまる

214　AFRICAN REED FROGS

けの頭と体に縦長の楕円形の瞳孔をもったカエルだ。コンゴ民主共和国（12種）、タンザニア（11種）、カメルーン（11種）に多く見られる。エチオピア高原には2種の固有種、クラークバナナガエル（*A. clarkei*、標高820〜2030m）とソウゲンバナナガエル（*A. enseticola*、標高1700〜2750m）がおり、前者は「危機（EN）」に、後者は「危急（VU）」に指定されている。オオバナナガエル（*A.*

fornasini）は他のカエルの卵を食べる。

　マダガスカルクサガエル属（*Heterixalus*、11種）の瞳孔は縦長のひし形で、目頭側の縁は角張っており、目尻側の縁は丸みを帯びている。本属は模様の変異が大きいため、種を同定するには鳴き声を聞く必要がある。クサガエル亜科には他にも、コンゴガエル（*Congolius robustus*）やロウクサガエル属（*Cryptothylax*）の2種、アオメモレーレガエル（*Morerella cyanophthalma*）、キイロクサガエル（*Opisthothylax immaculatus*）、ヒメアルキガエル（*Kassinula wittei*）といった独特な種がいる。最大種のセーシェルクサガエル（*Tachycnemis seychellensis*）の生息地はセーシェル共和国の花崗岩の島々だ。5種が「深刻な危機（CR）」に、それぞれ16種が「危機（EN）」と「VU（危急）」に、そして6種が「準絶滅危惧（NT）」に指定されている。

繁殖
脇つかみで抱接し、卵は水上に張り出した葉や水中、水面に浮かぶ植物に産み付けられる。オタマジャクシはクサガエル属の一部の地上生の種（卵を守るもの）を除いて肉食性

ICUN保全状況
CR（深刻な危機）=5、EN（危機）=16、VU（危急）=16、NT（準絶滅危惧）=6；危機に瀕している種の割合=23%

食性
おそらく小型の無脊椎動物や他のカエルの卵（オオバナナガエルの場合）

上）ヘンゲクサガエル（*Hyperolius viridiflavus*）には少なくとも50の異なる体色パターンがある

丸囲み）マダガスカルクサガエル属（*Heterixalus*）はマダガスカルの固有属だ。写真は東部に分布するマダガスカルクサガエル（*Heterixalus madagascariensis*）

クサガエル科 Hyperoliidae──
アルキガエル亜科 Kassininae、**トゲアシクサガエル亜科** Acanthixalinae、**所属不明**（*incertae sedis*）

アルキガエル、ツヤガエル、トゲアシクサガエル

アルキガエル亜科は4属から構成される。アルキガエル属（*Kassina*、15種）のアルキガエル（*K. senegalensis*）はセネガルからソマリア、南アフリカ共和国にかけて広く分布し、南アフリカ共和国では単型属のギンスジアルキガエル（*Semnocactylus wealii*）と分布域が重複している。ジョザニアルキガエル（*K. jozani*）はウングジャ島（ザンジバル島）の固有種だ。アルキガエル属は淡色の体に暗色の斑点が並んだ目立つ模様をしている。基本的に地上生で木登りが得意なカエルで、森林やサバンナに生息するが、ほとんどの時間は巣穴に隠れて過ごし、雨のあとにだけ地上に顔を出す。

エチオピアクサガエル属（*Paracassina*、2種）はエチオピア高原にすむカエルだ。コウニエチオピアクサガエル（*P. kounhiensis*）は東リフト山脈の標高1980〜3200mにある沼沢にすむ、軟体動物を食べるカエルで「危急（VU）」に指定されている。

森林に生息するツヤガエル属（*Hylambates*、5種）はその特徴的な鳴き声から"wot-wot（ウォト・ウォト）"と呼ばれている。アルキガエル属より大型のカエルで、シエラレオネから南アフリカ共和国にかけて断続的に分布している。アカアシツヤガエル（*H. maculatus*）の脇腹は鮮やかな赤色で、タンザニアのキースツヤガエル（*H. keithae*）の脇腹は黄色だ。危険が迫ると体をひねってこの色を見せるという、スズガエル属（*Bombina*、66ページ参照）の"スズガエル反射"に似た姿勢をとる。

トゲアシクサガエル亜科にはトゲアシクサガエル属（*Acanthixalus*、2種）のみが含まれる。トゲアシクサガエル（*A. spinosus*）は全身が棘状のイボに覆われたカエルで、大きな眼とひし形に収縮する瞳孔をもっている。コートジボワールトゲアシクサガエル（*A. sonjae*）は西アフリカに分布し、「準

分布
(1) アルキガエル亜科（赤、青、緑）、
(2) トゲアシクサガエル亜科（青）、
(3) 所属不明（緑）

分布
サハラ砂漠以南のアフリカ、ビオコ島、ウングジャ島

属
(1) ツヤガエル属（*Hylambates*）、アルキガエル属（*Kassina*）、エチオピアクサガエル属（*Paracassina*）、ギンスジアルキガエル属（*Semnocactylus*）、(2) トゲアシクサガエル属（*Acanthixalus*）、(3) クレブスクサガエル属（*Arlequinus*）、イトンベクサガエル属（*Chrysobatrachus*）、イロワケクサガエル属（*Callixalus*）

生息環境
熱帯雨林、林縁（森林の周縁部で草地などに接する部分）、湿潤または乾燥したサバンナ、有刺低木林、山地の森林や草原、沼地、フィンボス、庭園、竹林

大きさ
(1) カザリアルキガエル（*K. decorata*）の32mmからアカアシツヤガエル（*H. maculatus*）の72mmまで、(2) コートジボワールトゲアシクサガエル（*A. sonjae*）とトゲアシクサガエル（*A. spinosus*）の39mm、(3) イトンベクサガエル（*Ch. cupreonitens*）のオス24mmからイロワケクサガエル（*Ca. pictus*）のメス43mmまで

絶滅危惧（NT）」に指定されているカエルで、イボはやや控えめだ。トゲアシクサガエル属は水生・半樹上生で、水のたまった樹洞に産卵する。脅かされると体を伏せて眼を閉じ、舌を出して死んだふり（擬死〈ぎし〉）をする。

　3つの単型属が亜科の所属不明（incertae sedis）となっている。クレブスクサガエル（*Arlequinus krebsi*）は「危機（EN）」に指定されている小型の樹上生ガエルで、カメルーンとビオコ島に分布している。イトンベクサガエル（*Chrysobatrachus cupreonitens*）は茶色と緑色の体に黒の斑点が入ったカエルで、コンゴ民主共和国のイトンベ山脈に生息し、同じく「危機（EN）」に指定されている。また、淡黄色のイロワケクサガエル（*Callixalus pictus*）もイトンベ山脈に生息し、「危急（VU）」に指定されている。

左ページ） アカアシツヤガエル（*Hylambates maculatus*）はアルキガエル属（*Kassina*）よりも大型のカエルで、赤い脇腹と腿によって識別できる

活動
夜行性でとくに雨上がりに活動するか、昼行性。樹上生、地上生、水生

繁殖
脇つかみで抱接する。(1) 水たまりや樹洞で繁殖し、1〜600個の卵を産む (2) 5〜13個の卵を樹洞や水上に張り出した枝に産み付け、肉食性のオタマジャクシが孵化する (3) ほとんどわかっていないが、16個未満の卵を止水または流れの緩い水域に産む（クレブスクサガエル属の場合）

食性
おそらく小型の無脊椎動物、ナメクジ、陸生の巻き貝（エチオピアクサガエル属の場合）

ICUN保全状況
EN（危機）＝4、VU（危急）＝4、NT（準絶滅危惧）＝3; 危機に瀕している種の割合＝39%

上段） イトンベクサガエル（*Chrysobatrachus cupreonitens*）は山地の沼地や季節的に氾濫する草原に生息し、「危機（EN）」に指定されている

上） トゲアシクサガエル（*Acanthixalus spinosus*）はナイジェリア南部からコンゴ民主共和国東部にかけて見られる

サエズリガエル科 Arthroleptidae ── サエズリガエル亜科 Arthroleptinae
サエズリガエル、アフリカユビナガガエル

　サエズリガエル科は3つの亜科からなる。その1つであるサエズリガエル亜科は熱帯アフリカに見られるカエルの仲間で、昆虫のような高音の鳴き声からその名がつけられたサエズリガエル属（*Arthroleptis*、48種）と、オスの前足の第3指（中指）がきわめて長く、その下面に小さな突起があるアフリカユビナガガエル属（*Cardioglossa*、19種）の2属で構成されている。また、サエズリガエル属にも長い第3指をもつものがおり、とくにマリンバサエズリガエル（*A. xenochirus*）などのごく一部の種では不格好なほどに長い。

　本亜科は小型で落ち葉のなかにすむカエルで、サエズリガエル属のほとんどの種は外敵に見つかりにくい隠蔽模様をもつが、ギニアに生息するビレイサエズリガエル（*A. formosus*）などのわずかな種は赤や黄色の目立つ模様をもつ。ユビナガガエル属の多くの種は脇腹に黒く目立つ大理石模様が入った、赤色や青色を含む体色をしている。

　サエズリガエル属の種が多く見られるのはタンザニア（15種）、コンゴ民主共和国（13種）、カメルーン（9種）、ガボン（6種）だ。ギニア湾に浮かぶビオ

分布
熱帯アフリカ

属
サエズリガエル属（*Arthroleptis*）、アフリカユビナガガエル属（*Cardioglossa*）

生息環境
標高2700mまでの熱帯雨林、山地林、サバンナ、サバンナの林地の小川

大きさ
ヴェルカムメンサエズリガエル（*A. vercammeni*）のオスとカクレサエズリガエル（*A. fichika*）のメス15mmからカメガタサエズリガエル（*A. nguruensis*）のメス58mmまで

活動
昼行性、夜行性で地上生、水生

繁殖
脇つかみで抱接し、卵は小川に産み付けられ、オタマジャクシが孵化する（アフリカユビナガガエル属の場合）か、落ち葉や巣穴のなかに産み付けられ、直接発生する（サエズリガエル属の場合）

食性
小型の無脊椎動物

ICUN保全状況
CR（深刻な危機）＝6、EN（危機）＝11、VU（危急）＝4、NT（準絶滅危惧）＝3；危機に瀕している種の割合は36％

コ島には固有種のビオコサエズリガエル（*A. bioko*）を含む3種が生息しており、最も南に分布するヤブサエズリガエル（*A. wahlbergii*）は南アフリカ共和国のクワズールー＝ナタール州でも見られる。アフリカユビナガガエル属は主にアフリカ中部に分布し、多くの種が生息しているのはカメルーン（14種）、コンゴ民主共和国（6種）、ガボン（5種）だが、タンザニアには見られない。コクハンユビナガガエル（*C. nigromaculata*）はナイジェリア、カメルーン、ビオコ島に生息している。

アフリカユビナガガエル属は小川沿いに生息し、卵を産み、孵化したオタマジャクシは水に入って自由遊泳をする。サエズリガエル属は水辺からやや離れた場所にすみ、地上の巣に産んだ卵からは直接発生を経て子ガエルが孵化する。一部の種は成長とともに食性が変化し、たとえばタンザニアのウサンバラ山地に生息するコガタサエズリガエル（*A. xenodactyloides*）の子ガエルはトビムシを食べるが、成体になるとアリを捕食するようになる。

ジンバブエのドウクツサエズリガエル（*A. troglodytes*）、タンザニアのナイキサエズリガエル（*A. nikeae*）、カメルーンのムアネングバユビナガガエル（*C. manengouba*）など6種が「深刻な危機（CR）」に分類されており、さらに11種が「危機（EN）」、4種が「危急（VU）」、3種が「準絶滅危惧（NT）」に指定されている。

左ページ）クロコスアサエズリガエル（*Arthroleptis krokosua*）はガーナとギニアの2つの山にのみ見られ、「準絶滅危惧（NT）」に指定されている

下）美しいコクハンユビナガガエル（*Cardioglossa nigromaculata*）はカメルーン南部とビオコ島に生息している

219

サエズリガエル科 Arthroleptidae —— アフリカモリガエル亜科 Astylosterninae
アフリカモリガエル、ケガエル、マルガエル

左）ガボンモリガエル（*Scotobleps gabonicus*）は後足のつま先に鋭い鉤爪をもっており、触れてきた相手に深い傷を負わせることができる

右ページ丸囲み）カメルーンモリガエル（*Nyctibates corrugatus*）の卵からはウナギのような細長い姿をしたオタマジャクシが生まれる

右ページ下）ケガエル（*Astylosternus robustus*）のオスは繁殖期になると後肢に鰓のような働きをする毛状のひだを生やし、長いあいだ水中に潜ったまま卵を守ることができる

　アフリカモリガエル亜科は4属で構成される。アフリカモリガエル属（*Astylosternus*、13種）はずんぐりした眼の大きいカエルで、アフリカ西部と中部の熱帯雨林に生息している。カメルーンだけで11種が見られ、そのなかでもベニートアフリカモリガエル（*A. batesi*）はメスが頭胴長74mm、オスが53mmにもなる。

　よく知られるケガエル（以前は*Trichobatrachus robustus*とされていた）は分子分析の結果、本属に含まれることがわかり、現在では*A. robstus*となっている。ケガエルの分布域はカメルーンからアンゴラにかけてだ。本種のオスはほとんどのカエルと違ってメスよりも大きく、さらに繁殖期になると脇腹と後肢に密集した"毛"の束が発達する。この毛には血管が発達しており、鰓のような働きをし、オスが水中で卵を守っているときに酸素を供給する役割を果たしている。

　アフリカモリガエル属およびケガエルと同地域に生息する、ずんぐりとしたイボだらけの体をもつ単型属のガボンモリガエル（*Scotobleps gabonicus*）は、いずれも自身より大きな脊椎動物のエサになっており、人間もケガエルの肉を珍重

分布
熱帯のアフリカ西部・中部
属
アフリカモリガエル属（*Astylosternus*）、マルガエル属（*Leptodactylodon*）、カメルーンモリガエル属（*Nyctibates*）、ガボンモリガエル属（*Scotobleps*）
生息環境
低地と山地の熱帯雨林の小川

大きさ
ステバートタマゴガエル（*L. stevarti*）のオス22mmからケガエル（*A. robstus*）のメス130mmまで
活動
昼行性、夜行性で地上生、半地中生
繁殖
卵は小川に産み付けられ、孵化するまでオスが守る（ケガエルの場合）か、落ち葉のなかに産み付けられ、オタマジャクシが孵化する
食性
昆虫、クモ形類、多足類、軟体動物などの無脊椎動物
ICUN保全状況
CR（深刻な危機）＝3、EN（危機）＝12、VU（危急）＝3、NT（準絶滅危惧）＝4；危機に瀕している種の割合＝73%

するが、カエルのほうにも防御手段がないわけではない。これらのカエルは後足の皮膚の下にケラチン化した鋭い鉤爪のような指骨をもっており、これで激しく切りつけてくることから"ウルヴァリン・フロッグ"の異名をとる。夜行性で人目につきにくいカメルーンモリガエル（*Nyctibates corrugatus*）も単型属の種で、ガボンモリガエルやケガエルがすむ熱帯雨林の、岩の多い小川に生息している。

　最大の属であるマルガエル属（*Leptodactylodon*、15種）は落ち葉のなかにすむ小型で丸々としたカエルで、丸い鼻先と小さな眼をもち、背中には隠蔽模様が入るが、腹側は鮮やかな赤、白、黒である場合が多い。ナイジェリアからガボンにかけて分布し、複数種が同じ場所に見られることもざらにあり、鳴き声だけが同定の手がかりになる。マルガエル属の多くの種は分布域がきわめて狭いため、生息地の変化の影響を受けやすい。

ワキモンタマゴガエル（*L. axillaris*）、ヒオドシタマゴガエル（*L. erythrogaster*）、ウィルドタマゴガエル（*L. wildi*）の3種が「深刻な危機（CR）」に、他12種が「危機（EN）」に、3種が「危急（VU）」に、そして4種が「準絶滅危惧（NT）」に指定されている。

サエズリガエル科 Arthroleptidae —— オオクサガエル亜科 Leptopelinae
オオクサガエル

アマガエル科（Hylidae）はほぼ全世界に分布する樹上生ガエルでありながら、サハラ砂漠以南のアフリカにはまったく生息しておらず、同じ樹上生のアオガエル科（Rhacophoridae）でもこの地域に見られるのは小さな1属（ハイイロモリガエル属 *Chiromantis*、175ページ参照）だけだ。その結果、熱帯アフリカの樹上生ガエルのニッチはオオクサガエル属（*Leptopelis*、55種）のみからなるサエズリガエル科のオオクサガエル亜科が占めることになった。オオクサガエル亜科はセネガルからエチオピア、南はナミビアのカプリビ回廊（訳注：ナミビア北東部から東のザンベジ川まで延びた細長い地域）、南アフリカ共和国のクワズールー＝ナタール州に至るまで、熱帯アフリカ全域に分布している。

本亜科は大型のカエルで、一般的な樹上生ガエルの特徴を一通りそなえている。具体的には、流線型の体、長く力強い後肢と長い指、樹上を移動する際に体を支える指先の幅の広い吸盤、大型の鼓膜、縦長の瞳孔をもつ前を向いた大きな眼などだ。モリオオクサガエル（*L. notatus*）をはじめとするほとんどの種が熱帯雨林の樹上で生活するため、背景に溶け込む緑色、茶色、灰色の模様をもっている。た

右）生物多様性の豊かなタンザニアの高地に生息するムシクイオオクサガエル（*Leotopelis vermicularis*）は、「危機（EN）」に指定されている

分布
熱帯アフリカ

属
オオクサガエル属（*Leptopelis*）

生息環境
熱帯雨林、サバンナの林地、沼地

大きさ
キブオオクサガエル（*L. kivuensis*）のオス26mmからヤシオオクサガエル（*L. palmatus*）のメス110mmまで

活動
昼行性、夜行性で樹上生、地上生、半地中生

繁殖
脇つかみで抱接し、卵は水中か地中の巣に産み付けられ、オタマジャクシが孵化するが、直接発生の可能性もある（チンガオオクサガエルの場合）

食性
小型の無脊椎動物、ときに陸生の巻き貝（チンガオオクサガエルの場合）

ICUN保全状況
EN（危機）＝5、VU（危急）＝5、NT（準絶滅危惧）＝4；危機に瀕している種の割合＝25%

だし、セネガルからチャドにかけての乾燥したサヘル（サハラ砂漠南縁に沿って大西洋から紅海まで東西に広がる半乾燥地域）のサバンナに生息するガマモドキオオクサガエル（*L. bufonides*）のように、一部の種は地上生か半地中生でやや丸い体をしている。

　多くの種が見られるのはコンゴ民主共和国（18種）、カメルーン（14種）、ガボンとタンザニア（それぞれ9種）、エチオピア（6種）だ。アフリカ本土以外ではキマダラオオクサガエル（*L. flavomaculatus*）がウングジャ（ザンジバル）島にも生息しており、ビオコ島には4種が生息している。最大種のヤシオオクサガエル（*L. palmatus*）はサントメ・プリンシペのプリンシペ島の固有種だ。最も南に見られる種はモザンビークオオクサガエル（*L. mossambicus*）、モリオオクサガエル（*L. natalensis*）、ナガユビオオクサガエル（*L. xenodactylus*）で、いずれも南アフリカ共和国のクワズールー＝ナタール州に生息している。

　繁殖は夏の雨季に行なわれ、メスは一時的な池に産卵し、孵化したオタマジャクシはそこから自力で恒久的な水辺に移動する。チンガオオクサガエル（*L. brevirostris*）は直接発生する種で、落ち葉のなかに産卵し、子ガエルが孵化する。本種は陸生の巻き貝を食べるという点でも変わったカエルだ。オオクサガエル亜科ではそれぞれ5種が「危機（EN）」と「危急（VU）」に、4種が「準絶滅危惧（NT）」に指定されている。

左上）ウルグルオオクサガエル（*Leptopelis uluguruensis*）もまた、タンザニアの生物多様性の高い山地に生息している

右上）モザンビークオオクサガエル（*Leptopelis mossambicus*）は、南はクワズールー＝ナタール州のレボンボ山脈まで見られる

ヒメアマガエル科 Microhylidae —— **アメリカジムグリガエル亜科** Gastrophryninae、
オオミミヒメアマガエル亜科 Otophryninae、**ネブリナガエル亜科** Adelastinae

アメリカ大陸のヒメアマガエル類

左）チャイロマンジュウガエル（*Ctenophryne geayi*）は夜行性で人目につきにくい地中生の種で、南アメリカ北部に生息している

ヒメアマガエル科は"小さなアマガエル"を意味する科名とは裏腹に、基本的に樹上生であるアマガエル科とは違ってほとんどの種が地上生か地中生のカエルだ。本科はアマガエル科に次いで2番目に大きなカエルの科で、12亜科の400種以上がほぼ全世界に分布しており、そのうち3亜科はアメリカ大陸に生息している。

　アメリカ大陸に見られるヒメアマガエル科のほとんどは、11属84種で構成されるアメリカジムグリガエル亜科に属している。本亜科は小型で隠蔽色のずんぐりした体に短い四肢をもち、地中生か半地中生で熱帯雨林や森林、サバンナにすむカエルだ。オスは脚が短く抱接の際にメスをつかめないため、代わりにメスの背中に粘液で貼りつく。泳ぎは得意でなく、産卵場所には止水域が選ばれる。最大の属であるホソヒメアマガエル属（*Chiasmocleis*、37種）はコロンビアからアルゼンチンにかけて分布するが、最も多くの種が見られるのはブラジルの大西洋岸森林だ。タマゴガエル属（*Elachistocleis*、22種）の名称はその体形に由来しているが、丸い体に細く尖った頭、ごく小さな眼をもつその姿は"洋ナシガエル"と呼ぶほうがふさわしいだろう。本属はアンデス山脈より東の南アメリカ全域と、パナマにも生息している。

　アメリカジムグリガエル亜科で最も北に分布するの

凡例
（1）アメリカジムグリガエル亜科（赤、青）、（2）オオミミヒメアマガエル亜科（青）、（3）ネブリナガエル亜科（黄色）

分布
（1）北・中央・南アメリカ、（2、3）南アメリカ北部

属
（1）リオヒメアマガエル属（*Arcovomer*）、ホソヒメアマガエル属（*Chiasmocleis*）、マンジュウガエル属（*Ctenophryne*）、リオムタムガエル属（*Dasypops*）、シロアリガエル属（*Dermatonotus*）、タマゴガエル属（*Elachistocleis*）、アメリカジムグリガエル属（*Gastrophryne*）、ナキガエル属（*Hamptophryne*）、コガシラヒメアマガエル属（*Hypopachus*）、マイヤーズヒメアマガエル属（*Myersiella*）、ブラジルフトガエル属（*Stereocyclops*）、（2）オオミミヒメアマガエル属（*Otophryne*）、トガリヒメアマガエル属（*Synapturanus*）、（3）ネブリナガエル属（*Adelastes*）

生息環境
（1、2）熱帯雨林、森林、サバンナ、沼地、（3）テプイの森林

大きさ
（1）エクアドルサイレントガエル（*Ch. antenori*）のオス12mmからクロマンジュウガエル（*Ct. aterrima*）のメス67mmまで、（2）バクガエル（*S. danta*）の18mmからコロンビアオオミミヒメアマガエル（*O. pyburni*）のメス61mmまで、（3）ネブリナガエル（*Ad. hylonomus*）の29mm

224　AMERICAN NARROW-MOUTHED FROGS

はアメリカジムグリガエル属（*Gastrophryne*、4種）とコガシラヒメアマガエル属（*Hypopachus*、5種）で、前者の3種と後者の1種はアメリカ合衆国に生息している。トウブジムグリガエル（*G. carolinensis*）はアメリカ南東部全域で見られる。

残る2亜科はさらに小規模だ。ネブリナガエル亜科はベネズエラ、ブラジル、ガイアナにある3つのテプイ（テーブルマウンテン）にしか見られないネブリナガエル（*Adelastes hylonomus*）の1種のみを含む。オオミミヒメアマガエル亜科はオオミミヒメアマガエル属（*Otophryne*、3種）とトガリヒメアマガエル属（*Synapturanus*、7種）の2属で構成される。コロンビアオオミミヒメアマガエル（*O. pyburni*）は背中が平らな三角形をした小型のカエルで、鋭く尖った鼻先をもち、体の側面には目立つ隆起線が通っている。バクガエル（*S. danta*）は尖った頭をもつ丸々としたカエルで、動物のバクを思わせる短い吻状の鼻先が名前の由来となっている。

アメリカ大陸のヒメアマガエル科で「危機（EN）」に指定されているものは5種に過ぎないが、多くの種は分布域が狭いうえ、生態についても完全にわかっていないことを考えると、さらに多くの種が危機に瀕していると見ていいだろう。

活動
夜行性で地上生、地中生、隠遁性

繁殖
(1) オスは抱接の際、粘液でメスに貼りつき、卵は止水や沼に産み付けられる (2) 落ち葉のなかに産卵し、体内栄養性のオタマジャクシが孵化する (3) 不明

食性
林床にすむ無脊椎動物、とくにアリやシロアリ、クモ

ICUN保全状況
(1) EN（危機）=5、VU（危急）=1、NT（準絶滅危惧）=2; 危機に瀕している種の割合=9.5%、(2, 3) 危機に瀕している種の割合=なし

上段）ゾンビガエル（*Synapturanus zombie*）はシロアリやアリを食べるためのものと思われる吻状の鼻先をもっている

上）ネブリナガエル（*Adelastes hylonomus*）はネブリナガエル亜科の唯一の種だ。ベネズエラ、ガイアナ、ブラジルにまたがる山地のごく狭い範囲にのみ生息している

ヒメアマガエル科 Microhylidae ── **ヒメアマガエル亜科** Microhylinae、
チョボグチガエル亜科 Kalophryninae、**クロヒメアマガエル亜科** Melanobatrachinae

アジアのヒメアマガエル類

右）アジアジムグリガエル（*Kaloula pulchla*）は熱帯アジア全域にふつうに見られる種で、各地に移入されてもいる

アジアに分布するヒメアマガエル科の3亜科のうちで最大のものが10属119種からなるヒメアマガエル亜科で、ロシア東部からスリランカ、南は東ティモールまでに生息している。最大の属であるヒメアマガエル属（*Microhyla*、51種）には林床にすむ、小型で同定が難しいカエルが多数含まれる。ジムグリガエル属（*Kaloura*、19種）はずんぐりした体に短い頭をもつカエルで、その1種であるアジアジムグリガエル（*K. pulchla*）は太い縦縞が体の両側面を通り、頭部で合流している。

タイジムグリガエル属（*Glyphoglossus*、10種）はほとんど球体のように丸いカエルで、短い頭とやや前向きの眼をもっている。完全地中生で、巣穴から出てくるのは繁殖のときだけだ。カグヤヒメガエル属（*Metaphrynella*、2種）は半樹上生で樹洞にすむごく小型のカエルで、ボルネオに生息するボルネオカグヤヒメガエル（*Metaphrynella sundana*）と半島マレーシアに生息するカグヤヒメガエル（*Metaphrynella pollicaris*）がいる。フウセンガエル属（*Uperodon*）はヒメアマガエル科のなかでもとくに大型の、ヒキガエルに似た丸いカエルの仲間で、パキスタンからスリランカとミャンマーにかけて分布している。

チョボグチガエル亜科はチョボグチガエル属

凡例
(1) ヒメアマガエル亜科（赤、青）、(2) チョボグチガエル亜科（青）、(3) クロヒメアマガエル亜科（紫）
分布
(1) 熱帯アジア、(2) 東南アジア、(3) インド南部
属
(1) マレーハラボシガエル属（*Chaperina*）、タイジムグリガエル属（*Glyphoglossus*）、ジムグリガエル属（*Kaloura*）、カグヤヒメガエル属（*Metaphrynella*）、ヒメアマガエル属（*Microhyla*）、マルハナヒメアマガエル属（*Micryletta*）、シンビヒメアマガエル属（*Mysticellus*）、コガタヒメアマガエル属（*Nanohyla*）、マラッカガエル属（*Phrynella*）、フウセンガエル属（*Uperodon*）、(2) チョボグチガエル属（*Kalophrynus*）、(3) クロヒメアマガエル属（*Melanobatrachus*）
生息環境
(1) 熱帯雨林、沼地、水田、(2, 3) 熱帯雨林、沼地

大きさ
(1) ラバンヒメアマガエル（*N. perparva*）のオス12mmからオオフウセンガエル（*U. globulosus*）の76mm、(2) ロビンソンチョボグチガエル（*Kalophrynus robinsoni*）の18mmからチョボグチガエル（*K. pleurostigma*）の50mmまで、(3) クロヒメアマガエル（*Melanobatrachus indicus*）のオス9.7mm

(*Kalophrynus*、27種)のみで構成され、触られると身を守るために粘液を分泌することから"sticky frog（ねばねばしたカエル）"と呼ばれている。小型で三角形の体をした四肢の短いカエルで、鋭く尖った鼻先をもち、目立つ縞が鼻先から体の側面を通っている。中国からインドネシアにかけて分布しており、最も多くの種が見られるのはボルネオ島（12種）だ。南シナ海に浮かぶナトゥナ諸島（インドネシア領）には固有種ブングラヌスチョボグチガエル（*Ka. bunguranus*）が生息している。

クロヒメアマガエル亜科も単型亜科で、インド南西部の西ガーツ山脈に生息するクロヒメアマガエル（*Melanobatrachus indicus*）のみで構成されている。本種は1997年に再発見されるまで、100年のあいだ絶滅したと考えられていた"ラザロ種"だ。暗青色または黒色の地を小さな白い斑点が覆う、夜空を思わせる美しい体色をしているが、胸と腿の付け根には鮮やかなオレンジの色素が入り、さらに前方に及んで前肢の付け根を1周している。クロヒメアマガエルは「危急（VU）」に指定されており、他の2亜科からそれぞれベイルンヒメアマガエル（*Microhyla beilunensis*）とヨンヒメアマガエル（*Kalophrynus yongi*）が「深刻な危機（CR）」に指定されている。

活動
夜行性で地上生、地中生、樹上生、隠遁性

繁殖
（1、2）樹洞やウツボカズラ類の植物、一時的な池に産卵し、ほとんどの種で自由遊泳性のオタマジャクシが孵化する（3）詳しくはわかっていないが、直接発生すると考えられている

食性
（1、2、3）アリやクモなどの林床にすむ無脊椎動物、（1）は陸生の巻き貝や小型の脊椎動物も食べる（大型種の場合）

ICUN保全状況
(1) CR（深刻な危機）＝1、EN（危機）＝7、VU（危急）＝8、NT（準絶滅危惧）＝7；危機に瀕している種の割合＝20％、(2) CR（深刻な危機）＝1、EN（危機）＝2、VU（危急）＝1、NT（準絶滅危惧）＝1；危機に瀕している種の割合＝22％、(3) VU（危急）＝1；危機に瀕している種の割合＝100％

上段）インドの西ガーツ山脈に生息するクロヒメアマガエル（*Melanobatrachus indicus*）は「危急（VU）」に指定されている

上）チョボグチガエル（*Kaloula pleurostigma*）はフィリピンに生息する唯一のチョボグチガエル属の種だ

ヒメアマガエル科 Microhylidae ── **ナゾガエル亜科** Phrynomerinae、**タンザニアヒメアマガエル亜科** Hoplophryninae、**カワリヒメアマガエル亜科** Cophylinae、**トマトガエル亜科** Dyscophinae、**スキアシヒメアマガエル亜科** Scaphiophryninae

アフリカとマダガスカルのヒメアマガエル類

左） ヨツユビチビヒメアマガエル（*Stumpffia tetradactyla*）は同属の他の仲間と違って、後足の指が4本しかない

右ページ上段） マダガスカルのトマトガエル（*Dyscophus antongilii*）は生息地の消失と汚染により「準絶滅危惧（NT）」に指定されているが、ペット取引のための乱獲もその原因の1つになっている

右ページ中段） ミドリスキアシヒメアマガエル（*Scaphiophryne madagascariensis*）はマダガスカル中東部の高地に生息する大型のカエルだ

右ページ下段） コガタナゾガエル（*Phrynomantis microps*）はサバンナや森林にすむ特徴的な種だ

ヒメアマガエル科にはマダガスカルに固有の3亜科が含まれる。そのなかで最大の亜科は8属115種からなるカワリヒメアマガエル亜科だ。ミニガエル属（*Mini*）には3種が含まれ、世界でも最小級の脊椎動物であることを強調するかのように、それぞれ*Mini mum*（最小の）、*Mini ature*（ミニチュア）、*Mini scule*（微細な）という英語をもじった学名がつけられている。これとは逆に大型のカエルを含むのはマラガシュヒメアマガエル属（*Plethodontohyla*、11種）とノシベモグリガエル属（*Rhombophryne*、20種）だ。ノシベモグリガエル（*R. testudo*）は体の幅が体長とほぼ同じカエルで、ブーレンジャーアナホリガエル（*P. inguinalis*）は頭胴長が100mmを超えることもあり、サソリをエサにしている。

ヒメアマガエル科は基本的に地上生か地中生だが、マダガスカルにはカワリヒメアマガエル属（*Cophyla*、23種）やハガクレヒメアマガエル属（*Anodonthyla*、12種）をはじめとする樹上生の属もいくつか生息している。最大種はオオカワリヒメガエル（*C. grandis*）で、メスは頭胴長88mmになることもある。

凡例
(1) ナゾガエル亜科（赤、青）、(2) タンザニアヒメアマガエル亜科（青）、(3) カワリヒメアマガエル亜科（紫）、(4) トマトガエル亜科（紫）、(5) スキアシヒメアマガエル亜科（紫）

分布
(1) サハラ砂漠以南のアフリカ、(2) タンザニア、(3、4、5) マダガスカル

属
(1) ナゾガエル属（*Phrynomantis*）、(2) タンザニアヒメアマガエル属（*Hoplophryne*）、タンガニイカガエル属（*Parhoplophryne*）、(3) アニラニー属（*Anilany*）、ハガクレヒメアマガエル属（*Anodonthyla*）、カワリヒメアマガエル属（*Cophyla*）、トルーブヒメアマガエル属（*Maedecassophryne*）、ミニガエル属（*Mini*）、マラガシュヒメアマガエル属（*Plethodontohyla*）、ノシベモグリガエル属（*Rhombophryne*）、チビヒメアマガエル属（*Stumpffia*）、(4) トマトガエル属（*Dyscophus*）、(5) ヒレアシヒメアマガエル属（*Paradoxophyla*）、スキアシヒメアマガエル属（*Scaphiophryne*）

生息環境
熱帯雨林や乾燥林の他、(1) 乾燥した、または湿潤なサバンナ、砂漠、岩石質の島状丘、(2) 庭園、(3) 石灰岩質の森林（ツィンギ）、(4、5) 止水域または流れの緩い水路

スキアシヒメアマガエル亜科はヒレアシヒメアマガエル属（Paradoxophyla、2種）とスキアシヒメアマガエル属（Scaphiophryne、10種）からなる。スキアシヒメアマガエル属にはカラフルなミドリスキアシヒメアマガエル（S. madagascariensis）や鮮やかな緑色のトゲスキアシヒメガエル（S. spinosa）など、まさに宝石と呼ぶにふさわしいカエルが含まれている。マダガスカルに生息するヒメアマガエル科の仲間で最もよく知られているのが、トマトガエル亜科のトマトガエル属（Dyscophus、3種）だろう。とくに鮮やかな赤色のトマトガエル（D. antongilii）はペット市場でも人気の種だ。本種は沿岸部の撹乱された二次林に見られることが多いが、サビトマトガエル（D. guineti）は山腹の熱帯雨林にのみ生息している。

サハラ砂漠以南のアフリカには2つの亜科が分布している。ナゾガエル亜科にはゴムのような皮膚をもつナゾガエル属（Phrynomantis、6種）のみが含まれ、アフリカのセネガルからエスワティニまでのすべての国に生息している。他にも、広く分布する赤と黒の体色をしたコガタナゾガエル（Phrynomantis microps）などの美しい種もいる。タンザニアヒメアマガエル亜科はタンザニアの東リフト山脈に生息するタンザニアヒメアマガエル（Hoplophryne rogersi）とウルグルヒメアマガエル（H. uluguruensis）、そしてタンガニイカガエル（Parhoplophryne usambarica）の3種で構成されている。アフリカとマダガスカルのヒメアマガエル科のうち、10種が「深刻な危機（CR）」に、38種が「危機（EN）」に指定されている。

大きさ
(1) マダラクビナガガエル（Phrynomantis annectens）のオス30mmからアカモンナゾガエル（Phrynomantis affinis）のメス80mm、(2) タンガニイカガエル（Pa. usambarica）のメス23mmからタンザニアヒメアマガエル（H. rogersi）のメス32mmまで、(3) マノンボミニガエル（Mini mum）のオス9.7mmからブーレンジャーアナホリガエル（Plethodontohyla inguinalis）のオス100mmまで、(4) ヒメトマトガエル（D. insularis）の50mmからトマトガエル（D. antongilii）のメス105mmまで、(5) ヒレナシヒレアシヒメアマガエル（Paradoxophyla tiarano）のオス17.5mmからキノボリスキアシヒメガエル（S. boribory）のオス60mmまで

活動
(1、3〜5) 夜行性、(2) 昼行性ですべて地上生、(1、3) には樹上生と地中生、(4、5) には半水生の種もいる

繁殖
(1、4、5) は池に産卵し、自由遊泳性のオタマジャクシが孵化する。(2) はタケの茎や葉腋に産卵し、体内栄養性か体外栄養性のオタマジャクシが孵化する。(3) は樹洞や地上の巣に産卵し、体内栄養性のオタマジャクシが孵化する

食性
(1) はアリとシロアリのみ、(2、3、5) は林床にすむ無脊椎動物で (3) はサソリ、(4) はミミズを含む

ICUN保全状況
(1、4) 危機に瀕している種の割合=なし、(2) CR（深刻な危機）=1、EN（危機）=2; 危機に瀕している種の割合=100%、(3) CR（深刻な危機）=9、EN（危機）=35、VU（危急）=5、NT（準絶滅危惧）=3; 危機に瀕している種の割合=45%、(5) EN（危機）=1、VU（危急）=2、NT（準絶滅危惧）=2; 危機に瀕している種の割合=42%

ヒメアマガエル科 Microhylidae ── ニューギニアヤブガエル亜科 Asterophryninae
オーストラレーシアとアジアのヒメアマガエル類

ヒメアマガエル科の最後の亜科が17属の360種以上で構成されるニューギニアヤブガエル亜科で、その大半がニューギニア島全域（パプアニューギニア側に235種、インドネシア側に101種）とオーストラリア北端部（24種）に生息している。また、インドネシア（14種）、ニューブリテン島（1種）、ボルネオ島のマレーシア領（1種）、フィリピン（2種）、そして東南アジア本土（6種）にも見られるが、アジアのヒメアマガエル科のほとんどは前述のヒメアマガエル亜科（Microhylinae）に属している。

ニューギニアヤブガエル亜科の名称はニューギニアヤブガエル属（*Asterophrys*、8種）からとられている。本属を代表するニューギニアヤブガエル（*A. turpicola*）は低地に広く分布するがっしりとしたカエルで、眼の上に放射状に伸びた突起があり、まぶたが星形のように見えることが属名と亜科名（"aster"＝星）の由来となっている。

ニューギニアヤブガエル亜科のほとんどの種は小型で、落ち葉や巣穴のなかにすんでいる。最大の属はニューギニア島、インドネシア東部、フィリピ

左）ニューギニアヤブガエル（*Asterophrys turpicola*）はまぶたに星形のような放射状に伸びた突起をもつ大型種だ

分布
オーストラレーシア、東南アジア
属
パプアヤマガエル属（*Aphantophryne*）、ニューギニアヤブガエル属（*Asterophrys*）、オーストラリアヒメアマガエル属（*Austrochaperina*）、パプアジムグリガエル属（*Barygenys*）、パプアヒメアマガエル属（*Callulops*）、ヤマヒメアマガエル属（*Choerophryne*）、オセアニアヒメアマガエル属（*Cophixalus*）、メヘリーガエル属（*Copiula*）、ボルネオジムグリガエル属（*Gastrophrynoides*）、コシアカガエル属（*Hylophorbus*）、シロオビガエル属（*Mantophryne*）、コノマヒメアマガエル属（*Oreophryne*）、コビトガエル属（*Paedophryne*）、ドウクツガエル属（*Siamophryne*）、マルユビガエル属（*Sphenophryne*）、ベトナムヒメアマガエル属（*Vietnamophryne*）、カワリバナガエル属（*Xenorhina*）
生息環境
低地と山地の熱帯雨林
大きさ
アマウコビトガエル（*P. amauensis*）のオス8mmからニューギニアヤブガエル（*As. turpicola*）の65mmまで

ンに生息するコノマヒメアマガエル属（*Oreophryne*、71種）と、ニューギニア島、インドネシア東部、オーストラリア北部に生息するオセアニアヒメアマガエル属（*Cophixalus*、70種）だ。両属とも丸い体をした小型のカエルで、やや大きな眼をもち、四肢の指先は幅の広い吸盤になっている。直接発生し、落ち葉のなかに産んだ少数の大きな卵からは子ガエルが孵化すると考えられている。オーストラリアヒメアマガエル属（*Austrochaperina*、29種）はコノマヒメアマガエル属やオセアニアヒメアマガエル属と混同されやすい仲間で、ニューギニア島とオーストラリア北部に分布しており、ニューブリテン島には固有種のニューブリテンクチブエガエル（*A. novaebritanniae*）がいる。

　ニューギニア島の落ち葉のなかには、他にもパプアヒメアマガエル属（*Callulops*、29種）、大きな眼をもつメヘリーガエル属（*Copiula*、15種）、マルユビガエル属（*Sphenophryne*、15種）、パプアジムグリガエル属（*Barygenys*、9種）、高地に生息するパプアヤマガエル属（*Aphantophryne*、

上）コモリコノマヒメアマガエル（*Oreophryne oviprotector*）のオスは卵の発生が終わるまでそばにいる

下）キタアデヤカマダラヒメアマガエル（*Cophixalus ornatus*）はオーストラリア北部、クイーンズランド州のケアンズ周辺にある台地を取り巻く熱帯雨林に生息している

活動
夜行性で地上生、半地中生

繁殖
繁殖方法が不明な種は直接発生すると考えられている

食性
おそらく小型の無脊椎動物

ICUN保全状況
CR（深刻な危機）＝13、EN（危機）＝8、VU（危急）＝15、NT（準絶滅危惧）＝7；危機に瀕している種の割合＝12％

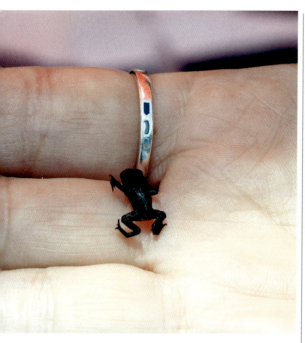

5種)、奇妙に突き出た鼻先をもつヤマヒメアマガエル属 (*Choerophryne*、37種)、カワリバナガエル属 (*Xenorhina*、41種) が見られる。カワリバナガエル属の一部の種、たとえばツヴァイフェルカワリバナガエル (*X. zweifeli*) は、口蓋に1対の鋤口蓋突起(用語集参照)をもっている。上記の地上生のカエルには腿に眼状紋をもつものもおり、脅威となるものに対してこれを誇示してひるませる。こうした特徴は、小刻みに跳ねるだけで、脚の長いアカガエル科や樹上生ガエルのように大きなジャンプで逃げられないカエルによく見られるものだ。

上記の属のほとんどは脚が短いカエルだが、ニューギニアヤブガエル亜科にはパプアニューギニア島のパプア半島とその東部の島々に分布するシロオビガエル属 (*Mantophryne*、5種) や、小型のアカガエル科のようなコシアカガエル属 (*Hylophorbus*、12種) などの長い脚をもつ属も存在する。

マダガスカルに生息するカワリヒメアマガエル亜科 (Cophylinae) のミニガエル属 (*Mini*) (228ページ参照) はごく小さなカエルだが、ニューギニア島に生息するコビトガエル属 (*Paedophryne*、7種)

の仲間はさらに小さく、アマウコビトガエル (*P. amauensis*) のオスは頭胴長わずか8mmしかない。これは世界最小の脊椎動物の種といってもいいだろう。

ニューギニアヤブガエル亜科のうち3属は、ニューギニア島を中心に分布していない。ボルネオジムグリガエル属 (*Gastrophrynoides*) はボルネオ島に生息するボルネオジムグリガエル (*G. borneensis*) と半島マレーシアに生息するムモンボルネオジムグリガエル (*G. immaculatus*) の2種で構成され、ヒメアマガエル科のカグヤヒメガエル属 (*Metaphrynella*、226ページ参照) と分布域を同じくしている。生態はよくわかっておらず、標本もボルネオジムグリガエルが1体、それもオオボルネオガエル (*Limnonectes leporinus*、ヌマガエル科 Dicroglossidae) の胃のなかから見つかったという珍しいものがあるだけだ。

ベトナムヒメアマガエル属 (*Vietnamophryne*、5種) は4種のベトナム固有種と、ミャンマーとタイに生息するチャンレイベトナムヒメアマガエル (*V. occidentalis*) からなる。単型属のドウクツガエル (*Siamophryne troglodytes*) はタイ西部の1つの洞窟にのみ見られる。ニューギニアヤブガエル亜科では本種をはじめとする13種が「深刻な危機 (CR)」に、さらに8種が「危機 (EN)」に、15種が「危急 (VU)」に、7種が「準絶滅危惧 (NT)」に指定されている。

上) パプアニューギニアに生息する、おそらく世界最小のカエルであるアマウコビトガエル (*Paedophryne amauensis*)。写真のもので成体だ

右ページ上) ナガハナヒメアマガエル (*Choerophryne gracilirostris*) はパプアニューギニアのミュラー山脈に生息している

右ページ下) アシボソオーストラリアヒメアマガエル (*Austrochaperina gracilipes*) はオーストラリアのクイーンズランド州とニューギニア島南部のどちらにも分布している

用語集

incertae sedis（インケルタエ・セディス）：
"所属不明の"という意味で、既知の科や属といったクレード（分岐群）のどれにも確証をもって置くことができない分類群を指す。

IUCN：
動植物の保全状況を評価するNGO、国際自然保護連合の略称。保全状況は次のような略語で表される。EX＝絶滅、EW＝野生絶滅、CR＝深刻な危機、EN＝危機、VU＝危急、NT＝準絶滅危惧、LC＝低懸念、DD＝情報不足

MYA：
地質時代を表すときに使われる単位で、100万年前。

sp.（単数）、spp.（複数）：
未命名の単一の種や、名前のついている属に含まれるすべての種を指すときに使われる略語。学名の一部ではないためイタリック表記にはしない。

威嚇模様（いかくもよう）/deimatic：
下半身にある、捕食者をひるませるための目玉模様。

隠蔽（いんぺい）/crypsis：
カムフラージュ（周囲の風景に溶け込ませる）するか、輪郭をぼかす模様によって見つかりにくくすること。

雲霧林（うんむりん）/cloud forest：
高標高域に見られる成長の止まった森林。雲に包まれていることもあり、霧のかかった冷涼・湿潤な環境、低い樹冠、コケや地衣植物に覆われた枝が特徴。低林や蘚苔（せんたい）林とも呼ばれる。

黄色素胞（おうしきそほう）/xanthophore：
色素胞の1種で、黄色の光を反射するもの（虹色素胞と黒色素胞も参照）。

カーチンガ/caatinga：
ブラジル北東部の乾燥低木林と有刺林で構成される生息環境。

外温性（がいおんせい）/ectothermic：
"冷血"の正式な名称で、体温を代謝ではなく環境により調節する生物、すなわち鳥類や哺乳類に対する両生類や爬虫類を指す。

角舌軟骨（かくぜつなんこつ）/ceratohyal cartilage：
腹側の舌弓を構成する軟骨のうちで最大のもの。

河谷林（かこくりん）/gallery forest：
川や湿地沿いに見られる森林の1種で、ふつうは草原や砂漠などの開けた場所に生育し、遺伝物質を森から森へと伝える通路のような役割を果たす。

夏眠（かみん）/estivate：
乾季にとる休眠状態の1種。

眼窩舌骨筋（がんかぜっこつきん）/orbitohyal muscle：
舌骨鰓（ぜっこつさい）骨格の一部。

岩生（がんせい）/saxicolous：
岩の多い場所にすむ性質。

慣性伸長（かんせいしんちょう）/inertial elongation：
一部のカエルが高速で舌を伸ばして獲物を捕らえる際に使われる、投石機のようなしくみ。

擬死（ぎし）/thanatosis：
捕食されないように死んだふりをする防御戦略。

吸盤（きゅうばん）/suctorial disc：
オタマジャクシの口の周りにある大型の円盤で、これを使って激しい流れのなかで岩に付着することで流されるのを防ぐ。

共有派生形質（きょうゆうはせいけいしつ）/synapomorphy：
共通の祖先とその子孫に見られる特徴、すなわち祖先から受け継がれてきた古い特徴のこと。

警告色（けいこくしょく）/aposematism：
ふつうは赤、黄色、黒などの、危険を知らせる色。

穴居動物（けっきょどうぶつ）/troglodyte：
地中にすむ生物。

肩帯（けんたい）/pectoral girdle：
前肢を支える肩の骨格。

後凹型（こうおうがた）/opisthocoelous：
椎骨の椎体が完全に脊索を囲っているため脊椎は自由に動くが、各椎骨は後方が窪み、前方が盛り上がっている原始的な構造。現生のカエルではサンバガエル科、スズガエル科、ピパ科、メキシコジムグリガエル科に見られる（両凹型と前凹型も参照）。

口腔（こうくう）/buccal cavity：
口のなかの空間。

虹色素胞（こうしきそほう）/iridophore：
色素胞の1種で、緑色、青色、銀色、金色の光を反射するもの（黒色素胞と黄色素胞も参照）。

交尾器（こうびき）/intromittent organ：
カエルのオスがメスの生殖管内に精子を送り込むのに使う器官で、オガエル科の仲間に見られる。

硬葉植物（こうようしょくぶつ）/sclerophyll：
長い乾燥期にも耐えられるよう適応した植物。

弧胸形（こきょうけい）/arciferal：
肩帯（前肢を支える骨格）の上烏口軟骨が前方では融合しているが、後方では分かれて重なり合っている、原始的なカエルの構造。

固胸形（こきょうけい）/firmisternal：
肩帯（前肢を支える骨格）の上烏口軟骨が前後部とも融合した、進化したカエルの構造。

黒色素胞（こくしきそほう）/melanophore：
色素胞の1種で、黒色の光を反射するもの（虹色素胞と黄色素胞も参照）。

個体発生（こたいはっせい）/ontogenetic：
色や形態の変化も含む、生物が幼体から成体になるまでの過程。

鼓膜（こまく）/tympanum：
ほとんどのカエルの体表に見られる、音を伝える膜。

婚姻瘤（こんいんりゅう）/nuptial pads：
ふつうは前肢の親指に発達する、繁殖期のオスのカエルがもつ隆起で、副次的な性別の判断材料として使われる。

ゴンドワナ大陸（たいりく）/Gondwanaland：
かつて南半球に存在した巨大な超大陸で、最終的に分裂して南アメリカ、南極大陸、アフリカ大陸、マダガスカル島、セーシェル諸島、インド亜大陸、オーストラリア大陸、ニューギニア島南部、ニュージーランドとなった。

鰓籠（さいろう）/branchial basket：
オタマジャクシの鰓を支える軟骨構造。

色素胞（しきそほう）/chromatophore：
皮膚に存在する、色をつくる細胞。

歯状突起（しじょうとっき）/denticle：
小さな歯のような構造。

耳腺（じせん）/parotoid gland：
ヒキガエル科（Bufonidae）などのカエルの頭部後方に見られる大型の腺で、脅威を感じると身を守るためにここに貯蔵してある毒を分泌する。

シノニム化（か）/synonymize：
分類学者がある生物種を別の種と同一のものと判断して統合し、その学名には先取権の原理に従って先につけられたほうを採用すること。

上烏口骨（じょううこうこつ）/epicoracoid：
カエルの肩にある烏口骨を構成する骨の1つ。

上皮（じょうひ）/epithelial：
体や内臓の表面を覆う皮膚の外層。

食蟻性（しょくぎせい）/myrmecophagous：
アリ、シロアリとその幼虫や卵を食べる性質。

鋤口蓋突起（じょこうがいとっき）/vomeropalatine spikes：
口のなかの天井（口蓋）に生えた1対の大きな歯状の突起。

鋤骨歯（じょこつし）/vomerine teeth：
口蓋に生えた歯、または歯状の構造。

人周辺性（じんしゅうへんせい）/perianthropic：
人間の生活空間の近くに生息すること。

スズガエル反射（はんしゃ）/unkenreflex：
キバラスズガエル（スズガエル科）などのカエルが体を反り返らせ、鮮やかな色をした腹面を見せて捕食しようとする者を威嚇する防御戦略。

生態形（せいたいけい）/ecomorph：
生活する場所や生息環境の影響により獲得した、同種のなかでも異なる形態。

性的二形性（せいてきにけいせい）/sexual dimorphism：
オスとメスで異なる形態を示すことで、オスだけが頭部にとさかをもつといったものからオスとメスで頭の大きさが違うといった些細なものまで含まれる。

性的二色性（せいてきにしょくせい）/sexual dichromatism：
オスとメスで異なる体色や模様をもつこと。

脊索（せきさく）/notochord：
内臓と脊椎のあいだを通る柔軟な棒状の組織。発生のどの段階に限られていてもこれがある生物は脊索動物と認められる。

セラード/cerrado：
ブラジル北部の熱帯のサバンナで構成される生息環境。

前凹型（ぜんおう）/procoelous：
椎骨の椎体が完全に脊索を囲んでいるため脊椎は連結しているが、各椎骨は前方が窪み、後方が盛り上がっている進化した構造。ユウレイガエル科を除く現生のすべてのカエル亜目の仲間に見られる（両凹型と後凹型も参照）。

仙骨前椎骨（せんこつぜんついこつ）/presacral vertebrae：
骨盤の仙骨より前にある椎骨。

前恥骨（ぜんちこつ）/epipubis：
骨盤に接続した1対の前を向いた骨で、ふつうは原始的な哺乳類やその祖先に見られるが、主にニュージーランドに生息するムカシガエル科のカエルにもある。

蠕虫状（ぜんちゅうじょう）/vermiform：
イモムシのような細長い形をしていること。

総排出孔（そうはいしゅつこう）/cloaca：
両生類、爬虫類、鳥類、単孔目の哺乳類が共通してもつ、生殖器官と排泄器官を兼ねた開口部（用途が単一である哺乳類の肛門とは異なる）。

体外栄養性（たいがいえいようせい）/exotrophic：
主に水生のオタマジャクシに見られる、他の生物をエサにする性質。

体内栄養性（たいないえいようせい）/endotrophic：
主に地上生のオタマジャクシに見られる、メスの親が供給する卵黄から栄養を得る性質（体外栄養性も参照）。

単型（たんけい）/monotypic：
1つの属しか含まない科、あるいは1つの種しか含まない属などを指す。

単系（たんけいとう）/monophyly：
単系統群とは共通の祖先とそのすべての子孫を含むグループのことで、進化の過程を反映した自然分類群である。

胎生（たいせい）/viviparity：
発生途中の胚を含む卵を産むのではなく、ほぼ完全に幼体の姿になった子を産む性質。

地中生（ちちゅうせい）/fossorial：
穴を掘って地中で生活する性質、あるいはその種を指す。

チャパラル/chaparral：
北アメリカ西部の常緑樹林、落葉樹林と低木林で構成される生息環境。

昼行性（ちゅうこうせい）/diurnal：
日中に活動する性質。

中生林（ちゅうしつりん）/mesic forest：
多くは温暖な地域にあり、定期的に豪雨が降る場所に生育する森林。

中足骨（ちゅうそくこつ）/metatarsal：
足の甲にあたる部位を形成する骨。

ツィンギ/tsingy：
マダガスカル語で、水の浸食により洞窟や亀裂ができた石灰岩のカルスト地形からなる生息環境を指す。

低林（ていりん）/elfin forest：
丈の低い木小型脊椎動物が優勢な雲霧林の1種。

洞窟生（どうくつせい）/cavernicolous：
洞窟にすむ性質。

同種（どうしゅ）/conspecific：
同じ種の仲間。

同所性（どうしょせい）/sympatry：
2つまたはそれ以上の種が地理的に同じ場所に生息していること。

同属（どうぞく）/congeneric：
同じ属の仲間。

頭胴長（とうどうちょう）/SVL：
鼻先から肛門（総排出孔）までの長さで、全長（TTL）とは違って尾の長さを含めない。

登攀性（とうはんせい）/scansorial：
よじ登る能力。

二形性（にけいせい）/dimorphism：
同種でもオスだけがとさかをもっている場合やメスが頭が大きい場合など、性別によって形態に違いがある状態。

乳頭状突起（にゅうとうじょうとっき）/papilla（単数）、papillae（複数）：
カエルの皮膚に見られる隆起部。

ノーベル桿（かん）/Nobelian rod：
オガエル科（Ascaphidae）の交尾器を支える軟骨の帯。

背側（はいそく）/dorsum：
体の上側の表面。背面ともいう（腹側も参照）。

バルディビア温帯林（おんたいりん）/Valdivian temperate forest：
チリ南東部とアルゼンチンに見られる、シダ類やタケ、常緑樹、落葉樹が茂る森林。

ビダー器官（きかん）/Bidder's organ：
ヒキガエル科（Bufonidae）の仲間の成体とオタマジャクシの体内に見られる器官で、性ホルモンを抑制する働きをすると考えられている。

尾端骨（びたんこつ）/urostyle：
仙骨（骨盤）の後方に位置する、複数の尾椎が融合した骨。

飛膜（ひまく）/patagium（単数）、patagia（複数）：
滑空するカエルやトカゲの仲間がパラシュートのように使う、皮膚のひだや膜。

飛沫帯（ひまつたい）/splash zone：
満潮水位より上で、頻繁に波しぶきがかかる場所。

標高（ひょうこう）/ASL：
海面からの高さ。

ファイトテルマータ/phytotelma（単数）、phytotelmata（複数）：
アナナスやウツボカズラ類のように水をたくわえた植物で、一部のカエルによりオタマジャクシの保育場所として使われる。

フィンボス/fynbos：
南アフリカ沿岸部に見られる、低木林とヒースの茂る荒地で構成された生息環境。

プーナ/puna：
アルゼンチンとチリのアンデス山脈にある、標高の高い谷に見られる草原の1種。

腹側（ふくそく）/venter：
体の下側の表面。腹面ともいう（背側も参照）。

フラグモーシス/phragmosis：
オスのカエルが、メスの産んだ卵に他のオスが寄りつかないように自らの骨化した頭部で繁殖用の巣（アナナス）の入り口を塞ぐ行動。

噴水孔（ふんすいこう）/spiracle：
オタマジャクシの頭部後方に開いた穴で、内鰓を通過した水はここから出ていく。

吻稜（ふんりょう）/canthus rostralis：
目頭と鼻先の頂点を結ぶ線、または隆起線で、頭部の背側と腹側の境界となる。

抱接（ほうせつ）/amplexus：
カエルのペアが交配する際、オスがメスにつかまる姿勢。少なくとも7種類が存在し、最もよく見られるのが脇つかみ（前肢を後ろからつかむ）または股つかみ（腰の周りを掴む）である。

股（また）つかみ/inguinal：
オスがメスの腰の周りをつかむ抱接の体位。

無尾目（むびもく）/anuran：
両生類の分類群の1つで、すべてのカエルが含まれる。

メニスカス/meniscus：
表面張力の働いた止水の水面のことで、体の軽い無脊椎動物や両生類であれば沈むことなくその上を移動できる。

ラメラ/lamella：
動物学においては、カエルやヤモリの指先に見られる襞状の構造を指す。この襞は垂直な面を登る際に大きく役立っている。

卵黄栄養性（らんおうえいようせい）/lecithotrophic：
すべての栄養をメスから与えられた卵黄でまかなう性質。

卵管（らんかん）/oviduct：
卵巣と総排出孔をつなぐ管。

両凹型（りょうおうがた）/amphicoelous：
脊索を取り巻く椎骨の椎体の骨化が不十分な原始的な構造で、原生のカエルではオガエル科、ムカシガエル科、トウブスキアシガエル科、パセリガエル科、ニンニクガエル科、コノハガエル科、ユウレイガエル科にのみ見られる。後凹型と前凹型も参照。

輪郭拡散（りんかくかくさん）/edge diffusion：
カエルの体色と背景の色の境界が曖昧になる現象。

脇（わき）つかみ/axillary：
オスがメスの前肢を後ろからつかむ抱接の体位。

参考文献と有用な資料

両生類と爬虫類の総合的なガイドや学会の情報については、『トカゲ大全』『ヘビ大全』（ともにエムピージェー刊）を参照されたい。

書籍（一般書）

Crump, M. *In Search of the Golden Frog.*
University of Chicago Press, 2000.

Duellman, W.E. *Patterns of Distribution of Amphibians:*
A Global Perspective. John Hopkins University, 1999.

Gibbons, J.W. & M. Dorcas *Frogs: The Animal Answer Guide.*
John Hopkins University, 2011.

『世界のカエル大図鑑』（ティム・ハリデイ著、吉川夏彦・島田
知彦・江頭幸士郎監修、柏書房、2020年）

Heatwole, H. & J. Wilkinson *Amphibian Biology*
(multiple volumes) various publishers.

Moore, R. *In Search of Lost Frogs.* Bloomsbury Press. 2014.

Pough, F.H., R.M. Andrews, M.L. Crump, A.H. Savitsky,
K.D. Wells & M.C. Bradley. *Herpetology (4th edition).*
Sinauer Publishing, 2016.

Richardson, M. *Threatened and Recently Extinct Vertebrates of*
the World: A Biogeographical Approach. Cambridge University Press,
2023.

Stebbins, R.C. & N.W. Cohen *A Natural History of Amphibians.*
Princeton University Press, 1995.

Vitt, L.J. & J.P. Caldwell. *Herpetology: An Introductory Biology of*
Amphibians and Reptiles (4th edition). Academic Press, 2014.

フィールドガイド

（国と州のガイドはリストに含まれていない）

·北アメリカ

Green, D.M., L.A. Weir, G.S. Casper & M.J. Lannoo
North American Amphibians: Distribution & Diversity. University of
California Press, 2013.

·中央アメリカ、南アメリカ、西インド諸島

Duellman, W.E. *Hylid Frogs of Middle America (2 volumes).*
SSAR, 2001.

·ヨーロッパ

Dufresnes, C. *Amphibians of Europe, North Africa & The Middle East:*
The Photographic Guide.
Bloomsbury, 2019.

·アフリカ、マダガスカル

Channing, A. *Amphibians of Central and Southern Africa.*
Cornell University Press, 2001.

Channing, A. & M-O. Rödel *Field Guide to the Frogs & Other*
Amphibians of Africa. Struik, 2019.

Du Preez, L. & V. Carruthers *Frogs of Southern Africa:*
A Complete Guide (2nd edition). Struik, 2017.

Glaw, F. & M. Vences. *A Field Guide to the Amphibians and Reptiles of*
Madagascar (3rd edition). Vences & Glaw Verlag, 1994.

Henkel, F-W. & W. Schmidt. *The Amphibians and Reptiles of*
Madagascar, the Mascarenes, the Seychelles and the Comoros Islands.
Krieger Publishing, 2000.

·アジア、アラビア

Inger, R.F., R.B. Steubing, R.B., T.U. Grafe & J.M. Dehling.
A Field Guide to the Frogs of Borneo (3rd edition). Natural History
Books (Borneo), 2017.

·オーストラレーシア、オセアニア

Heatwole, H. & J.J.L. Rowley *Status of Conservation and Decline*
of Amphibians. CSIRO Publishing, 2018.

Menzies, J.I. *The Frogs of New Guinea and the Solomon Islands.*
Pensoft, 2006.

●有用なウェブサイト

世界爬虫両生類学会議（WCH）
www.worldcongressofherpetology.org

世界の両生類データベース
https://amphibiansoftheworld.amnh.org

AmphibiaWeb（アンフィビアウェブ）
https://amphibiaweb.org

国際自然保護連合（IUCN）　絶滅危惧種レッドリスト
www.iucnredlist.org

絶滅のおそれのある野生動植物の種の国際取引に関する条約
（CITES）
www.cites.org

索引

ア
アーチェイムカシガエル 63
アイゾメヤドクガエル 30, 119
アイフィンガーガエル属 175-177
アウアアメガエル 147
アオガエル亜科 175-177
アオガエル科 174-177
アオガエル属 175-177
アオハラヤドクガエル 120
アカテシツヤガエル 216
アカガエルモドキ属 190-195
アカガエル科 190-195
アカガエル上科 170-209
アカガエル属 190-195
アカメアマガエル 6,12,0148
アカメアマガエル属 148-149
アジアジムグリガエル 226
アシナガアマガエル属 134-143
アシナガツヤガエル 70
アシボソオーストラリアヒメマガエル 233
アシボソコノハガエル属 84-85
アデガエル属 172-173
アデヤカツキヤヒキガエル 128
アナガエル属 94-95
アナナスアマガエル属 134-143
アナナスアマガエル属 134-143
アナナスガエル属 108-109
アナナスツヤガエル属 128-133
アナホリガエル属 94-95
アニラニー属 228-229
アフリカアカガエル科 188-189
アフリカアカガエル属 188-189
アフリカウシガエル 180
アフリカウシガエル亜科 180-181
アフリカウシガエル科 178-181
アフリカウシガエル属 180-181
アフリカガエル類
アフリカツメガエル 70
アフリカヒキガエル属 128-133
アフリカモリガエル亜科 220-221
アフリカモリガエル属 220-221
アフリカユビナガガエル属 218-219
アベコベガエル 143
アベコベガエル属 134-143
アポヌメガエル 183
アマゾ ゙ピトカエル 232
アマガエルモドキ亜科 104-105
アマガエルモドキ科 102-105
アマガエルモドキ属 104-105
アマガエル亜科 134-143
アマガエル科 134-143
アマガエル上科 100-169
アマゾンソンガエル 36
アマゾンヒキガエル属 128-133
アマゾンミズベガエル属 106-107
アミメアマガエル属 144-147
アメフクラガエル 37, 212
アメヤドクガエル亜科 120
アメヤドクガエル属 120
アメリカアカガエル 49
アメリカアカガエル属 190-195
アメリカアマガエル属 35
アメリカジムグリガエル亜科 224-225
アメリカジムグリガエル科 224-225
アメリカヒキガエル属 128-133
アメリカミズベアカガエル属 190-195
アラバルビバ 72
アルカルス亜科 196-197
アルカルス属 196-197
アルキガエル亜科 216-217
アルキガエル属 216-217
アルファクアカガエル 194
アルントケンシガエル 209
アンソニーヤドクガエル 117
アンダーソンアマガエル 135
アンデスガエル属 164-165
アンデスコケガエル属 162-163
アンデスヤドクガエル属 118-119

イ
イエアメガエル属 144-147
イカガアマガエルモドキ 102
イカガアマガエルモドキ属 102-103
イケガエル属 190-195
イケガエル属 178-179
イシハナガエル属 50
イゼクンコガネガエル 158
イダテンアマガエル属 134-143
イチイフインガーガエル 56
イチゴヤドクガエル 118-119
イチゴヤドクガエル属 118-119
イトンベクサガエル 217
イトンベクサガエル属 216-217
イハラガエル 50
イハラミガエル属 96-97
イベリアバセリガエル 81
イベリアミミナシガエル 65
イボユビナガガエル属 106-107
イルマンアンデスガエル属 162
イロワケガエル属 64-65
イロワクサガエル属 216-217
イワガエル亜科 184-185
イワガエル科 184-185
イワガエル属 184-185
イワノポリガエル 122
イワノポリガエル属 122-123
イワモンガエル属 178-179
インガーガエル属 206-207
インガーヒキガエル属 128-133
インドアカガエル科 202-203
インドアカガエル属 202-203
インドトラフガエル 206
インドマガエル属 206-207
インドネシアキガエル属 175-177
インドハナガエル 90, 91
インドハナガエル科 90-91
インドハナガエル属 90-91
インバブラアマガエル 20

ウ
ウィジャヤラナ属 190-195
ウイルコックスアメガエル 27
ウォーカーラナ属 202-203
ウォカントモグリガエル 95
ウォレストビガエル 47, 176
ウキガエル 207
ウキガエル亜科 206-207
ウキガエル属 206-207
ウシガエル 13, 190
ウデナガカエル亜科 82-83
ウデナガガエル属 82-83
ウナリアナガエル 95
ウルグアイガエル属 121
ウルグルオオクサガエル 223

エ
エウビアス亜科 168-169
エクアドルウシガエル 44
エスパーダアマガエルモドキ 102-103
エスメラルダチョウコヤスガエル 168
エダアシガエル属 198-199
エチオピアクサガエル属 216-217
エバーグリーンドロボウガエル 161
エバンスコヅレガエル 157
エラ 12, 34

オ
オウハンキノポリガマ 130
オオアタマガエル 165
オオクサガエル亜科 222-223
オオクサガエル属 222-223
オオクチアマガエル属 134-143
オオグチガエル亜科 166
オオグチガエル科 162-166
オオグチガエル属 166
オオシマアシガエル 97
オーストラリアヒメアマガエル属 230-233
オオツノコヤスガエル 169
オオトガリハナアマガエル 143
オオバナアマガエル属 175-177
オオヒキガエル 39
オオミドリニオイガエル 195
オオミミヒメアマガエル亜科 224-225
オオミミヒメアマガエル属 224-225
オガエル 29, 61
オガエル科 60-61
オガエル属 60-61
オスアカヒキガエル 129
オセアニアアマガエル亜科 144-147
オセアニアヒメアマガエル属 230-233
汚染 53
オムブラナ属 206-207
親による世話 32-33
オヤユビコヤスガエル科 161
オヤユビコヤスガエル属 161
オリーブナンベイアマガエル 139
オンシツガエル 168

カ
ガーツガエル属 175-177
ガーディナーセーシェルガエル 92
ガーディナーセーシェルガエル属 92-93
害虫駆除 7, 50
カエル亜目 87-233
カグヤヒメガエル属 226-227
カクレガエル属 212-213
カクレコヤスガエル属 167
カクレミミガエル属 84-85
カクレヤドクガエル 114
カゴガエル亜科 178-179
カゴガエル属 178-179
カザリガエル 189
カザリガエル属 188-189
カジカガエル亜科 174
カジカガエル属 174
カシミールガエル属 206-207
ガス交換 16-17, 18, 34
カチカチガエル属 178-179
滑空 46-47
カツリメデューサ属 148-149
ガディンウデナガエル 83
ガトゥンヤドクガエル 117
カナイアマガエル属 134-143
カニクイガエル 49, 207
カネタタキアマガエルモドキ属 102-103
ガボンモリガエル 220
ガボンモリガエル属 220-221
ガマカワガエル属 206-207
ガマナシノビガエル 160
ガマハダインドアカガエル 202
夏眠 18, 48, 49, 77, 151
カムフラージュ 40
カメガエル 97
カメガエル科 96-97
カメガエル上科 94-99
カメガエル属 96-97
カメルーンモリガエル 221
カメルーンモリガエル属 220-221
ガラスアマガエルモドキ属 102-103
カラチトゲガエル属 206-207
カリブヒキガエル属 128-133
カレッタコヤスガエル 169
カワガエル属 178-179
カワリコダマガエル 164
カワリコハガエル属 84-85
カワリジタヤドクガエル属 120
カワリバナガエル属 230-233
カワリヒメアマガエル亜科 228-229
カワリヒメアマガエル属 228-229
眼状紋 41
カンムリアマガエル 140

キ
ギアナガエル 101
ギアナガエル科 100-101
ギアナガエル属 100-101
キイロクサガエル属 214-215
キオビヤドクガエル 41, 118
気候変動 51, 52
擬死 217
キタアデヤカマダラヒメアマガエル 231
キタコロボリーヒキガエルモドキ 52
キタダンスガエル 201
キタビグミーヒキガエル 133
木登り 46
キノポリガマ属 128-133
キノポリヒキガエル属 128-133
キノミクアマガエル属 134-143
キバアマガエル属 134-143
キバガエル 95
キバガエル属 94-95
キバハダアマガエル属 134-143
キバラアカガエル 191
キバラスズガエル 58
キハンシコモチヒキガエ 51, 133
キボシクチボソガエル 210
キボシナガレガエル 193
キマイラアマガエルモドキ属 102-103
キマダラアマガエル属 134-143
キマダラハガエル 124
キメアラヒキガエル属 128-133
キメアラマダガスカルガエル属 172-173
キュウケツキガエル属 175-177
キューバズツキガエル属 137
キュランダアメガエル属 147
キンイロアメガエル 145
キンイロゲンゴガエル 115
キンイロヒキガエル属 128-133
ギンスジアルキガエル属 216-217
キンスジヤドクガエルモドキ 107

ク
クールガエル属 206-207
クサガエル亜科 214-215
クサガエル科 214-217
クサガエル属 214-215
クスコアンデスコケガエル 52
クスコガエル属 162-163
クチボソガエル科 210-211
クチボソガエル属 210-211
クツワアメガエル 146
クモとの共生 42-43
グラニュローサアマガエルモドキ 103
クレブスツサガエル属 216-217
クロコスアサエズリガエル 219
クロヒキガエル属 128-133
クロヒメアマガエル 227
クロヒメアマガエル亜科 226-227
クロヒメアマガエル属 226-227
グンディアアカガエル 203

ケ
ケイコクアマガエル属 134-143
警告色 41, 67, 117, 129, 159
ケープヒキガエル属 128-133
ケープユウレイガエル 89
ケガエル 42, 221
ケニアイワガエル属 184-185
ケララアオガエル属 175-177
ケララシロアゴガエル属 175-177
ケンシガエル 208
ケンシガエル科 208-209
ケンシガエル属 208-209

コ
コイワガエル科 200-201
コイワガエル属 200-201
コウチアマガエル属 134-143
コウチヒキガエル属 128-133
ゴウトウガエル属 162-163
交尾器 29
コオイガエル亜科 117
コオイガエル属 117
コーチスキアシガエル 76
コーラスガエル属 134-143
コオロギガエル科 134-143
コオロギヒキガエル属 128-133
コガシラヒメアマガエル属 224-225
コガタアマガエルモドキ 33
コガタキガエル属 175-177
コガタトノサマガエル 22, 55, 193
コガタドロガエル 187
コガタナゾガエル 229
コガタヒメガエル属 226-227
コガタヤマガエル 196
コガネガエル 158-159
コガネガエル属 158-159
コキーコヤスガエル 23
コクテンユビナガガエル 107
コクハンユビナガガエル 219
コケガエル属 134-143
コケガエル 40
コシアカガエル属 230-233
コスタリカアマガエル属 134-143
コダマガエル亜科 164-165
コダマガエル属 164-165
骨格 14-15

項目	ページ
コツブガエル属	162-163
コヅレガエル属	156-157
コティージハルダンスガエル	200, 201
コトヅメアマガエル属	134-143
コノハガエル亜科	84-85
コノハガエル科	82-85
コノハガエル属	84-85
コノハミヒメアマガエル属	230-233
コビトガエル属	230-233
コビトヒキガエル属	128-133
鼓膜	23, 24
コミミアマガエル	141
コミミアマガエル属	134-143
コミミマダガスカルアオガエル科	172-173
コモチヒキガエル属	128-133
コモリアマガエル	33, 156
コモリアマガエル属	156-157
コモリコノヒメアマガエル属	231
コヤスガエル亜科	168-169
コヤスガエル亜科	168-169
コヤスガエル科	167-169
コヤスガエル属	168-169
ゴリアテガエル	182
ゴリアテガエル科	182-183
ゴリアテガエル属	182-183
コロコロヒキガエル属	128-133
コロボリーヒメガエルモドキ	96
コロンビアヤマヒキガエル属	128-133
コンゴガエル属	214-215
コンゴツメガエル	71
コンゴツメガエルモドキ属	70-71
コンゴツメガエル属	70-71

サ

項目	ページ
サエズリアマガエル	136
サエズリガエル亜科	218-219
サエズリガエル科	218-223
サエズリガエル属	218-219
サキュウガエル	96-97
サバクアメガエル	145
サバナガエル	189
サバミミナシヒキガエル属	128-133
ザバロヤドクガエル	114
サビオオグチガエル	166
サベジガエル属	162-163
サホナ亜属	170
サメハダアマガエルモドキ属	102-103
サメハダアマガエル属	148-149
サラワクコノハガエル属	84-85
サンガクガエル属	164-165
サンチネコメガエル	46
サンバガエル	64
サンバガエル科	64-65
サンバガエル属	64-65

シ

項目	ページ
シエラドマールアマガエル	148-149
シガレラヒキガエル属	128-133
色素胞	18
視細胞	21
シセンアカガエル属	190-195
シノビガエル科	160
シノビガエル属	160
シマアシマアガエルモドキ	105
シマアシガエル属	96-97
シマフラケガエル属	212-213
ジムグリガエル属	226-227
ジャワアオガエル	177
ジャンプ	8, 15, 44
ジュクハヤテガエル	112
受精	26, 28-29
シュワルツィウス亜属	168-169
循環器系	16
瞬膜	20-21
食性	34-36
所属不明	217
ジョンソンツノアマガエル	157
シリアニニクガエル	79
シルバーストーンヤドクガエル属	117
シルロフス亜属	168-169
シロアゴガエル属	175-177
シロアリガエル属	224-225
シロオビガエル属	230-233
シロクチガエル属	195
シロクチマダガスカルモリガエル	170
シロホシュウレイアマガエルモドキ	102
シロムネガエル属	117
シワユダアシガエル	199
進化	8-11
心臓	16
シンビヒメガエル属	226-227

ス

項目	ページ
水泳	45
水分の喪失	18-19
スキアシガエル上科	76-85
スキアシガエル科	76-77
スキアシヒメアマガエル亜科	228-229
スキアシヒメアマガエル属	228-229
スキッパーガエル	206-207
ズキンアメガエル	144
スズガエル反射	41, 67, 216
スズガエル科	66-67
スズガエル属	66-67
ズツキガエル属	134-143
スナガエル属	178-179
スマトラアカガエル属	190-195
スリムアオガエル属	175-177

セ

項目	ページ
セアカヤドクガエル属	118-119
生息地の消失	51, 53, 54
生態型	13
性的二形性	26-27, 29
性的二色性	26-27
セイロンガエル属	206-207
セイロンナミガタガエル	205
セイロンナミガタガエル亜科	204-205
セイロンナミガタガエル属	204-205
セーシェルガエル	93
セーシェルガエル科	92-93
セーシェルガエル上科	90-93
セーシェルガエル属	92-93
セーシェルクサガエル属	214-215
セオイガエル属	156-157
セガラオガワガエル	109
セジスナガエル	178
絶滅	50-52
セマクチコノハガエル属	84-85
セルサアマガエルモドキ属	104-105
セロロレフーモアマガエルモドキ	105

ソ

項目	ページ
ソロモンツノガエル亜科	198-199
ソロモンツノガエル科	196-199
ゾンビガエル	225

タ

項目	ページ
ダーウィンガエル	126
ダーウィンガエル科	126-127
ダーウィンガエル属	126-127
体色	18
胎生種	29
タイセイヨウアマガエル属	134-143
タイヨウアマガエルモドキ	104
タイロナガエル	165
タカオウデナガガエル	82-83
タカネガエル属	206-207
タチラガエル属	164-165
タニガエル属	96-97
タピオカガエル属	150-151
タマゴガエル属	224-225
タマランカナガレアマガエル	141
タンジイカガエル属	228-229
単系統群	8, 10
タンタザニアヒメアマガエル亜科	228-229
タンザニアヒメアマガエル属	228-229

チ

項目	ページ
チキョウコヤスガエル属	168-169
チチカカミズガエル	154
チビウデナガガエル	82-83
チビガエル属	96-97
チビヒメアマガエル属	228-229
チビヒメマンジュウガエル	224
チャコガエル	151
チャコガエル属	150-151
チュウベイアカガエル属	134-143
チュウベイコウチアマガエル属	134-143
チュウベイヒキガエル属	128-133
チュスミサミズガエル	154
チュラスティヒキガエル属	128-133
チョウセンスズガエル	25, 67
チョブグチガエル	227
チョブグチガエル亜科	226-227
チョブグチガエル属	226-227
チリガエル科	98-99
チリニセヒキガエル	99
チリヨツメガエル	111

ツ

項目	ページ
ツインギマダガスカルガエル属	172-173
ツチガエル属	190-195
ツチビガエル属	96-97
ツノアマガエル科	156-157
ツノアマガエル属	156-157
ツノガエルモドキ属	124-125
ツノガエル科	150-151
ツノガエル属	150-151
ツノクロアマガエル	157
ツノメガエル属	198-199
ツブハダキガエル属	175-177
ツボカビ	52, 54
ツメガエルモドキ亜科	70-71
ツメガエル属	70-71
ツヤガエル属	216-217

テ

項目	ページ
テイチアナホリアマガエル	19
デウィッテクチポソガエル	210
デーモンヤドクガエル属	118-119
デカンガエル亜科	204-205
デカンガエル科	204-205
デカンガエル属	204-205
テブイアマガエル属	134-143
テマリガエル属	94-95
テンシアマガエル属	134-143
テンセンハチガエル	43

ト

項目	ページ
ドウツツガエル属	230-233
ドウガエル属	134-143
頭骨	14-15
トウブスキアシガエル	77
トウブスキアシガエル科	76-77
トウブスキアシガエル属	76-77
冬眠	49, 191
トゥンガラガエル	110
トゥンガラガエル属	110-111
トーゴリアテガエル	183
トガリシロアゴガエル属	175-177
トガリハナアマガエル属	134-143
トガリヒメアマガエル属	224-225
トガリユビノミガエル	167
トキイロヒキガエル	132
トキイロヒキガエル属	128-133
毒	7, 37-39
ドクイシアタマガエル属	134-143
毒を注入するカエル	39
トゲアシクサガエル	217
トゲアシクサガエル亜科	216-217
トゲアシクサガエル属	216-217
トゲガエル属	206-207
トゲオロギヒキガエル	131
トゲジタヤドクガエル亜科	115
トゲジタヤドクガエル属	115
トゲマダガスカルガエル属	172-173
トゲムネガエル科	121
トゲムネガエル属	121
トゲユビガエル属	112-113
トタテガエル属	134-143
トマトガエル	41, 229
トマトガエル亜科	228-229
トマトガエル属	228-229
ドラケンスバーグカワガエル	179
トラフガエル属	206-207
トラフフリンジアマガエル	149
ドリアデルセス属	134-143
トリニダードヤドクガエル	116
トリョフィテス属	134-143
トループヒキガエル属	128-133
トループヒメアマガエル属	228-229
ドロガエル科	186-187
ドロガエル属	186-187

ナ

項目	ページ
ナガハナヒメアマガエル	233
ナガレアマガエル属	134-143
ナガレガエル属	190-195
ナガレヤドクガエル属	115
ナキガエル属	224-225
ナゾガエル亜科	228-229
ナゾガエル属	228-229
ナゾメキヤドクガエル	119
ナゾメキヤドクガエル属	118-119
ナタージャックヒキガエル	131
ナタージャックヒキガエル属	128-133
ナタールガエル属	178-179
ナタールドロガエル	187
ナタールユウレイガエル	89
ナタールユウレイガエル亜科	88-89
ナマケガエル属	82-83
ナンベイアマガエルモドキ亜科	102-103
ナンベイアマガエルモドキ属	102-103
ナンベイアマガエル属	134-143
ナンベイオチバガエル属	108-109
ナンベイヌマチガエル属	110-111
ナンベイヒキガエル属	128-133

ニ

項目	ページ
ニオイガエル属	190-195
ニオイヤドクガエル亜科	116
ニオイヤドクガエル科	114-116
ニオイヤドクガエル属	116
ニクカンアマガエル属	134-143
ニコルスヒキガエルモドキ	96-97
二色性	26-27
ニセコガタキガエル属	175-177
ニセヒキガエル	98-99
ニセフォロガエル属	162-163
ニセメダマエル属	110-111
ニューギニアヤブガエル	230
ニューギニアヤブガエル亜科	230-233
ニューギニアヤブガエル属	230-233
ニワリュビガエル	54, 106
ニンニクガエル	78
ニンニクガエル科	78-79
ニンニクガエル属	78-79
ニンバコモチヒキガエル	133
ニンバコモチヒキガエル属	128-133
ニンブアマガエルモドキ属	102-103

ヌ

項目	ページ
ヌマガエル亜科	206-207
ヌマガエル科	206-207
ヌマガエル属	206-207
ヌマチガエル亜科	94-95
ヌマチガエル属	94-95
ヌメイボガエル属	178-179

ネ

項目	ページ
ネコメガエル亜科	148-149
ネコメガエル属	148-149
ネッタイアマガエル科	134-143
ネブリナガエル	225
ネブリナガエル亜科	224-225
ネブリナガエル属	224-225

ノ

項目	ページ
ノーブルガエル属	162-163
ノシメグリガエル属	228-229
ノシケゲムネガエル	121
ノリツギアマガエル属	156-157

ハ

項目	ページ
歯	15
パーカーイワガエル	185
バーバーガエル属	66-67
肺	16-17, 25
バイアモリガエル	125
バイアモリガエル属	124-125
ハイイロモリガエル	175
ハイイロモリガエル属	175-177
ハイナンガエル属	175-177
バウバウガエル属	94-95
ハガエル属	124-125
ハガクレヒメアマガエル属	228-229
バケアマガエルモドキ属	102-103

ハズウェルチビガエル属	96-97	フチドリアマガエル	138	マダガスカルガエル属	172-173	モロッコニンニクガエル	79
バセリガエル	80	フトコノハガエル	84-85	マダガスカルクサガエル	215	モロッコヒキガエル属	128-133
バセリガエル科	80-81	ブバディインドアカガエル	91	マダガスカルガエル属	214-215	モンゴルヒキガエル属	128-133
バセリガエル属	80-81	ブライスヒキガエル属	128-133	マダガスカルスナガエル	171		
パタゴニアガエル科	152-153	ブライラヒキガエル属	128-133	マダガスカルスナガエル亜科	171	**ヤ**	
パタゴニアガエル属	152-153	ブラジルアマガエル属	134-143	マダガスカルスナガエル属	171	ヤカマシアマガエル属	134-143
パタゴニアヒキガエル属	128-133	ブラジルオガワガエル亜科	108-109	マダガスカルハネガエル	171	ヤドクガエルモドキ属	106-107
発声	22-23, 26, 37	ブラジルオガワガエル属	108-109	マダガスカルモリガエル科	170	ヤドクガエル亜科	118-119
ハナトガリガエル	199	ブラジルガエル科	112-113	マダガスカルモリガエル亜科	170	ヤドクガエル科	117-120
バナナガエル属	214-215	ブラジルガエル属	112-113	マダガスカルモリガエル属	170	ヤドクガエル属	118-119
ハナナガマダガスカルガエル属	172-173	ブラジルコヤスガエル	161	マダラハヤシガエル	152	ヤマカゴガエル	178
バビガエル	108	ブラジルヒメツヤドクガエル属	118-119	マツゲガエル属	110-111	ヤマスソガエル属	164-165
バビガエル属	108-109	ブラジルフトガエル属	224-225	マハラシュトラデカンガエル	205	ヤマビメアマガエル属	230-233
バビナ属	190-195	ブラジルヤマガエル亜科	162-163	繭	18, 48		
パブアエダアシガエル	199	ブラジルヤマガエル属	162-163	マヨルカサンバガエル	53	**ユ**	
パブアマダラガエル	199	ブランチャードコオロギガエル	137	マラガシヒメアマガエル属	228-229	ユウヤケガエル属	96-97
パブアジムグリガエル属	230-233	フリジアマガエル属	134-143	マラッカガエル	226-227	ユウレイアマガエルモドキ属	102-103
パブアレメアマガエル属	230-233	フリンジアマガエル属	148-149	マルガエル属	220-221	ユウレイガエル	88
パブアマガエル属	230-233	プリンスチャールズアマガエル	138	マルハシガエル科	122-123	ユウレイガエル科	88-89
ハモチガマ	124-125	プレトヒキガエル属	128-133	マルハシガエル属	122-123	ユウレイガエル亜科	88-89
ハモンドスキアシガエル	77	ブロックニセヒキガエル	98	マルハナヒメアマガエル属	226-227	ユビナガガエル亜科	106-107
ハヤシガエル属	152-153	ブロンズガエル	24	マルメタビオカガエル	15, 151	ユビナガガエル科	106-111
ハヤセガエル属	190-195	噴水孔	12	マルユビガエル属	230-233	ユビナガガエル属	106-107
ハヤテガエル属	112-113			マレーハラボシガエル属	226-227	ユラカレミズガエル	154
ハラグロイロワケガエル	64	**ヘ**		マンジュウガエル属	224-225	ユンガガエル属	164-165
ハラブチガエル属	190-195	ベッドドームインドアカガエル	203				
パリオガエル	127	ベドカヒキガエル属	128-133	**ミ**		**ヨ**	
パリオガエル属	126-127	ベトナムヒメアマガエル属	230-233	ミイロヤドクガエル属	117	ヨーロッパアカガエル	32, 192
パルウロパテス属	120	ベトナムフトコノハガエル	84	ミクロガエル属	178-179	ヨーロッパアマガエル	45, 134
バレイワガエル	184-185	ベニモンフキヤガマ	41	ミクロケイラ属	162-163	ヨーロッパアマガエル属	134-143
バレフクラガエル	213	ベネズエラヤドクガエル属	116	ミズアカガエル属	190-195	ヨーロッパスズガエル	66
バレフクラガエル属	212-213	ヘリグロヒキガエル	130	ミズガエル科	154-155	ヨーロッパヒキガエル	31, 130
バロンアデガエル	172	ヘリグロヒキガエル属	128-133	ミズガエル属	154-155	ヨコジマトゲハダアマガエル	143
繁殖	26-33	ベルソノガエル	150	ミスジヤドクガエル属	117	ヨツメガエル属	110-111
繁殖球	30-31	ベルナーヒキガエル属	128-133	ミズヒキガエル属	128-133	ヨツユビチビヒメアマガエル	228
		ヘルメットガエル	99	ミツゾノハガエル	85	ヨツユビヒキガエル属	128-133
ヒ		ヘリドリアマガエル属	98-99	ミツゾノハガエル属	84-85		
ヒガシアフリカフクラガエル属	212-213	ベレスマツゲガエル	111	ミットヒキガエル属	128-133	**ラ**	
ヒガシマダガスカルガエル	172	ベレットクチボソガエル	211	ミドリアマガエル属	134-143	ラオコガタキガエル属	175-177
ヒキガエルモドキ属	96-97	ヘリビキガエル属	128-133	ミドリスキアシヒメアマガエル	229	ラコフォルス属	175-177
ヒキガエル科	128-133	ベンゲサガエル属	168-169	ミドリヒキガエル属	128-133	ラザロ種	65, 142, 155, 227
ヒキガエル属	128-133	変態	13	ミドリマダガスカルガエル属	173	ラバルマアマガエルモドキ	8
ビグミーヒキガエル属	128-133	ヘンドリクソンウウデナガガエル	69	ミドリマダガスカルガエル属	172-173	卵	12, 26, 31-32
ヒシメガエル属	96-97			ミナミアマガエル属	144-147	ランザガエル属	188-189
尾端骨	15	**ホ**		ミナミイワガエル	184		
ビテコプス属	148-149	ボアナアマガエル属	134-143	ミナミブナガエル	153	**リ**	
ビバ	40, 73	防御	37-43	ミナミブナガエル属	152-153	リオヒメアマガエル属	224-225
ビバ亜科	72-73	抱擁	28-30	ミニガエル属	228-229	リオムタムガエル属	224-225
ビバ亜目	68-85	ホウマクガエル属	206-207	耳	24-25	リニャレスツノガエルモドキ	125
ビバ科	70-73	ボウレンガーコノハガエル	84-85	ミミナシガエル上科	64-67	リュウガエル亜科	196-197
ビバ上科	70-75	ホエゴエアマガエル	142	ミミナシガエル属	64-65	リュウガエル属	196-197
ビバ属	72-73	ボーダンメキシコアマガエル	139	ミリアムガエル亜科	167	リュウキュウカジカガエル	174
ビビタコガタドロガエル	186	ポールガエル	181	ミリアムガエル属	167	リンチガエル属	164-165
皮膚	16-17, 18-19	ポールガエル属	180-181				
ヒフセンニセフォロガエル	163	ボカーマンアマガエル属	134-143	**ム**		**ル**	
ヒマラヤゲジタガエル	197	ホシゾラガエル	204	ムカシガエル亜目	58-63	ルッツマルハシガエル	122
ヒメアマガエル属	175-177	ホシゾラガエル亜科	204-205	ムカシガエル科	62-63		
ヒメアマガエル亜科	226-227	ホシゾラガエル属	204-205	ムカシガエル上科	60-63	**レ**	
ヒメアマガエル科	224-233	ホシメガーツガエル	177	ムカシガエル属	62-63	レイウペルス亜科	110-111
ヒメアマガエル属	226-227	保全	50-55	ムクアオガエル	174		
ヒメアルキガエル属	214-215	ホソアオガエル属	175-177	ムコタンパク質	18	**ロ**	
ヒメガスカルガエル属	172-173	ホソスネガエル属	158-159	ムシクイオオクサガエル	222	ロウクサガエル属	214-215
ヒョウアカガエル属	190-195	ホソナキガエル属	178-179			ローハンガエル属	175-177
ヒラバチガエル属	94-95	ホソヒキガエル属	128-133	**メ**		ローレントヒキガエル属	128-133
ヒレアシヒメアマガエル属	228-229	ホソヒメアマガエル属	224-225	眼	6-7, 15, 20-21	ロスタヨスヤドクガエル	120
		ホソメガエル属	121	メキシコアマガエル属	134-143	ロレトノーブルガエル	163
フ		ホソユビアマガエル亜科	162-163	メキシコジムグリガエル	74, 75		
ファンダイクヒキガエル属	128-133	ホッホシュテッタームカシガエル	62	メキシコジムグリガエル科	74-75	**ワ**	
ファンタズマガエル属	112-113	ボラセイアガエル	113	メキシコジムグリガエル属	74-75	ワイオミングヒキガエル	128
フィリピンイケガエル属	190-195	ホルトイヨハギガエル	159	メスへのアピール	30		
フィリピンバーバーガエル	67	ボルネオジムグリガエル属	230-233	メタヒキガエル属	128-133		
フウセンガエル属	226-227	ボルネオニジヒキガエル	86	メヘリーガエル属	230-233		
フウハヤセガエル	23	ボルネオハヤセガエル属	190-195	メルテンスヒキガエル属	128-133		
フウハヤセガエル属	190-195	ボルネオヤマウデナガガエル	83				
フェイコノハガエル属	84-85	ポンプウデナガガエル	82	**モ**			
ブエルトエデンガエル属	152-153			モウドクフキヤガエル	39, 118		
フォルナシニバナナガエル	214	**マ**		モーブランヒキガエル属	128-133		
フキガエル属	118-119	マイヤーズヒメアマガエル属	224-225	モザンビークオオクサガエル	223		
フキヤヒキガエル属	128-133	マスカレンガエル	188	モチャホソメガエル	121		
フクラガエル科	212-213	マズンバイカクレガエル	213	モドリフクラガエル	27		
フクラガエル属	212-213	マダガスカルガエル亜科	172-173	モモブチャヤドクガエル亜科	114		
フクロアマガエル属	156-157	マダガスカルガエル科	170-173	モモブチャヤドクガエル属	114		
フクロガエル属	96-97			モリヒキガエルモドキ属	128-133		
フタイロアカガエル属	190-195			モリヒキガエル属	128-133		
フタスジブラジルガエル	113			モレーレガエル属	214-215		

写真クレジット

ここに紹介する著作権資料の複製を許可してくださった皆様に深く感謝いたします。

T＝上、B＝下、L＝左、R＝右、C＝中央

Photograph courtesy of **Dr. Abdellah Bouazza**: 79BL. **Alamy Stock Photo** agefotostock: 49; Alf Jacob Nilsen: 21 (Row 6/C), 228; All Canada Photos: 21 (Row 5/L), 48, 61, 191; Anton Sorokin: 60, 83TR, 107TL, 120TL; Avalon Picture Library: 116; Biosphoto: 107CL, 118CR, 141B, 170, 172CL, 182; blickwinkel: 71, 85, 173, 181; Buddy Mays: 34- 35; Buiten-Beeld: 64TL; Chris Mattison: 76, 131B, 149, 231BR; Dave Pinson: 95BL; David Hosking: 92; David Tipling Photo Library: 32TL; Dinal Samarasinghe: 205CL; Dorling Kindersley Ltd: 118TL; ephotocorp: 82, 203T; FLPA: 42- 43, 80; George Grall: 24; Heather Rose: 145CR; Hemis: 100- 101, 164, 225TR; imageBROKER: 21 (Row 6/R), 114CR, 215CL; Jessica Girven: 70TR; John Cancalosi: 19, 139T; John Sullivan: 83BR, 195TR; Kevin Schafer: 75; Luis Louro: 169CR; Marc Anderson: 27CL; Matthijs Kuijpers: 54, 68, 106, 165T; mauritius images medical: 13; Minden Pictures: 21 (Row 6/L), 21 (Row 7/R), 37, 44- 45, 47, 86, 104, 129, 133CR, 156, 157TR, 175, 178BL, 183T, 199BR, 212, 214, 231TR, 233T; Morley Read: 39; Nature Picture Library: 29, 36, 53, 94, 96, 99TC, 111CL, 117CR, 121CR, 121BCR, 125TR, 126, 145TL, 153, 157BR, 162TCR, 168TR, 188, 198, 201T, 205T, 207CR; Papilio: 110; Premaphotos: 97CL; Robert Hamilton: 123; robertharding: 115; robin chittenden: 55; Sabena Jane Blackbird: 192; Sam Yue: 174CL; Science Photo Library: 33TR; Terence Waeland: 7; The Natural History Museum: 9; Tim Plowden: 21 (Row 7/C), 227CL; Universal Images Group North America LLC/DeAgostini: 10TL; WILDLIFE GmbH: 63, 229CR; Wirestock, Inc: 142; Zdeněk Malý : 171; Zoonar GmbH: 134.
Ardea.com Micele Menegon: 213T. Photograph courtesy of **Dr. Axel Kwet**: 193T. Photograph courtesy of **Dr. Bikramjit Sinha**: 197. **Carlos Otávio Araujo Gussoni**: 109. **César Barrio-Amorós/Doc Frog Expeditions/CRWild**: 105TR. **D. Bruce Means**: 160. **David C. Blackburn**: 42BL. **Dreamstime** Alslutsky 21 (Row 2/R); Brandon Alms: 222; Chien Mu Hou: 174TL; Ecophoto: 189T; Farinoza: 144; Hotshotsworldwide: 67TL; Isselee: 150, 180; Jason Ondreicka: 135TR; Jason P Ross: 77T; Matthijs Kuijpers: 143CR, 151BL; Morley Read 21 (Row 2/L); Nathan Hutcherson: 70CL, 77BL; Nynke Van Holten: 103; Zdeněk Macát: 78. Photographs courtesy of **Professor Eli Greenbaum**, Ph.D.: 210- 211, 217TR, 217BR. **Getty Images** Images from BarbAnna: 21 (Row 5/R), 223TL; Paul Starosta: 218, 221B; R. Andrew Odum: 51, 143BR. **Luke Verburgt**: 21 (Row 7/L), 89T, 220. **iStockphoto** alekseystemmer 21 (Row 3/C); Maria Ogrzewalska: 113CL. Photograph courtesy of **Dr. Mareike Petersen**) : 219. **Marion Anstis** (From the book Tadpoles and Frogs of Australia by Marion Anstis, published by New Holland Publishers): 50. **Mark O' Shea**: 72, 91CR, 95T, 130TL, 130BL, 132, 146, 147B, 184, 195BR, 199TR, 230. **Martin Mandak**: 194. **Nature Picture Library**: Chien Lee: 67TR; Chien Lee/Minden: 22CL; Christian Ziegler: 12; Doug Wechsler: 23T; Emanuele Biggi: 52BL; Michael & Patricia Fogden: 32- 33. Photo copyright **Rafe M. Brown**: 199TL. **Science Photo Library** Dante Fenolio: 74, 111T, 127, 152, 157CR; Lucas Bustamante/Nature Picture Library: 20; Dr. Morley Read: 168CL; Tom McHugh: 73. **Sean Michael Rovito**: 165BL. **Shutterstock** abcwildlife: 207TR; alex_gor: 232; Allen Lara Gonzalez 21 (Row 4/R); Beatrice Prezzemoli: 58; Chase D' animulls: 190; Cormac Price: 215T; Craig Cordier: 179, 187TL; David W. Leindecker: 133TR; Dirk Ercken 21 (Row 3/L); Dylan Leonard: 133BR, 187CR; EcoPrint: 178CR; Eric Isselee: 25, 41TR; Eugene Troskie: 210; Fabio Maffei 21 (Row 1/R); fivespots: 216; Henner Damke: 40TR; Holger Kirk: 226; IrinaK: 137CL; James A Somers 2; joaokloss: 113B; Kamil Strubar: 6, 21 (Row 5/C); Ken Griffiths: 52TR, 97TL; Klaus Ulrich Mueller: 119TL; Krisda Ponchaipulltawee: 41CR, 229TR; Kristian Bell: 233B; Kurit afshen: 148- 149; Luis Louro: 102CL; Manfredxy: 22; Manick,Jr 21 (Row 3/R); Marek R. Swsadzba: 66; mihirjoshi: 206; Mike Wilhelm: 137TL; Milan Zygmunt: 141CL; Dr. Morley Read: 21 (Row 1/L), 114TL; NERYXCOM 21 (Row 1/C); Nynke van Holden: 56; Patrick K. Campbell: 143TR, 162BCR, 224; Petr Salinger: 18; prasanthdaskkm: 203BL; Ralfa Padantya: 177T; RealityImages: 201BR; reptiles4all: 39TL, 41BR, 193BR, 229BR; Rosa Jay: 84, 124, 138TL, 151T, 154; Rudmer Zwerver: 79T; sivananthan2001: 21 (Row 2/C), 177CR; Steve Byland: 136; Thorsten Spoelein: 38; Traxpalent Wildlife: 30; Usha Roy: 155T; Valt Ahyppo 5; Vampfiack: 169BR; Vision Wildlife: 147T; Vitalii Hulai: 130CL; zdenek_macat: 131TR.

176. **Smithsonian Institution** National Museum of Natural History: 225CR. **Twan Leenders**: 15, 221CR. **Tyrone Ping**: 25T, 89CR. **Václav Gvoždík**: 93, 211. **Wikimedia Commons** Arcasapos: 138BR; Benny Trapp: 65; Benny Trapp: 81; Bernard DUPONT: 189CR; Brian Gratwicke: 128CR; Brian Gratwicke: 140; Brian Gratwicke: 161; Brian Gratwicke: 166; Brian Gratwicke: 172TL; Coedilleradenahuelbuta: 98; ©Dario De la Fuente: 155CR; Dariusz Kowalczyk: 31; David V. Raju: 21 (Row 4/L); David V. Raju: 202; Davidvraju: 204; Davidvraju 227TR; Diogo Luiz: 159; Gatomoteado: 139BL; Gionorossi: 122; H. Zell: 119TR; Hanyrol H. Ahmad Sah: 196; Hjv1986: 200; Holger Krisp: 117TR; Jalmirez: 112; © John Lyakurwa: 213BR; José Grau de Puerto Montt: 99TR; Marco Rada, Pedro Henrique Dos Santos Dias, José Luis Pérez-Gonzalez, Marvin Anganoy-Criollo, Luis Alberto Rueda-Solano, Maria Alejandra Pinto-E, Lilia Mejía Quintero, Fernando Vargas-Salinas, Taran Grant: 102CR; Marius Burger: 183BR; Michael F. Barej et al: 209; Mnapieceofnature: 185; Neil Birrell: 62; Nihaljabinedk: 90; Nihaljabinedk: 91; Nobu Tamra: 10TR; Oliver Angus: 88; Rafael M R Serra: 108; Renato Augusto Martins: 46; Renato Augusto Martins: 125BR; Renato Augusto Martins: 167; Ribeiro LF, Blackburn DC, Stanley EL, Pie MR, Bornschein MR: 158; Sandra Goutte, Jacobo Reyes-Velasco, Stephane Boissinot: 186; Santiago Ron from Quito, Ecuador Santiago R. Ron-FaunaWebEcuador: 120CL; Sergiocerrobravo: 163; USFWS Mountain-Prairie/Sara Armstrong: 128CL; Uzi Paz Pikiwiki Israel: 64CL; Xavier Heckmann: 105BL.

著作権所有者を捜し、著作権のある資料の使用許可を得るため当然の努力を尽くしました。上記リストに誤りや不作為があった場合、それがいかなるものであっても出版社は深く謝罪いたします。通知いただければ今後の増刷分の訂正に喜んで応じます。

謝辞

レイナ・ベル博士並びに、本書のために写真を提供してくださった爬虫両生類学者、博物学者、写真家の方々にお礼を申し上げる。校閲をしていただいたマディ・ファウラー、レベッカ・モリス、ナターシャ・クルーガーには格別の感謝を述べたい。ジョアナ・ベントリー、アンナ・サウスゲート、サラ・ハーパー、ディー・コステロ、ウェイン・ブレイズをはじめとする、ブライトプレスの編集チームにもお礼を申し上げる。

・翻訳：倉橋 俊介

日本語版監修：富田 京一、冨水 明

日本語版レイアウト：株式会社ACQUA

制作：江藤 有摩

翻訳協力：株式会社トランネット

https://www.trannet.co.jp/

カエル大全

2025年3月1日　初版発行

発行者　清水 晃

発　行　株式会社エムピージェー

〒221-0001　神奈川県横浜市神奈川西寺尾2-7-10
　　　　　　太南ビル2F

TEL.045（439）0160　FAX.045（439）0161

https://www.mpj-aqualife.com

ISBN 978-4-909701-96-1

本書の無断複写は著作権法上での例外を除き禁じられています。